U0249437

国家公园游憩管理丛书

户外游憩管理

国家公园案例研究

罗伯特·E. 曼宁
[美] 劳拉·E. 安德森　　著
彼特·R. 佩滕吉尔

石金莲　顾丹丹　李　宏　尹昌君　孙　晶　译

中国建筑工业出版社

译者序

最早建立的国家公园距今已有150多年的历史，户外游憩是国家公园的重要功能。中国自2013年提出"建立国家公园体制"以来，国家公园建设不断加快，陆续开展了三江源、武夷山、东北虎豹等10个国家公园体制试点。2021年，习近平总书记在《生物多样性公约》第十五次缔约方大会领导人峰会上宣布中国正式设立首批5个国家公园。2022年，经国务院同意，国家林草局、财政部、自然资源部、生态环境部联合印发了《国家公园空间布局方案》，全国共遴选出49个国家公园候选区，我国正在建设全球最大规模的国家公园体系。中国国家公园的首要功能是保护重要的自然生态系统，同时兼顾游憩、教育和科研等综合功能。

译者长期从事生态旅游、国家公园游憩管理的相关研究。在浏览大量国外有关国家公园、户外游憩管理的书籍后，精心挑选了户外游憩管理理论与实践案例紧密结合的著作《户外游憩管理：国家公园案例研究》并将其译出。该书第一著者罗伯特·E. 曼宁（Manning）教授是美国佛蒙特大学史蒂文·鲁宾斯坦名誉教授，其研究团队隶属于佛蒙特大学公园研究实验室，长期与美国国家公园管理局（U.S. National Park Service）、美国林务局（US Forest Service）等公园和户外游憩管理机构开展合作研究。该书基于曼宁教授团队多年研究积累，从保护公园完整性并兼顾游客旅游体验质量的视角出发，制定可操作的管理策略，开发出一系列户外游憩管理矩阵，遴选美国25个国家公园的典型案例，为户外游憩管理提供了理论基础和解决方案。该书自2012年第一版刊出后于2017年再版，其实用性与受欢迎程度可见一斑。目前，我国国家公园建设正值快速发展阶段，但鉴于相关理论经验不足，在一定程度上阻碍了国家公园游憩活动的科学开展，成为当前亟待解决的重大挑战。"他山之石，可以攻玉"，相信通过本书的译出，可以为应对上述挑战提供有价值的借鉴，促进保护与游憩利用两者矛盾的有效解决，为我国国家公园高质量发展提供支撑。

翻译工作是一件苦差事，需要专业和语言的学养，通常也不作为教学和科研成果，全仗兴趣与热爱，译本的刊印就是对付出的最大回报，我们欣喜不已。我们把《户外游憩管理：国家公园案例研究`》推荐给旅游从业者、政策制定者，包括国家公园在内的公园管理者、规划人员、科研工作者和学生以及感兴趣的读者，希望大家能够从本书中有所受益。在翻译和校对的过程中，难免存在不足之处，恳请读者批评指正。

　　本书在翻译过程中受到了云享自然文旅有限公司王蕾博士、国务院发展研究中心苏杨研究员、北京林业大学张玉钧教授、北京工商大学黄先开教授、郑姚闽副教授的指导和帮助，北京第二外国语大学唐承财教授也为译稿提供了宝贵意见，我的研究生毕赛云、马晓霞、董月天、刘楠协助翻译了书稿，在此一并感谢。特别感谢中国建筑工业出版社姚丹宁编辑的细心协助。本书受到北京联合大学旅游管理北京市一流本科专业建设项目和国家自然科学基金（31470518）项目的资助。

译者

2024年2月22日

前　言

户外游憩活动在美国和全世界范围内持续增长，这从美国国家公园每年超过3亿的游客接待量得以证实。当我们庆祝公众对国家公园和相关地区充满好奇心时，也面临着各种挑战和亟需解决的问题，那就是：如何以保护公园的完整性和兼顾游客旅游体验质量的方式管理户外游憩活动？这一问题受诸多因素的影响，亟需尽量减少影响。建立国家公园为游客提供户外游憩机会的同时，资源必须得到保护，美国国家公园为此提供了经典的范例。借由1916年颁布的《美国国家公园管理局组织法》（ the Organic Act of the US National Park Service ）创建的国家公园管理局规定："国家公园应以合理的方式和手段向公众提供游憩服务，使其免受损害，为后代所用。"

为了保护公园资源并兼顾游客游憩体验质量，本书提出了户外游憩管理的相关问题。全书共分为三个部分。

本书的第一部分包含5个章节的内容，借鉴与国家公园和户外游憩相关的科学、专业文献，构建了系统的户外游憩管理方法。第1章回顾了若干可用于理解户外游憩挑战和户外游憩管理组织思考的概念框架；第2章确定和回顾了户外游憩对国家公园资源、游客体验、公园设施和服务的潜在影响；第3章概述了户外游憩的管理策略和方法；第4章评估了这些管理策略和方法的有效性；第5章将前4章的内容组织成一系列用于指导户外游憩管理的系统性、创新性的方案矩阵。

本书的第二部分提供了美国国家公园户外游憩管理的25个案例研究。针对本书第一部分描述的户外游憩管理方法，美国国家公园系统提供了大量成功应用的案例。美国国家公园系统是迄今为止持续时间最长、多样性最丰富、规模最大的国家公园系统之一。美国国家公园遍及全美各地，从城市到乡村再到人迹罕至之地，跨越美国各地理区域，蕴含了丰富的自然和文化资源，被美国人民和国际社会广泛利用。公众普遍认为美国国家公园管理局在保护自然和文化资源完整性以及游客体验质量方面，具有悠久的历史和成功管理国家公园的成熟专业知识。

迄今为止，关于国家公园管理取得成功的方法，可获取的系统性信息很少，所以梳理相关信息将对国家公园和户外游憩的规划人员、管理者、学者和学生大有裨益。为此，本书第二部分提供的25个实践管理案例，囊括了与户外游憩相关的诸多问题的管理技术以及各种类型的国家公园。

本书的第三部分由单独的一章构成，旨在提出一套指导户外游憩管理的新兴原则。这些原则是根据本书第一部分的学术文献回顾和第二部分的案例研究得出，用以指导美国和世界各地国家公园户外游憩管理。

正如我们在第三部分结论中声明的，撰写本书既富有助益也充满希望。虽然户外游憩管理的挑战真实而迫切，为了应对这些挑战，我们在本书中已发展出相当多的知识体系。户外游憩管理应当是基于设计，而非放任自由的管理。本书通过回顾与户外游憩活动相关的学术文献，构建一系列有助于组织、激发与管理策略和方法矩阵相关的思考，梳理美国国家公园户外游憩有效管理的25个案例研究，提出户外游憩管理的指导原则，建立积极的管理手段和相关流程。我们相信本书提供的信息对管理户外游憩是十分有用的，并对国家公园和户外游憩管理的未来充满希望。

致　谢

感谢为本书撰写作出贡献的所有人。国家公园管理局自然资源领域专家迈克尔·李，安排了与丹佛服务中心规划人员的会面交流，帮助本书确定了良好的案例。美国国家公园管理系统中一些单位的管理人员为本书案例研究提供了信息，非常感谢他们的帮助。佛蒙特大学国家公园研究实验室员工威廉姆·瓦黎葛与研究生研究助理内森·雷格纳为木书制作了图表，艾伦·罗维尔斯塔德，文森·皮尔斯和潇潇帮助案例研究章节进行了阅读资料的深入收集。本科学生凯·帕克帮助完成了本书参考文献的整理，学校同事玛茜·纽兰德帮助提交了印刷稿。感谢英联邦农业国际局（CABI）的编辑和员工克莱尔·帕菲特、艾利克斯·兰斯伯里和特雷斯·海德指导稿件出版，感谢安妮·威尔森编写交互式管理矩阵。

目　录

第一部分

户外游憩管理

第1章

公园和户外游憩

在当代社会中，公园和户外游憩变得越来越重要。公园对公众的重要性体现在很多方面，比如可以为不断发展的世界提供开放的、绿色的空间，让人们从忙碌的生活中解脱出来，保护野生动物和其他自然环境要素，以及作为社会重要标志的历史、文化资源。当然，户外游憩也很重要，能提供健康、令人满意的休闲活动，让人们与自然亲密接触，提供增进家庭团结的机会，享受与欣赏自然环境和文化遗产。除此之外，还有很多其他好处。

国家公园可能是公园和户外游憩重要性最明显的体现。黄石国家公园于1872年建立，是美国第一个国家公园，也是世界上第一个国家公园，这是人类社会第一次专门划拨一大片土地供所有人游憩和欣赏（Runte，2010；Nash，2014）。美国历史学家和自然保护主义者华莱士·斯特格纳（Wallace Stegner）盛赞国家公园是"我们所拥有的最伟大的构想"。现在，美国国家公园系统遍及全美400多个地区，包括：大型的"皇冠宝石"级公园，如黄石公园、约塞米蒂、大峡谷等；此外，还有许多较小的历史文化遗址，如自由女神像、独立大厅以及马丁·路德·金（Martin Luther King, Jr.）的出生地等。美国国家公园系统每年接待游客超过3亿人次，意味着国民利用、享受和欣赏这些地方。

1.1 概念性框架

考虑到公园和户外游憩的重要性，我们应该认真考虑如何去管理这些场地和活动。公园和户外游憩是紧密相连的，过多或不适当的游憩活动都会威胁公园的完整性，降低游憩体验的质量。如何为公园和相关地区提供游憩使用而不威胁到自然和文化资源的保护？如何满足社会不同需求并为之提供高质量的户外游憩机会？本书通过辨别、组织和说明各种公园和游憩管理策略和方法来回答这些问题，但是在考虑这些管理策略和方法之前，让我们先来看看几个能够帮助组织和提高批判性思维的概念框架。

1.1.1　国家公园的双重使命

建立国家公园有双重使命：一是保护重要的自然资源和文化资源，二是为公众利用和欣赏这些资源提供机会。二者常常会形成竞争。当公园被用于户外游憩时，重要的自然和文化资源会受到影响和退化。美国国家公园是这种双重使命的典型代表。尽管黄石国家公园建于1872年，但国家公园管理局（该机构负责管理国家公园）直到1916年才由国会创建。用一句经典的话来说，国家公园管理是"为了保护自然风光、历史遗迹和野生动植物，为游客提供休闲享受，同时保持资源不受损伤，留给子孙后代"（美国法典，第16章，第1节）。

显然，国家公园是用于公众享受的，但它们也要保存下来。这一双重任务造成了一个根本性的紧张局面：在公园"受损"之前，能承受多少和何种类型的利用？在为子孙后代保存的同时，如何管理公园进行户外游憩？公园和户外游憩管理者必须谨慎对待这些问题，找到管理公园和户外游憩的方法，以平衡公园保护和利用的双重使命。

1.1.2　公共财产资源

多年以前，一篇题为《公地悲剧》（*The Tragedy of the Commons*）的论文发表在著名的《科学》（*Science*）杂志上（Hardin，1968）。现在，这篇文章已成为环境研究文献的奠基之作。文章指出一系列环境问题——"公地"问题，还没有技术解决方案，必须通过公共政策和相应的管理行动来解决。加勒特·哈丁（Garrett Hardin）认为，公地管理的终极处方是"相互强制，相互商定"，没有集体行动，环境（和相关的社会）悲剧是不可避免的。

哈丁的这篇论文是以一个共享牧场的实例开始的，这也许是最古老和最简单的环境公地的案例：

想象一个牧场向所有人开放，预计每个牧民都将尽可能在这一公地上养更多的牛。那么，多增加一头牛的效用是什么呢？由于牧民获得了出售额外动物的所有收入，对牧民的积极效用接近于+1。然而，由于过度放牧的影响是所有牧民共同负担的，所以对任何特定牧民的负面效应仅占-1的一小部分。把这些部分效用累加起来，理性的牧民得出结论，认为他最明智的选择就是向畜群中再添加一只牲畜。如此增加一个，再增加一个，就形成了悲剧。每个牧民都被困在一个系统中，他们在有限的世界里，毫无节制地增加畜群。公地里的自由给所有人带来毁灭（p. 1244）。

哈丁继续鉴别和探索大气、海洋和最终人口增长等其他环境公地的案例。然而，一个每年都会在社会上引起强烈共鸣的公地悲剧案例，就是国家公园。

国家公园提出了另一种解决公地悲剧的实例。目前，它们对所有人都是无限开放的。公园本身在一定程度上是有限的——例如，只有一个约塞米蒂山谷——但是游客数量似乎没有限制地增长，游客在公园里寻求的价值正逐渐被侵蚀。很显然，我们必须立即停止把公园当作公地，否则它们对任何人都没有价值（p. 1245）。

公园和户外游憩的管理反映了实施哈丁建议的"相互强制，相互商定"，是保护公园和游憩体验质量必需的措施。虽然这些强制形式——例如限制游憩的数量和类型——可能是令人反感的，因为它们限制了选择的自由，但最终还是需要它们保护公园和社会更大的福利。在论文结尾，哈丁认为"自由是对必然性的认识"（他将其归因于哲学家黑格尔）；无论是个人还是社会，只有建立起确保我们最终福祉的机制，才能真正自由地追求更高的抱负。公园和户外游憩的管理必须考虑何时何地需要"相互强制，相互商定"。

1.1.3　承载力

几十年来，"承载力"已经成为自然资源和环境管理的重要组成部分，它的出现可以追溯到《人口原理》（An Essay on the Principle of Population）的出版（Malthus，1798）。该书推论人口数量趋向于以指数速率增长，但食物和其他必需资源的产量只能以算术级数增长。这样一来，粮食和其他重要资源的供给对人口增长是一个最终的限制。如果不对人口加以限制，地球（或特定的地理区域）的承载力将达到极限，从而造成马尔萨斯（Thomas Robert Malthus，1766—1834）所说的人类的"罪恶与苦难"以及对人口的"现实性抑制"。马尔萨斯关于承载力和地球支持人口增长极限的观点，已经成为当代环保运动的基本概念。流行书籍，如《人口爆炸》(*The Population Bomb*)(Ehrlich，1968)、《增长的极限》(*The Limits to Growth*)(Meadows et al., 1972)、《地球能养活多少人》(*How Many People Can the Earth Support*?)(Cohen，1995)，是这个理念的重要例证。

承载力首次科学应用在渔业、野生动物和牧场管理等领域（Hadwen and Palmer，1922；Leopold，1934；Odum，1953）。例如，给定的牧场最终可以养活多少牲畜？20世纪60年代，承载力首次应用于公园和户外游憩活动（Wagar，1964；Lucas，1964）。最初的焦点是户外活动对环境的影响：在该地区自然资源受到不可接受的损害之前，公园里可以容纳多少游客？然而，很快就清楚地看到，在公园和户外游憩活动中，承载力也有社会或体验成分。在游客体验质量下降到不可接受的程度之前，公园里能容纳多少游客？

承载力，有时被称为"游客容量"，在公园和户外游憩领域仍然是一个重要而又富有挑战性的问题（Graefe et al.，1984；Shelby and Heberlein，1986；Stankey and Manning，1986；Manning，2007，2011；Whittaker et al., 2011）。公园户外游憩的最终容量是什么？如何管理户外游憩活动以确保其不超过公园的承载力？这些都是贯穿公园和户外游憩管理的重要问题。

1.1.4　可接受改变的极限

关于公园和户外游憩承载力的应用研究，记录了游憩对公园资源和游客体验质量的一系列影响。例如，公园游客可能践踏脆弱的土壤和植被，干扰野生动物。随着游客数量的增加，公园可能会变得拥挤（第2章更详细地描述了户外游憩活动的影响）。随着对公园使用的增加，环境和社会影响日益增加，并且在某些时候这些影响可能会变得无法接受。那么，到底是什么决定了可接受改变的极限（Limits of Acceptable Change，LAC）？

这个问题如图1.1所示。图中数据表明，游憩活动增加会导致环境和社会影响增加（例如践踏土壤和植被、拥挤，需要更集约的管理）。随着游憩利用量从X1增加到X2，影响量从Y1增加到Y2。然而，从这种关系来看，可接受改变的极限并不清楚。垂直轴上的哪些点——Y1或Y2或沿着该轴的其他点—代表最大可接受的影响水平？确定可接受改变的极限（LAC）是解决公园户外游憩承载力的核心。

为了强调和进一步阐明可接受改变的极限（LAC）及其与承载力的关系，一些研究建议区分承载力的描述性成分和规定性成分（Shelby and Heberlein，1984，1986；Manning，2007，2011）。承载力的描述性成分聚焦于事实性的

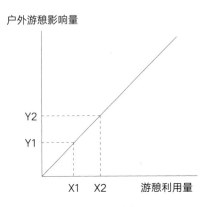

图1.1　可接受改变的极限

客观数据，如图1.1中的关系。例如游客利用量和感知到的拥挤之间的关系是什么？承载力的规定性成分注重更主观的问题，即多少影响或变化是可以接受的，例如允许的感知拥挤程度是多少呢？确定可接受的变化水平是公园和户外游憩管理的基础。

1.1.5　质量指标和标准

　　确定公园和户外游憩的可接受变化水平主要基于管理目标以及相关的质量指标和质量标准。管理目标是关于公园和户外游憩的期望条件，包括公园资源的保护水平、游憩体验类型和质量。质量指标是反映管理目标的含义和本质的更具体、可度量的变量，它们是管理目标可量化的指标或度量。质量标准定义了指标变量的最低可接受条件。

　　下面的案例可以帮助我们阐明这些观点和术语。1964年通过的《美国荒野法案》（*The US Wilderness Act*）明确规定，国会指定的地区作为国家荒野保护系统（National Wilderness Preservation System）的一部分，将为游客提供"独处"（solitude）的机会（16号美国法典1131～1136）。因此，提供"独处"的机会是大多数荒野地区适宜的管理目标。然而，"独处"是一个很难直接衡量的抽象概念。对荒野利用研究表明，沿着游憩小径和露营地遇到的其他游客数量对于定义独处荒野游客非常重要（Manning，2011）。因此，沿游憩小径、露营地遇到的其他团体的数量是一个良好的潜在指标变量，因为它是可测量、可管理的，并且可以作为荒野"独处"管理目标的一个合理指标。研究还表明，在"独处"的机会下降到不可接受的程度之前，沿小路和露营地遇到多少荒野游客可能有规范的标准。例如，一些研究表明，荒野游客通常在每天沿游憩小径遇见不超过5个团体是可以接受的，他们希望能在其他群体的视觉和听觉范围之外露营（Manning，2011）。因此，与其他群体沿游憩小径至多相遇5次，以及没有在视觉或听觉范围内露营的其他群体，可能是很好的质量标准，至少在一些荒野地区是如此。制定管理目标，并以量化的质量指标和质量标准表达，是管理户外游憩活动的重要组成部分。

1.1.6　户外游憩的三重框架

公园和户外游憩领域的研究和实践从最初的资源考虑，逐步发展至承认三重框架（资源、体验和管理）这样更全面的方法。例如，早期关于承载力概念的研究试图将这一概念应用于户外活动对环境的影响，但很快扩展到包括一个体验的成分。瓦格尔（Wagar，1964）在他早期具有影响力的关于承载力的专著前言中写道：

> 该研究首次提出的观点是，游憩用地的承载力主要取决于生态和地区的退化。然而，我们很快就认识到，以资源为导向的观点必须通过考虑人类的价值观来加以扩充。

瓦格尔的观点认为，随着更多的人参观公园或相关的户外游憩区，不仅游憩体验质量受到影响，该地区的环境资源也受到影响。利用增加对游憩质量的影响，可以通过利用水平增加和游客满意度之间的假设关系说明。

瓦格尔的专著暗示了公园和户外游憩管理的第三个元素，这在后来的一篇论文中有更明确的描述（Wagar，1968）。专著注意到一些关于承载力的误解，认为承载力可能因管理的数量和类型而有所不同。例如，通过施肥、灌溉植被以及对影响地点的定期休息和轮换等管理手段，可以增加公园环境资源的耐久性。类似地，通过更均匀地分配游客、适当的规则与条例，提供额外的旅游设施以及旨在鼓励理想行为的教育计划，即使面对日益增长的利用，游憩体验质量也可能会保持甚至优化。

因此，公园和户外游憩可以很好地理解为包括三个主要组成部分：资源（如土壤、植被、水、野生动物）、体验（如拥挤、冲突）和管理（如游客教育、规则规章），如图1.2所示。此外，在这个三重框架的成分之间存在潜在、重要的交互作用，例如对公园资源的影响可以影响游憩体验质量，也可以影响管理的类型

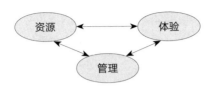

图1.2　户外游憩三重概念框架结构

和级别。明智的公园和户外游憩管理必须考虑到这三重框架的所有组成部分以及它们之间的潜在相互作用。

1.1.7　游憩机会谱

游憩机会谱（Recreation Opportunity Spectrum，ROS）是确保公园和户外游憩多样性的框架（Driver and Brown，1978；Brown et al., 1978，1979；Clark and Stankey，1979）。ROS将质量指标和质量标准应用于公园和户外游憩的三个组成部分（资源、体验和管理）中的每一个部分，以阐明广泛的游憩机会。

图1.3是游憩机会谱（ROS）的一个简化示例。在这个例子中，野生动物的存在代表了户外游憩的资源组成部分，变化范围从野生到驯养；类似地，独处代表户外游憩的体验组成部分，变化范围从高到低；设施开发代表户外游憩的管理组成部分，变化范围从未开发到高水平开发。这些系列条件可以组合成一个从荒野到城市的公园和户外游憩机会谱。管理者可以采用这种结构化的方法，确保公园和户外游憩机会满足社会多样化的需求。

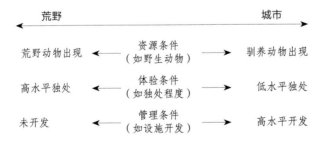

图1.3　游憩机会谱（ROS）的简化案例

1.2 户外游憩管理框架

上文概述的概念框架有助于建立一个可用于指导公园和户外游憩活动管理的目标管理框架。这种方法依赖于三个主要步骤，如图1.4所示。

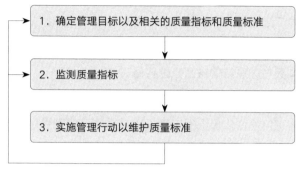

图1.4 户外游憩管理框架

1．管理目标及相关的质量指标和质量标准是为公园或公园内的场地制定的。如上所述，管理目标描述了期望的条件——资源保护的程度、游憩体验的类型和质量、管理的类型和强度；质量指标和质量标准以量化、可测量的形式定义这些目标。

2．对质量指标进行监测，以确定质量标准是否得到维护。

3．如果违反了质量标准，就需要采取管理行动。

这个管理框架在可替换的背景下采用了一些不同的形式。例如，美国林务局（the US Forest Service）依照惯例采用了一个名为"可接受改变的极限"框架（LAC）（Stankey et al., 1985），而美国国家公园管理局（National Park Service，NPS）制定了一个名为"游客体验和资源保护"（Visitor Experience Resource Protection，VERP）的框架（NPS，1997；Manning，2001）。游客体验和资源保护（VERP）框架最终被纳入了美国国家公园管理局更为全面和基础性的国家公园规划过程。最近，由来自六个联邦户外游憩管理机构（包括美国林务局、美国国家公园管理局等）的人员组成的一个跨部门小组，开发了一个通用的户外游憩规划和管理框架，称为游客利用管理框架（Visitor Use Management），包含了游客体验和资源保护框架以及可接受改变的极限框架的基本元素（机构间访客使用管理委员会，2016）。尽管在术语和步骤顺序上有一些差异，但是这些相关的框架依赖于上述的三个基本步骤（Manning，2004）。这个管理框架代表了对管理的长期承诺，要求维护质量标准、定期监控质量指标，并基于监控数据重新审视管理实践。当情况需要时，例如当管理计划达到使用年限并需要修正时，管理目标、相关的质量指标和质量标准就应该重新考虑。

这个框架代表了一种"自适应管理"（adaptive management）的形式，它与目前的环境管理广泛地保持一致（Lee，1993；Stankey et al.，2005）。也就是说，以现有的最佳信息为基础实施一个管理计划，但同时开展监控和研究计划收集新的信息，管理实践与这些新信息同步进行修订。

这个管理框架建立在本章概述的概念之上，使用管理目标、相关的质量指标和质量标准作为可接受变化极限的定量表达。这些可接受变化极限界定了公园和相关区域的承载力，并缓解公园游憩利用、资源保护和游客体验质量之间固有的紧张关系。该框架要求管理行动，如共同财产资源所需要的，"相互强制，相互商定"。管理目标、相关质量指标和质量标准也应该考虑到户外游憩的三个组成部分（资源、体验和管理），而且这些条件的配置也应该根据游憩机会谱（ROS）的建议进行调整，以提供广泛的公园和户外游憩机会。

1.3　结论

本章所介绍的概念表明，需要一个强有力且有深度的管理户外活动的计划。此外，管理公园和户外游憩的重要性在上述管理框架中发挥了核心作用。需要管理确保质量标准的维持和管理目标的实现。对质量指标的监测是检验管理措施有效性的重要手段；当对指示变量的监测发现质量标准有被侵犯的危险时，就需要改变管理方式或采用新的管理措施。

鉴于管理的重要性，公园和户外游憩管理人员可以做些什么来保护公园资源和游憩体验的质量？这就是本书余下的内容。在第一部分的剩余章节中，描述了户外游憩的潜在影响，概述了一系列的管理行为及其潜在有效性，然后将这些问题和潜在的解决方案组织到一系列的矩阵中，这些矩阵支持一个综合的、深思熟虑的公园和户外游憩管理的方法。

第 2 章

户外游憩的 影响

　　就个案来说，游客对公园和户外游憩场所的影响通常相对较小，他们可能会偏离维持的小径，踩踏脆弱的植被，在不知不觉中干扰野生动物，乱丢垃圾，与其他游客争夺有限的停车位，不可避免地给公园景点和露营地带来拥挤感。这些影响通常在个别游客的层面上较小。但是，在一年的时间里乘以数百万游客的数量，并且年复一年地累积几十年，这些影响就会变得巨大，并威胁到公园资源的完整性和游客体验质量。公园管理者已经对户外游憩造成的广泛影响感到担忧，研究者已经开始记录和更好地理解其中的许多问题。

　　户外游憩的影响分为三大类：

　　第一，游憩利用会影响公园的资源。土壤、植被、水、野生动物和空气是较为传统的关注点。近年来，自然宁静与自然黑暗逐渐被认为是公园中受到威胁、亟需管理关注的资源。大多数公园包含重要的历史和文化资源，可能被过多或不当的游客利用所破坏。所有这些资源都必须得到管理和保护。

　　第二，过度利用或不当利用会降低游客体验质量。当然，游客体验不但包括由于上述资源破坏影响审美意蕴而受到的直接影响，而且还包括拥挤、游客之间的冲突以及诸如乱丢垃圾和破坏公物等不友好行为。

　　第三，公园设施和服务，包括景点、游憩小径、露营地、道路和停车场以及解说设施和项目，可能会受到户外游憩的影响。这些是公园里游客利用最密集的地方和项目，并且上述资源和体验影响最有可能产生于此。

2.1 对公园资源的影响

　　游客造成的踩踏、噪声和污染可能导致公园的自然和文化资源退化。例如，在许多徒步旅行者的脚下，植被可能会受到无可挽回的伤害。在某些情况下，即使是相对较低的利用水平也会导致严重的退化（Marion et al., 2001）。表2.1概述了一些户外游憩对土壤、植被、野生动物和水的直接或间接影响。显而易见的资源影响会降

表2.1　户外游憩相关影响常见类型

生态成分				
	土壤	植被	野生动物	水
直接效果	土壤压实	高度和活力降低	栖息地改变	外来物种引入
	有机质损失	地表植被覆盖损失	栖息地损失	浑浊度增加
	矿物土壤损失	脆弱的物种损失	外来物种引入	养分输入增加
		乔木和灌木损失	野生动物骚扰	致病细菌水平增加
		树干损伤	野生动物行为改变	水质改变
		外来物种引入	食物、水和避难所的替代	
间接效果	土壤湿度下降	成分改变	健康下降	水生态系统健康下降
	土壤孔隙减少	微气候改变	繁殖率下降	成分改变
	土壤微生物活性改变	土壤侵蚀加速	死亡率增加	藻类过度生长
			成分改变	

资料来源：引自 Leung and Macon，2000

低那些来体验自然、原生态环境游客的户外游憩质量。"游憩生态学"（Recreation Ecology）的专业领域已经出现，以了解与户外游憩有关的资源影响（Leung and Marion，2000）。大多数游憩生态学研究都是在土壤和植被上进行的（Monz et al.，2010），但水、野生动物、空气和其他公园资源，包括自然宁静（nature quiet）、自然黑暗（nature dark）、历史和文化资源，正受到越来越多的关注。

2.1.1　土壤

土壤是由有机生物体、矿物颗粒、空气、水和光组成的复杂系统，为地球上的植物和动物提供生命支持（Hammitt et al.，2015）。土壤矿物颗粒间的孔隙允许空气和水流动。当土壤被践踏时，无论是人、驮畜（如马或骡子）还是休闲车辆（如越野车和山地自行车），都会导致土壤间的孔隙减少，最终被压实（Anderson et al.，1998；Leung and Marion，2000）。低水平的游憩利用也会逐渐导致土壤被压实（Hammitt et al.，2015）。致密的土壤吸收水分的能力较弱，导致泥泞、地表径流、对风的敏感性和土壤侵蚀（Manning，1979）。一旦土壤开始侵蚀，即使消除了游憩影响，恢复也是困难的。在易受水和风影响的地方，包括陡峭的斜坡、缺少植被以及土层较薄地区，土壤侵蚀更加明显（Hammitt et al.，2015）。即使是对土壤较小的影响，比如上层凋落物层流失，也会导致土壤中微生物的变化和土壤肥力的丧失（Leung and Marion，2000）。除践踏外，当露营者从地上移走大块的木材用于生火时，土壤也会被破坏。这些木材支持真菌，使植物能够从土壤中吸收水分和养分。此外，来自营火的极端高温可能使土壤周围寸草不生。土壤影响因游憩活动、土壤类型和地点而变化（Hammitt et al., 2015）。

2.1.2　植被

影响土壤的游憩活动也会影响植被，如图2.1所示，这两种资源是相互关联的（Manning，1979）。与土壤一样，践踏也可能破坏或损毁地表植被。因被践踏而受伤害的植物光合作用的叶面积（leaf area）较少，降低了活力和繁殖能力。当植物下面的土壤被压实后，植物根系就不太可能在土壤中扩展以吸收水分和养分。同样，植物种子在被压实的土壤中可能没有足够的水分萌发并生长（Hammett et al., 2015）。相应地，当植物因践踏被破坏时，留下的暴露土壤更容易被侵蚀（Leung and Marion，2000）。游客使用越野车，在树干上钉钉子挂灯笼，剥树皮当作引燃物，砍树生火和搭帐篷，会导致大面积灌木丛和乔木等植被损坏（Hammett et al., 2015）。游客还可能会通过登山鞋、越野车、小船或捕鱼设备带来一些外来入侵植物。由于一些植物对这些影响比较敏感，游憩利用会改变一个地区的植物区系构成（Leung and Marion，2000）。与土壤压实相比，即使是低层次的游憩利用也可能造成植被覆盖损失（Hammett et al., 2015）。一些游憩生态学研究已经注意到游憩利用与植被影响之间的渐近曲线关系。在新的或利用率低的地方，随着利用量的小幅增加会对植物产生大量的影响。在中高利用水平下，利用量增加产生的额外影响相对较小。最近，有研究者提出研究植被和其他资源利用的影响关系（Monz et al., 2013）。

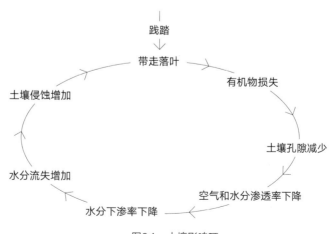

图2.1　土壤影响环

资料来源：引自 Manning，1979

2.1.3　水

　　游憩活动对水质、人类健康以及水生生态系统健康也会产生许多影响（Hammitt et al., 2015）。当游船乘客留下瓶子、罐子或其他垃圾时，水质就会直接受到影响。从机动船上泄漏的燃油会损害浮游生物、植物和藻类，减少水中的氧气含量，并破坏食物链。同样地，外来物种也会通过清洁不当的船只或渔具直接引入（Leung and Marion, 2000）。人们游泳、划船或涉水等活动会扰动沉积物，或者由于踩踏而导致河流被侵蚀，然后水就会变得浑浊不清（Hammitt et al., 2015）。当湖泊、池塘和溪流浑浊度（许多悬浮的沉积物）很高时，很少光线能照射到水生植物和水生动物，从而降低它们光合作用或视力。根据地点和利用水平的不同，露营产生的人类排泄物中的细菌、肥皂残渣、其他化学物质和剩余食物，也可能成为水源污染的来源（Anderson et al., 1998；Hammitt et al., 2015）。来自人类和其他动物的细菌感染，对那些依靠自然水源取水的偏远地区游客以及与水直接接触的人（例如游泳者）有影响。证据表明，与人类相比，野生动物更可能成为细菌感染的来源（Hammitt et al., 2015）。

2.1.4　野生动物

　　游憩者会直接干扰野生动物，比如狩猎、侵扰动物等活动，也会间接干扰野生动物，比如改变野生动物栖息地等活动（Hammitt et al., 2015）。这些影响概述在图2.2中。对野生动物的影响包括健康变差、替代、繁殖能力下降、死亡率增加，以及物种组成变化（Leung and Marion, 2000）。然而，了解游憩活动对野生动物的影响是具有挑战性的，不同物种对人类活动有不同的反应。一些动物，包括熊、鹿和啮齿动物，被人类食物所吸引，渐渐习惯于游客们在公园里有意喂养或不当地储存食物。其他动物，包括滨鸟、鹰和大角羊，很容易被人类的存在干扰，导致它们抛弃自己的巢穴或族群栖息地（Hammitt et al., 2015）。

　　此外，对野生动物的干扰因游憩活动种类、发生时间、地点和频率而异（Steidl and Powell, 2006）。在繁殖季节、迁徙时期或者在冬季，动物把珍贵的能量用于逃避人类追捕，特别容易受到干扰和伤害。当观鸟者或野生动物观察者靠得太近时，就可能会对它们造成压力。或者，当人们在这些地区露营时，野生

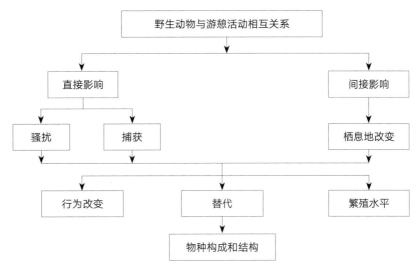

图2.2　户外游憩对野生动物的潜在影响
资料来源：改编自 Hammitt et al., 2015

动物可能无法获得重要的食物和水源。人们可能通过打猎或捕鱼直接杀死动物（Anderson et al., 1998），猎人和垂钓者收获了某些物种，可能会减少可用于其他野生动物的食物数量。另外，游憩活动会导致野生动物栖息地的变化，甚至失去野生动物栖息地（Leung and Marion，2000）。例如，移除灌木建立露营地可能会减少鸟类栖息地数量。在露营地或小径践踏土壤使之被压实，会破坏穴居动物的栖息地，也可能导致其搭建的坑道坍塌。因游泳、涉水和岸线践踏导致的河流和湖泊沉积可能会影响鱼类。公园道路和交通可能会导致大型哺乳动物改变它们在公园里的迁移方式和获取食物的地点，车辆碰撞能伤害或杀死动物（Hammitt et al., 2015）。

2.1.5　空气

当国家公园遇上糟糕的空气时，对土壤、植被、水和野生动物的影响可能会加剧。空气中含有的污染物（包括二氧化硫、氮氧化物、挥发性有机化合物和颗粒物等）会破坏植被，导致河流和湖泊的酸化，并在土壤中富集（NPS Air Resources，2016）。反过来，野生动物因栖息地被破坏或直接呼吸、摄入或（对青蛙和其他两栖动物而言）吸收空气污染物，对栖息地产生负面影响。同样地，污染会降低能见度，遮蔽夜空，令有呼吸问题的人感到不适，从而降低游客体验质量。虽然国家公园的大部分空气污染来自外部（如发电厂、工厂和城市交通），但户外游憩活动也可能造成局部影响。汽车、雪地摩托和停车不熄火的旅游巴士排放的废气均可能导致空气质量下降。游客引起的野火可能是污染物的重要来源。在某些情况下，来自营火的污染也会产生某种程度的影响。国家公园管理局通过空气资源部门监测空气质量。

2.1.6　自然宁静

近年来，"自然宁静"——大自然的声音，被认为是另一项需要保护的重要资源（Park Science，2009—2010；NPS Natural Sounds，2016）。许多游客来到公园，希望听到潺潺的流水声、鸟儿的鸣叫声、野生动物的吼叫声、树叶的沙沙声和自然界的其他声音。自然宁静对于野生动物来说也是必不可少的，它们利用声音来交流、导航、吸引配偶、躲避捕食者、寻找猎物、建立领地和保护幼崽。许多游客产生的持续噪声会破坏自然的安静，他们大声说话，或者携带着噪声源，如手机、音乐播放器、照相机或汽车警报器等。游客运输，包括私家车、摩托车、雪地摩托、机动船只、公共汽车、直升机、飞机和雪地车等，是另一种可能干扰自然宁静的噪声来源。公园运营（如发电机、机动车道维修设备和公园观光车）也引入了非自然的声音。自然环境中人为造成的噪声会妨碍游客充分欣赏公园以及自然的声音。同样地，野生动物可能会改变行为，并在噪声中感受到更大的压力。除了自然环境之外，国家公园管理局也关注文化和历史声景的影响。现代的声音（如手机铃声）可能会干扰传统音乐，以及文化和历史遗址区传统的农耕之声。

2.1.7　自然黑暗

近年来，另一种受到国家公园管理局越来越多关注的资源是"自然黑暗"（NPS Night Skies，2016）。国家公园是不受污染的夜空（night sky）的最后避难所。[①] 夜行动物依靠黑暗捕猎、导航、繁殖和躲避捕食者，许多游客都喜欢像我们的祖先一样观察和体验天界。对夜空的影响主要来源于过度使用或设计拙劣的

---

① 　"黑天空保护区"是指因生态环境保护需要对人工光进行限制而划定的专门区域，旨在保护区域不受光污染。英国威尔士布雷肯比肯斯国家公园、加拿大莫干迪克国家公园、新西兰奥拉基麦肯奇保护区等都是"国际黑天空保护区"。位于新西兰南岛南阿尔卑斯山东麓的特卡波镇，是世界首个"国际黑天空保护区"，在那里，夜晚抬头仰望星空，能看到繁星点点——译者注。

户外照明（如未通过屏蔽物向下照射的光线）产生的光污染。在公园设施中，可能存在过度使用或设计拙劣的照明，即使来自远至200英里外城市的光线也会影响公园内的夜空。另外，游客还可能通过携带手电筒、燃烧篝火或夜间开车影响自然黑暗。虽然个别光源可能不会给夜空造成大面积污染，但它们仍会迷惑野生动物，减少游客独处的感觉。由公园内外的车辆造成的空气污染也会影响夜空的质量。最近的研究表明，光污染量是影响国家公园游客体验的一个重要指标（Manning et al., 2015）。

2.1.8　历史/文化资源

除了保护和管理自然环境外，国家公园管理局还负责历史、文化和考古遗址。国家公园系统的许多单位都是历史文化遗址，与自然环境一样，历史和文化资源也可能因过多或不当的游客利用而受损。在许多情况下，游客影响是损耗累积的结果。随着时间的推移，游客偏离指定的游憩小径、触摸、攀爬或倚靠历史或文化物品，从而损坏文物。从人体皮肤渗出的油脂会损坏包括古代岩画和雕刻品在内的文物。篝火离考古遗址太近，在遗址附近吃东西会留下烟渍并吸引啮齿动物。在某些情况下，游客可能有意破坏历史文化遗址。文物可能会被盗走，历史建筑会因涂鸦或刻画而损毁，而古代的岩石雕刻则会因为游客的搓揉而破坏（NPS Archaeology Program，2016）。

2.2　对游客体验的影响

随着游憩生态学的出现，为更好地理解对自然和文化资源的游憩影响，社会科学研究已经检查了许多可能在公园环境中出现的体验影响。许多针对国家公园和相关地区游客的研究，帮助开发了一个关于游客活动、动机、体验以及扩大游客利用量如何影响游客体验质量的新的知识体系（Manning，2011）。影响游客体验质量的三个重要因素是拥挤、冲突和不友好行为。

2.2.1　拥挤

长期以来，公园和其他户外游憩场所的拥挤一直是管理者和研究人员关注的问题。拥挤是对游客利用水平主观的、负面的评价，整个公园的人都可能体验到，包括繁忙的游客中心、景点、露营地、受欢迎的解说方案，游客过多的游憩小径，拥挤的道路，爆满的停车场（Anderson et al., 1998；Manning，1999）。游客对拥挤的认识可能会受到游客个人特征（如以前的体验、动机、期望和偏好）的影响，以及遭遇到的游客群体特征（如群体大小、旅行方式、感知相似度）和情境变量（如被访问的区域类型）的影响。例如，在一个发达的露营地可以接受的利用水平放到偏远地区的露营地可能被认为是拥挤的。那些经历过拥挤的个体可能会这样应对，或者选择公园里不那么热门的地点，或者在非高峰时段游览，或者干脆离开公园，或者改变他们对公园以及他们经历的认识（Manning，2011）。在公园和相关区域的拥挤通常用图2.3所示的标准方法来测量，这个数字来源对一系列利用水平的游客评估，并且确定了与其他组成员在一条小路上偶遇的最大可接受数量的阈值。

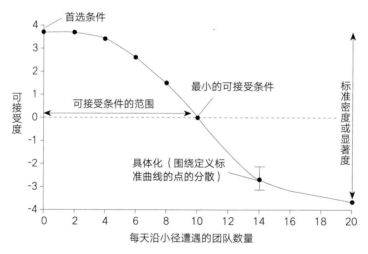

图2.3　显示一系列利用的综合评价的社会规范曲线

图片来源：引自 Manning，2011

2.2.2　冲突

游客冲突是国家公园中可能发生的另一种体验影响。参与不同类型活动的游客之间的冲突在户外游憩活动中有很多记录（Graefe and Thapa，2004；Manning，2011）。当一个人或群体的行为干扰了另一个人或群体的目标时，可能会发生冲突（Jacob and Schreyer，1980）。当个人或群体直接观察到其他游憩者违规行为时，目标干扰或者人际冲突就会发生。例如，一个寻求安静和独处的群体在遇到一个大型的、喧闹的群体时可能会遇到冲突。然而，在缺乏直接相互干扰的情况下，冲突仍有可能发生。当游憩者持不同的信仰、价值观和行为规范时，就会发生社会价值冲突。例如，反对狩猎的人在知道允许狩猎的情况下可能会产生冲突。直接和间接的冲突有很多可能的来源，包括生活方式的容忍度（例如技术利用、消费性活动）、活动的专业化程度、与公园或公园内特定地点的联系程度、自然环境对活动的重要性、游客的期望以及对安全的感知能力。由于冲突可能是不对称的（例如，非机动化的用户可能会反对使用机动车辆，但反过来并不一定正确），冲突的一个后果可能是一些来自某个地区游客的被取代；在其他情况下，游客可能不会被置换，但会有一段不那么愉快的经历。

2.2.3　不友好行为

一些游客的行为会对公园资源和其他人造成负面影响。故意破坏行为包括故意破坏公共财物、乱丢垃圾、涂鸦和在树木上刻画等行为，这些行为可能在城市或已开发的公园环境里更普遍（Budruk和Manning，2006）。然而，不友好行为也发生在更原始的环境中。露营者不当地收集柴火破坏树木（Hammitt et al.，2015），登山者们在山顶的小径上修建堆石塔，会迷惑冬天里的远足者，并且会导致植被损失和水土流失（Jacobi，2003）。其他游客喂食野生动物或太靠近野生动物，不仅会对这些动物产生负面影响，还会给其他游客带来潜在的危险。同样地，喧闹的行为（例如大声播放音乐，大喊大叫）可能发生在公园的各个地方，对野生动物和其他游客造成破坏。游客们有各种各样的理由做出"不友好行为"，包括缺乏公园规则的意识、缺乏对行为后果的认识、对环境的反应、想要与群体成员相适应或者是有意为之（Knopf and Andereck，2004）。如今，将社交媒体与发生在国家公园里涂鸦和破坏公物行为相联系的新闻故事变得越来越普遍（Barringer，2013）。

2.3　对设施 / 服务的影响

公园的某些特定区域（包括景点、游憩小径、露营地/野营地、道路和停车场以及解说设施/项目）游客较为集中。[①]由于利用集中在设施和服务上，这些区

---

① 露营地（campground）、野营地（campsite）。

域存在着前两个部分所描述的拥挤、冲突等许多资源和体验的影响。下面的部分将研究这些影响在这些地方是如何发生的。

2.3.1　景点

黄石国家公园老忠实间歇泉（Old Faithful Geyser）、纽约的自由女神像，以及阿卡迪亚国家公园的凯迪拉克山（Cadillac Mountain）顶峰，这些吸引人的景点都是游客聚集、具有标志性特征的场所。例如，木栈道和长凳围绕的老忠实间歇泉。然而，高强度利用可能会带来一些资源和社会影响。当人们离开常规路径和观景平台并喂养野生动物时，景点周围的自然环境就会受到影响。游客可能会体验极其拥挤的环境，可能会与其他游客发生冲突，还可能不得不在大量共用的景点内争夺空间。

2.3.2　游憩小径

游憩小径对一般的休闲者和严格的徒步旅行者来说都是一种吸引，范围从能将游客带入公园内原始区域的小径，如大峡谷国家公园内明亮天使小径（Bright Angel Trail），到已高度开发、路面硬化的道路，如落基山国家公园熊湖（Bear Lake）的环湖步道。其他的游憩小径可能是历史性的，比如阿卡迪亚国家公园的马车路。在美国国家公园系统的许多单位，管理着数千英里的游憩小径。此外，国家公园管理局还管理着作为国家步道系统一部分的21个国家风景名胜区和国家历史遗迹的游憩小径（National Trails，2011）。

游憩小径容易受到一系列环境的影响，这些影响主要是由于踩踏，包括侵蚀、泥泞、小径变宽和植被损失、土壤压实、穴居动物栖息地的丧失、小径沟道加深、形成沟槽以及形成非官方的"社会"小径（Anderson et al., 1998；Leung and Marion，2000）。不同的游憩活动对小径有或多或少的影响。例如，图2.4说明了徒步、骑马和骑全地形车（all-terrain vehicles，ATVs）对小径踏面构成的相对影响。野生动物可能会在大量利用的小径上改变它们的行为。此外，游客可能会沿小径经历与许多各种各样用户的拥挤和/或冲突。例如，当徒步旅行者、骑马者和山地骑自行车的人共用一条小径时，可能会产生冲突。

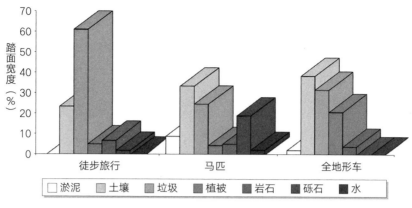

图2.4 徒步、骑马、骑全地形车（ATV）对游憩小径踏面成分构成的影响

资料来源：引自 Newsome et al., 2004

2.3.3 露营地/野营地

在国家公园或国家公园系统的其他单位，每年有数百万人在其露营地和野营地过夜（野营地是专门为一组露营者而设计的，露营地则是野营地的集合）。据估计，有360万游客是帐篷露营者，220万在休闲车辆上露营，另有200万是野外露营者（NPS，2016）。和游憩小径一样，野营地可以从原始到高级分为不同的种类。为帐篷和休闲车辆开发的高级露营地位于公园道路沿线，比如图奥伦多姆草原露营地（the Tuolumne Meadows Campground）位于约塞米蒂国家公园标志性的提加路（Tioga Road）。这些地方可以提供许多便利设施，如野餐桌、饮用水、淋浴、冲水马桶、营火灶、防野生动物的垃圾回收站以及为护林员项目提供的圆形剧场。

在野外露营区，基本不提供什么设施，露营者徒步到他们的过夜目的地，而且通常要求获得和携带许可证。例如，在冰川国家公园（Glacier National Park），旅游者到访野外露营地，要求携带一份详述旅行路线的许可证，包括团体大小、营地地点和日期。野外露营地已经指定了帐篷的位置，可能有食物准备区和旱厕。其他的野外露营地就是"自由开放的"，例如，在德纳利国家公园和保护区（Denali National Park and Preserve），过夜游客获得许可证，可以在未建的游憩小径或露营地的野外地区露营。

在露营地野营会产生许多环境影响和社会影响。与小径相似，野营地及其周围土壤被压实，导致植被破坏和土壤侵蚀。如图2.5中所示，即使在低水平的使用条件下，对土壤、植被和其他营地资源的影响往往也会相对较快地发生。随着时间的推移，野营地会大量产生，且数量和规模都在增加。在允许用火的地方，土壤可能会被热量破坏，木材被耗尽，树木被破坏。野生动物可能会被野营地的

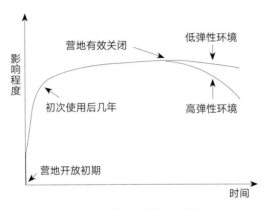

图2.5　野营地影响的一般模式

资料来源：引自 Cole，2004

食物吸引，对人类的出现习以为常。此外，露营者的活动可能会导致野生动物逃离重要的栖息地。露营者可能会留下垃圾、厕纸和人类排泄物，这些可能会降低其他露营者的体验感，他们在营地遭遇大型或嘈杂的人群时可能也会经历拥挤或冲突。

2.3.4　道路/停车场

　　游客依靠公园道路走近公园内的自然、文化和历史景点，但这些道路也可能成为许多公园游客体验的中心部分。标志性的公园道路，包括前往冰川国家公园的走向阳光路（Going to the Sun Road）、美国东部的蓝色山脊公园路（Blue Ridge Parkway），以及阿卡迪亚国家公园的公园环路（the Park Loop Road），让游客可以从车里欣赏沿途壮观的景色。然而，对公园道路和停车场及其周边的影响也同样存在。在旅游旺季，道路拥挤、停车场爆满，会导致对停车空间的冲突和竞争。在没有设立停车位的情况下，游客可能沿道路停车，从而对路肩上的植被产生影响。公路交通嘈杂，干扰游客和野生动物。数千辆汽车排放的尾气也会对公园的空气质量产生负面影响。

2.3.5　解说设施/项目

　　公园里的解说设施或项目，包括游客中心、解说标识、管理员引导的徒步旅行和交谈、篝火项目和学校项目。受欢迎的节目可能会吸引很多游客。大型、吵闹或嘈杂的游客团队可能具有破坏性，使游客很难听清楚管理员或公园电影讲述的内容。游客中心的拥挤可能使游客难以向公园工作人员提出问题，获得充分欣赏公园并以负责任的方式开展活动的信息。不友好行为，比如涂鸦，还有可能毁掉解说标识和其他资源。

2.4　结论

户外游憩是数以百万的游客享受和欣赏公园和相关区域的重要方式，然而户外游憩也引发了许多环境和社会影响。大量研究文献记录了这些影响，我们将这些文献组织成16种类型的影响，代表了三个基本类别（资源影响、体验影响、设施/服务影响）。为评估管理实践，我们开发了一系列矩阵，本书稍后将使用这种组织方法评价这些影响。

幸运的是，许多管理实践可用于解决本章中概述的问题。在接下来的两章中，将讨论这些管理实践和已开展的评估其有效性的研究。

第 3 章

户外游憩 管理实践

从上一章的内容可以明显看出，户外游憩活动会产生许多问题，必须对这些问题进行管理，以保护公园资源和游客体验质量。幸运的是，有许多管理实践可以应用，并且被证实是有效的。将这些管理实践组织成分类系统，有利于户外游憩管理者作出选择，并鼓励对游憩管理进行全面和创新性的思考。本章确定并讨论一系列管理策略、管理战术或方法，以及相关的概念。

3.1 管理策略

户外游憩管理的第一个分类系统是基于管理策略的，即与实现理想目标相关的基本概念方法（Manning，1979，2011）。管理策略描述了管理实践的工作方式，而不是管理实践本身。如图3.1所示，可以确定四种基本策略：增加供给，限制利用，减少利用影响，强化资源/游客体验的持久性。其中，前两种基本策略可以处理供求关系，增加游憩机会供给为更多或更均匀地分散利用提供了空间，也可以通过限制或其他方法控制游憩利用的数量；另外两种基本策略是把需求和供给视为固定，侧重于通过改变游客行为或增强公园资源和游客体验的"抵抗力"和"弹性"，来降低游憩利用带来的影响。

管理公园和相关区域的休闲利用的四种基本策略详述如下。

第一，增加游憩机会供给。增加游憩机会有几个不同的子策略。增加供给包括时间和空间两个方面。就时间而言，公园和相关区域的利用通常高度集中于所有潜在可用天数和小时数的一小部分。如果可以将一些峰值利用时间转移到较低利用的时期，就可以减轻过度利用的压力。这可以通过延长传统的利用旺季或鼓励新的淡季活动来实现。开放日期提前、关闭日期推后以及推广冬季活动（如滑雪旅游和"雪鞋健行"活动），都是实施这一策略的案例。可能会通过差别定价（例如对频繁使用的地方和时间收取更高的费用）等方式将利用频率进行转移，而白天利用时间可能会因照明设施的引入而延长，这些设施在户外活动中变得越

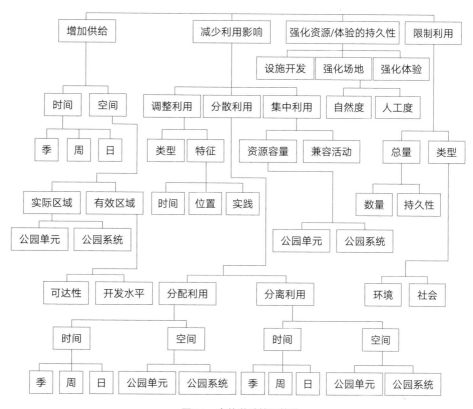

图3.1 户外游憩管理策略

资料来源：改编自 Manning，1979

来越普遍。

就空间而言，增加供给更传统的方法是扩大可供游憩的区域，实际区域和有效区域都必须考虑。增加可供游憩的实际区域是指获取公园额外土地供给，既可以通过扩大现有的公园单元，也可以在公园系统内建立一个全新的单元来完成。有效区域是指对现有单元进行更为集中的管理，为其提供更多的游憩机会，这可以从较高的开发水平（例如提供更多的营地）或增加现有设施可达性（例如提供更多或更好的道路和小径）的角度来着手处理。

第二，限制利用。减少游憩需求或限制公园利用数量，同样有几个子策略可供选择。所有游憩利用都有一个总的限制，这一限制可以通过调整逗留时间来间接处理，以排除尽可能少的利用者，或者通过直接颁布利用上限实现。抑或管理人员集中精力限制所选择的利用类型，这被证明具有很高的影响力。在对公园资源破坏明显的情况下，应该限制或排除对公园资源造成严重影响的游憩利用；而当拥挤或游客冲突造成的游憩体验质量下降时，对社会影响大的活动应该受到限制。

第三，减少利用影响。至少在短期内，可以将需求和供给视为固定的，着重通过调整利用模式或游憩活动减轻游憩利用带来的影响。利用模式会因为鼓励集中利用或鼓励分散利用的理念不同而改变。在自然资源（如土壤和植被）抗性相对较强的区域，可以集中利用。相互之间有包容共处基础的，也可以集中利用。具有相似的活动、价值观和动机的游客可以一起分组或集中。集中利用可以在单个公园单元级别（例如通过将公园分区）或公园系统（例如在选定的公园中集中实施可兼容的利用）上进行。分散游憩利用模式依赖于分散利用的哲学原理，这样就没有一个区域会受到破坏性利用。管理者们可能会专注在时间和空间上分散利用。与供给一样，游憩利用可能会随着时间，基于季节、每周或每天而分散。可能更常见的想法是在空间或更广泛的地理区域分散利用。同样，这可以在公园单位或公园系统的基础上完成。游憩利用也可以通过隔离相互冲突的利用来分散。如上所述，这可以在时间基础上，基于季节、每周或每天的时间单元实现，也可以在空间基础上，基于公园单位或公园系统水平实现。

调整游憩活动也是减少利用影响的一个子策略。由于过度的环境或社会影响，可能不得不将所选择的游憩活动或用户群重新分配到其他地方，或完全从公园取消。替代方法是调整游憩利用的性质。在这种情况下，潜在的破坏性活动可能不需要被消除，而是在时间（如限制在干燥季节）、地点（如限制在树下的区域）或者实践（如消除营火）上作一些改变。

第四，强化公园资源与游客体验的持久性。第一个子策略是资源可以被强化，以增强他们对游憩影响的抵抗力。这可能是一种半自然的方式，诸如种植抗逆性更强的植物，或者以一种更人工的方式，比如通过工程措施对大量使用的场地进行铺面施工。第二个子策略是开发游憩设施，如露营地和小径，作为"避雷针"。通过这种方式，游憩利用及其随之而来的影响，就从资源直接转移到已开发的设施上来。第三个子策略是提高游憩体验的"抵抗力"，这可以通过减少游客之间的冲突或者告知游客他们可能遇到的情况来实现。

3.2 管理战术或管理实践

游憩管理的第二个分类系统侧重于管理战术或管理实践，这些是管理者们用于完成上述管理策略的行动或工具。例如，对停留时间、差额费用和利用许可的限制，作为推进限制娱乐利用的策略。

管理实践通常根据它们对游客行为作用的直接性进行分类（Gilbert et al., 1972；Lime，1977；Peterson and Lime，1979；Chavez，1996）。正如这个术语所表明的，直接管理直接影响到游客的行为，使他们很少或没有选择的自由。间接管理试图影响那些决定游客行为的决策因素。图3.2展示了直接和间接的游憩管理概念图。举例来说，减少野外环境中营火使用的直接管理方法，将其作为禁止营火的法规得到强制执行。间接管理方法是一种教育计划，目的是让游客了解营火的生态和美学的不良影响，并鼓励他们携带和使用便携式炉具。表3.1显示了一系列直接和间接的管理方法。直接和间接的管理方法有时被称为"硬"和"软"，或"严厉的"（heavy-handed）和"灵巧的"方法（Kuo，2002）。

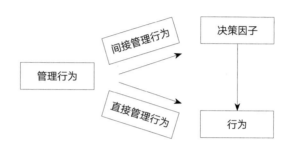

图3.2　直接与间接的管理方法
资料来源：改编自 Peterson and Lime，1979

表3.1　直接和间接管理行动例证

类型	例证
直接管理 （强调调整行为，个人选择受限，高度控制）	罚款
	增加地区监管
	空间区域功能不兼容（只允许徒步旅行，禁止使用汽车）
	随时间推移区域用途
	一些露营地的露营时间仅限于一个晚上，或其他限制
	轮流利用（开放或关闭道路、节点、小路、野营地等）
	要求预定
	在野外，分配露营地和/或旅行线路给每一个露营者团体
	限制利用和进入点
	限制团体规模、马匹数量、车辆等
	只允许在指定的野营地露营
	限制某个地区的停留时间（最长、最短）
	限制构筑营火
	限制垂钓或狩猎
间接管理 （强调影响或改变行为，个人保留选择的自由，控制不太完整，利用上可能会有更多变化）	改善（或不改善）进入道路、小径
	改善（或不改善）野营地和其他集中利用地区
	改善（或不改善）鱼和野生动物种群（牲畜、允许逐渐消亡等）
	公布某区域具体的属性
	确定周边地区的娱乐机会范围
	教育利用者生态学的基本概念

续表

类型	例证
间接管理 （强调影响或改变行为，个人保留选择的自由，控制不太完整，利用上可能会有更多变化）	公布未利用地区和利用的一般模式
	收取始终如一的入场费
	对不同小径、地区或季节收取不同费用
	要求具备生态知识和娱乐活动技能的证明

资料来源：改编自 Lime, 1977, 1999

直接和间接的游憩管理方法的相对优势和劣势在户外游憩文献中引起了广泛的关注。一般来说，在何时何地间接管理方法被认为是有效的（Peterson and Lime, 1979; McCool and Christensen, 1996），这对于荒野和相关类型的户外游憩来说尤其如此（Clark, 1979; Lucas and Stankey, 1982; Hendee et al., 1990）。间接管理方法因以下四个原因受到青睐（McCool 和克里斯坦森，1996）。

1. 适用于荒野和相关地区的立法和管理机构政策，往往强调提供"不受限制"的游憩机会，并允许游客自由选择。因此，对游客行为的直接管理条例可能与管理目标并不一致。

2. 游憩是一种活动形式，意味着选择的自由。控制游客行为的条例可能被视为与游憩的本质背道而驰，特别是在荒野和相关地区背景下，游憩和游客管制被描述为"内在矛盾"（Lucas, 1982）。

3. 许多研究表明，在可选择的情况下，游客更喜欢间接而非直接的管理方法（Lucas, 1983）。

4. 间接管理方法可能更有效，因为它们不牵涉与执行规则与条例相关的成本。

然而，对间接管理方法的强调并没有达成一致认可（McAvoy and Dustin, 1983a, b; Cole, 1993; Shindler and Shelby, 1993）。有人认为间接管理方法可能是无效的。例如，可能会有一些游客忽视间接的管理工作，而一些游客的行为可能会妨碍管理目标的实现。事实上，有人认为一种直接的管理方法可以最终带来更多的自由，而非更少（Dustin and McAvoy, 1984）。当要求所有的游客都遵守双方共同商定的行为时，更有可能实现管理目标，并保留多样性的游憩机会。经验证据表明，在某些情况下，直接管理方法可以提高游憩体验质量（Frost and McCool, 1988; Swearington and Johnson, 1995）。此外，研究表明，当需要控制游憩利用的影响时,游客们出人意料地支持直接管理方法(Anderson and Manfredo,1986；Shindler and Shelby,1993)。

对由游客引发的管理问题的分析表明,根据环境的不同,直接和间接的管理方法都是适用的(Gramann and Vander Stoep,1987；Alder,1996)。有几个基本的原因可以解释,为什么从缺乏对适当行为的认识到故意违反规则,游客可能不符合所期望的行为标准。间接管理方法,如信息/教育计划,在前者中似乎最为适宜；而直接管理方法,如实施规则/条例,在后者可能更加需要。

有人提出,从间接到直接管理的方法是连续的(Hendricks et al.,1993；McCool and Christensen,1996)。例如,关于篝火的生态和美学影响教育项目将朝向该连续统一体中间接管理的一端,要求营员使用便携式炉代替营火的条例是更直接的管理方法,而穿制服的护林员积极执行这一条例显然是非常直接的管理方法,这表明管理方法可以如图3.3所示,沿两个维度排列(McCool and Christensen,1996)。

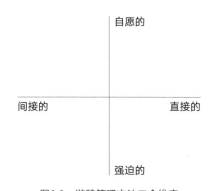

图3.3　游憩管理方法二个维度
资料来源：改编自 McCool and Christensen,1996

不论管理方法是直接的还是间接的,都可以以一种引人注目或不引人注目的方式实现。也有人认为,直接和间接的管理实施并不相互排斥。事实上,他们往往是相辅相成的(Alder,1996；Cole et al.,1997)。例如,禁止营火的条例(直接管理方法)应当与解释这种条例的必要性的教育计划(间接管理方法)一起实施。

3.3　问题行为的分类

大量的研究和管理将注意力集中于作为游憩管理实践的信息/教育项目,它们被视为一种间接、软性和灵巧的方法。信息/教育项目旨在说服游客采取符合游憩管理目标的行为,一般是为了减少户外游憩对生态和体验产生影响。研究表明，这种方法往往被游客所青睐（Roggenbuck and Ham，1986；Stankey and Schreyer，1987；McCooland Lime，1989；Roggenbuck，1992；Vander Stoep and Roggenbuck，1996）。在公园和户外游憩领域，已经开发了几个协调的国家与国际的信息/教育项目，包括"不留痕迹"（leave not trace，LNT）和"全球旅游道德规范"（Global Code of Ethics for Tourism）（世界旅游组织，2006；Marion and Reid，2007；Leave No Trace，2012）。这些项目类型的潜在有效性已经在几项研究中得到了证实（Dowell and McCool，1986；Jones and McAvoy，1988；Cole et al.，1997；Confer et al.，2000；Lawhon et al.，2013；Taff et al.，2014），第4章将会对此进行更加详细的讨论。

　　信息/教育概念应用的第一种方法，是将户外游憩活动中的问题行为分为五种基本类型，并针对每一种类型的问题行为提出信息/教育的潜在有效性（表3.2）。在机会谱的两端，问题行为被视为故意的非法行为（例如，盗窃文物——即使少数游客意识到这是非法的，仍可能属于盗窃文物的行为）或者不可避免的行为（例如，人类的排泄行为是不可避免的）。在这两端，信息/教育可能几乎无法产生效果。然而，其他三种类型的问题行为——粗心的行为（如乱丢垃圾）、没有技巧的行为（如选择不合适的露营地）和无知的行为（如用枯枝作薪柴）——可能更容易接受信息/教育计划。

表3.2　信息/教育应用于游憩管理问题

问题类型	案例	信息/教育的潜在有效性
非法的行为	盗窃文物 机动越野车入侵荒野	低
粗心的行为	乱丢垃圾 讨厌的行为（如大喊大叫）	中
没有技巧的行为	选择不适宜的露营地点 搭建不合理的篝火	高
无知的行为	在荒野中选择一个较少使用的露营地 用枯枝作为薪柴 在其他团体的视觉和听觉范围内露营	很高
不可避免的行为	处理人体排泄物，野营地地表覆盖植被损失	低

资料来源：改编自 Hendee et al., 1990; Roggenbuck, 1992; and Vander Stoep and Roggenbuck, 1996

3.4　道德发展理论

信息/教育概念应用的第二种方法，是基于道德发展的理论，如表3.3所示（Christensen and Dustin，1989）。这种方法建立在两种道德发展阶段理论的基础上（Kohlberg，1976；Gilligan，1982）。这两种理论都表明，人们倾向于通过一系列道德发展阶段，从以自我为中心阶段进化到基于正义、公平和自尊原则的高度利他主义阶段，到公园和游憩区的单个旅行者可能处于其中各个道德发展阶段。这一概念性方法的管理含义说明，信息/教育项目的设计应对信息进行相应的调整，以使道德发展的每个阶段都能接触到游客。例如，在游客处于较低水平的道德发展阶段时，管理者可能会强调所选行为外在的奖励和惩罚；而在更高层次的道德发展阶段，通过强调所选行为的基本原理和诉诸利他主义、正义和公平等手段，与游客交流可能更加有效。

表3.3　道德发展阶段

科尔伯格道德发展六阶段理论		吉利根道德发展观点	
阶段	过度关注	观点	过度关注
前惯例层次		1	参照与自我关系，生存，自我导向，同科尔伯格的阶段1、阶段2相似
1	避罚服从取向，害怕惩罚		
2	相对功利取向，最大愉悦，最小痛苦		
惯例层次		2	参照与他人关系，取悦他人很重要，与科尔伯格的阶段3、阶段4相似
3	寻求认可取向，有意义的人怎么想		
4	遵守法规取向，社会怎么想		
后惯例层次		3	参照与自我、他人关系，整合上述观点1、观点2，关心最高价值，在这点上与科尔伯格观点背离
5	社会法制取向，正义与公平		
6	普遍伦理取向，自尊		

资料来源：引自 Christensen and Dustin，1989

3.5　传播理论

传播理论在户外游憩活动中的应用表明，信息/教育的潜在有效性取决于与游客、信息内容和传递有关的诸多变量（Roggenbuck and Ham，1986；Stankey and Schreyer，1987；Manfredo，1989；Manfredo and Bright，1991；Manfredo et al.，1992；Roggenbuck，1992；Bright et al.，1993；Bright and Manfredo，1995；Basman et al.，1996；Vander Stoep and Roggenbuck，1996）。例如，游客行为至少部分是由态度、信念和规范标准驱动的，信息/教育项目旨在连接或修改相关态度、信念，可能会成功地指导或改变游客行为。此外，信息的实质和媒体的传

播也可能影响信息/教育计划的有效性。

　　理论上，信息/教育可以通过三种基本模式运作（Roggenbuck et al., 1992）。

　　第一个理论模型是应用行为分析。这种管理方法直接关注于游客的行为，而不是诸如态度、信念和规范等前因变量。例如，游客被告知将根据他们的行为进行奖励或惩罚。由于该模型不涉及潜在的行为变量，其有效性可能是短期的，并取决于持续的管理行动。

　　第二个理论模型是说服的中心路线。在这个模型中，通过传递实质性信息改变游客的相关信念。新的或修改后的信念会导致行为的改变。虽然这是一个不那么直接和更加复杂的模型，但它可能会导致更持久的行为改变。

　　第三个理论模型是说服的外围途径。该模型强调信息/教育的非实质性内容，如信息源和媒介。譬如，游客认为具有权威或强大功能信息源可能会影响行为，而其他消息可能会被忽略。这种模型在难以吸引和保持游客注意力的情况下尤其有用，例如，在游客中心、入口站和公告栏前，所有这些都可能提供多种相互竞争的信息/教育消息。然而，像应用行为分析一样，说服的外围途径可能不会影响先前的行为条件，因此不会产生持久影响。

3.6　结论

　　从管理策略或实践角度考虑户外游憩管理是很有用的。户外游憩管理有四种基本策略和许多可用于实施这些策略的管理方法。管理方法的分类可能基于许多因素或概念。上述方法简要地说明了户外游憩管理的可替代性方案。对于任何给定的问题，都可能至少有几个潜在的解决方案，应该明确考虑这些方法的多样性，而不是依赖那些熟悉的或行政上的权宜之计。

　　综上所述，我们将管理策略分为增加供给、限制利用、减少利用影响、强化资源或体验的持久性四个基本类别；将管理实践分为信息/教育、使用配给/分配、规则/条例、执法、分区、设施开发/场地设计/维护六个基本类别。

第 4 章

户外游憩
管理方法评估

上一章主要概述了一系列关于游憩管理的策略和实践，主要包含六个类别：信息/教育、使用配给/分配、规则/条例、执法、分区、设施开发/场地设计/维护。目前，大量的实证研究已开始评估这些游憩管理方法的有效性。其研究主要集中在两个方面：信息/教育以及使用配给/分配，而对其余四个方面关注较少。本章回顾并总结了这一研究领域。

4.1 信息 / 教育

作为管理方法，信息/教育是最具吸引力的，大量的实证研究已经检验了其有效性（如第3章所述）。这些研究可分为以下几类：

1. 旨在影响游憩利用模式；
2. 专注于提高游客认知，特别是游憩活动对生态和社会影响最小化的相关研究；
3. 旨在影响游客对管理政策的态度；
4. 改变乱丢垃圾和破坏公物的不友好行为。

4.1.1 游憩利用模式

第一类信息/教育研究主要侧重于游憩利用模式。游憩利用模式的特点通常是空间和时间的不均衡性，游客利用通常集中在高峰时段和特定的区域。从某种程度上说，如果游憩利用在某种程度上可以重新分配，将有助于缓解拥挤问题。许多研究基于计算机仿真模型，记录时空利用再分配对减少游憩团体之间联系的有效性（Schechter and Lucas，1978；Manning and Ciali，1979；Manning and Potter，1982，1984；Potter and Manning，1984；Underhill et al.，1986；Wang and Manning，1999；Lawson and Manning，2003a，b；Cole，2005；Lawson et al., 2006；Gimblett and Skov-Peterson，2008；Lawson et al., 2008）。例如，研究表明，为了通过再分配实现同样的联系性减少，要求削减近20%的总利用量（Potter and Manning，1984）。

一些研究已经探讨了信息/教育项目作为重新分配游憩利用手段的潜在有效性（Brown and Hunt，1969；Lime and Lucas，1977；Becker，1981；Lucas，1981；Roggenbuck and Berrier，1981，1982；Krump and Brown，1982；Brown et al., 1992）。例如，一项早期研究探讨向游客提供当前利用模式信息的有效性，以此作为改变未来利用模式的方法（Lime and Lucas，1977）。向获准进入明尼苏达州边界水域独木舟区（the Boundary Waters Canoe Area）主要入口的游客们发送印有使用模式内容的信息包，并特别强调游客集中使用的地区和时间。对第二年到该地区游览的同一组样本的调查发现，3/4的受访者认为这一信息是有效的，约1/3受访者表示受入口、路线和访问时间等影响。

北卡罗来纳州闪光岩荒原区（the Shining Rock Wilderness Area）研究试验了两种类型的信息方案，旨在分散野营、远离大量被使用的草地（Roggenbunk and Berrier，1981，1982）。试验者创建了两个试验组，同时向两组发放解释与集中露营相关的资源影响的手册，并提供附近其他露营地点以供选择，其中有一个人和一个荒野护林员有过私人交往。结果表明，两组的野营活动分散程度均高于对照组，且两组之间无统计学上的显著差异。

在黄石国家公园、蒙大拿州、怀俄明州、爱达荷州的野外进行了类似的小径利用试验（Krumpe and Brown，1982）。其中，在获得野外通行证之前，给样本组的徒步旅行者发放描述较少使用者的小径属性的指南。通过后来对许可证的调查和审查发现：该组37%的人选择利用者较少的小径，而对照组有14%的人选择这种小径。结果还指出，越早获得信息对其行为影响越大。采用人性化、基于微机信息方法（如触摸屏程序）的研究表明，在影响游憩利用模式方面同样是有效的（Huffman and Williams，1986，1987；Hultsman，1988；Harmon，1992；Alper and Herrington，1998）。

对新罕布什尔州佩米格瓦塞特荒野（Pemigewasset Wilderness）的徒步旅行者进行研究，以确定荒野护林员作为信息/教育来源的影响（Brown et al., 1992）。仅有20%的游客表示，护林员影响了他们对研究区域的目的选择。但是对于阅历较少的游客，他们表示更易受到护林员的影响而返回研究区域，这表明信息项目会随着时间的推移而更加有效。

在蒙大拿州的塞勒威—比特鲁特荒野（Selway-Bitterroot Wilderness）开展的研究也说明，利用信息/教育项目影响游憩利用的潜在问题（Lucas，1981）。给游客发放描述当前利用模式的小册子，随后的调查表明它对后续的利用模式并没有什么影响。对该项目的评价表明，其潜在功效存在三个限制：

1. 许多游客收不到这本小册子；
2. 大多数收到小册子的人因为收到太晚以至不能对他们的决策产生影响；
3. 一些游客怀疑手册中所含信息的准确性。

4.1.2 提高游客认知

第二类信息/教育研究主要侧重于增加游客的知识，从而影响游客的行为，特别是当其适用于减少对生态和体验的影响时。两项早期的研究侧重于针对不同类型的利用者——科罗拉多州落基山国家公园的背包客（Fazio，1979a）和美国州立公园的自驾者（Feldman，1978）。对背包客的研究是通过一系列媒体向其提供低影响的露营方法，包括一本小册子、一个路标、一张幻灯片或者声音演示、一套电视节目以及一份报纸的专题文章。尽管没有足够多的游客接触后两种媒体以至无法评估它们的有效性，然而幻灯片或声音演示、幻灯片/声音展示+小册子，以及幻灯片/声音展示+路口标识，让游客的知识得到显著增加，但是小册子和小路口标识展示并不十分有效。另外，对自驾者的信息/教育两种媒体研究表明——小册子和声音展示——都会使得受访者的知识水平显著提高。

最近许多研究也发现信息/教育项目的重大影响（Echelberger et al., 1978；Dowell and McCool，1986；Burde et al., 1988；Jones and McAvoy，1988；Sieg et al., 1988；Dwyer et al., 1992；Kernan and Bright，1991；Roggenbuck et al., 1992；Kernan and Drogin，1995；Cole et al., 1997b；Christenson and Cole，2000；Stewart et al., 2000；Hendricks et al., 2001；Borrie and Harding，2002；Duncan and Martin，2002；Barker and Roberts，2004；Bradford and McIntyre，2007；Sorice et al., 2007；Marion et al., 2008；Park et al., 2008）。例如，对亚利桑那州大峡谷国家公园的一日游徒步旅行者调查发现，在公园和小路口中张贴的报道和海报上积极的信息/教育提示信息"烈日灼心，徒步需智"（heat kills, hike smart），影响了大多数游客的安全行为（如携带足够的水，一大早就开始远足）。这个研究也表明，无论何时何地，管理者应尽可能努力让游客关注周围环境和相关行为。

　　路口的公告牌也有助于增加游客关于低影响远足和露营实践的知识（Cole et al., 1997b）。看过路口公告牌提示语的游客对比没有看过公告牌的游客获得了更多的知识，但是当提示语数量增加到两条以上时，并不会提高游客的知识水平。公告牌对徒步旅行者和过夜者更有效果（相比骑马旅行者和一日游者而言），可能是因为其提示语对这些利用者有更大的潜在效用（McCool and Cole, 2000）。

　　组织专题研讨会和特殊计划也可以有效增强游客的知识水平，以及遵循推荐的低影响技术的意图。通过对童子军（Dowell and McCool, 1986）和明尼苏达州水域独木舟荒野地志愿者的两项研究（Jones and McAvoy, 1988），证实了这些类型信息/教育计划的有效性。在这两个案例中，计划结束后立即进行知识和行为意向的测试，结果是实验组得分高于对照组。研究还表明，通过对商业导游和旅行用品店实施提供信息/教育计划的培训，有效地提高了游客知识（Sieg et al., 1988；Roggenbuck et al., 1992），且印刷的线路指南也是有效的（Echelberger et al., 1978）。

　　八个荒野地区实施的游客调查表明，信息/教育诉求对鼓励游客的低影响行为是有效的（Christensen and Cole, 2000）。研究发现，51%～69%的游客表示，由于管理者对生态环境（例如减少水污染）和游憩体验（例如减少拥挤）的呼吁，他们选择使用炉灶代替营火，在距湖泊200英尺处野营。生态诉求比体验诉求更有效。

　　最近几项研究使用了潜在、强有力的田野实验，评估信息/教育计划的有效性。其中，加利福尼亚塔玛佩斯山（Mt Tamalpais）向山地自行车手提供关于四种行为的教育信息：

　　1. 礼遇行人；

　　2. 车速；

　　3. 遇到封闭小径时的行为；

　　4. 穿越溪流（限制生态影响）（Hendricks et al., 2001）。

　　信息旨在强调"道德"（对不良行为的生态和/或经验后果的简要描述）或"恐惧"诉求（对因不良行为而罚款的简要描述）。这些信息由远足志愿者、巡逻的自行车志愿者，或者由穿制服的徒步旅行者，亲自告诉山地自行车手。在试验和对照的条件下，暗中观察记录山地自行车手的行为。研究发现，山地自行车手采用了四种测验行为中的三种低影响行为。例如，59.2%的山地自行车手在接触过本研究中的一种教育信息后，采用了推荐的、低影响的方法穿越河流，而对照组这一比例仅为16.7%。然而研究发现，信息类型（道德或恐惧诉求）没有一致的模式。一般来说，穿制服的工作人员传递的信息似乎没有穿制服的志愿者传递的信息更有效。

多项试验研究都专注于"社会的"或"游客引起的"小径，指游客离开指定的小路而产生的步道。

第一项研究是在加拿大的圣劳伦斯岛国家公园（St. Lawrence Islands National Park）进行的（Bradford and McIntyre, 2007），这项研究利用了两种类型的信息。让游客停留在指定小径上，并简要解说偏离指定小径的影响。这些信息（以标识的形式）放置在一个路口处或在现有的社交路线上偏离指定路线的地点。通过隐秘相机记录远足者的行为。在控制条件下，88.3%的徒步旅行者利用社会足迹。然而，看到呼吁信息的徒步旅行者比例下降到77%，了解社会足迹影响的徒步旅行者人数下降到49%。结果表明，放置在指定小径以外的社会足迹上的标识比路口标识效果更明显。

第二项研究是在缅因州阿卡迪亚国家公园进行的（Park et al., 2008）。第一个处理方法是在一个路口张贴了标识，要求游客不能离开指定的小径，并简要说明要求这样做的原因（减少对生态的影响）。第二个处理方法是在易偏离的小径处增加地面提示标识，一个简单的4英寸×4英寸木板、刻有"禁止通行"的字样，并且在偏离指定小径的所有社会小径上都有此类标识。通过暗中观察并记录游客行为，第一个处理方法使游客偏离小径的百分比从73.7%减少到63%，第二个处理方法则进一步将其降低至24.3%。

第三项研究是在缅因州阿卡迪亚国家公园进行的（Kidd et al., 2015），沿着萨金特山（Sargent Mountain）的小径和山顶，利用空间数据分析测量三种教育处理方法的有效性。第一、第二个处理方法分别基于生态信息和舒适信息，鼓励游客停留在有标记的小径上；第三个处理方法包括个人接触和控制条件传递信息（如现有小径用火痕迹和堆石标）。要求前往山顶旅行的游客们携带一个GPS装置。分析从这些单元收集的空间数据指出，基于标志的信息没有显著影响游客行为，然而个人接触确实减小了游客偏离小径的范围。

第四项研究采用实验设计考察游客对红杉国家公园附近军用飞机发出声音的接受程度（Taff et al., 2014b）。第一个处理方法是让游客对一系列包含飞机飞越上空声音的音频剪辑的可接受性进行分级。第二个处理方法也涉及同样的听力分级，但为受访者"事先准备好"了一条有关军方飞越该公园的信息。结果显示，飞越改进可接受性评级教育信息的可接受性评分高达15%，以上说明，传播有关军事飞越的信息可能有利于游客体验。

第五项研究，通过两个实验组、一个对照组研究美国犹他州锡安国家公园内对野生动物的喂食行为（Marion et al., 2008）。两个实验组要求游客不要喂养野生动物，并简短说明了如此要求的理由。实验组1在野生动物最受欢迎的地方粘贴标识，而实验组2由穿制服的护林员亲自说明，同时密切关注控制期内两个实验组的游客行为。两组游客故意逗弄动物的比例从24%下降到3%，更重要的是，故意喂食的游客数量从11%下降到3%，而无意喂食的游客数量从干预前的41%下降到10%（实验组1）和1%（实验组2）。

然而，并非所有信息/教育方法都是有效的。在美国加利福尼亚州的北部地区、田纳西州的大烟山国家公园，一项关于解说项目效果的研究发现了混合结果（Burde et al., 1988）。在接触到公园解说服务的野外游客和对照组之间，对一般野外政策的认知没有明显差异；然而在公园相关危害的知识方面，前一组得分较高。在一项缅因州阿卡迪亚国家公园内的游客对露营地法规遵守率的测试中发现，在使用或没有使用《特别说明》小册子的时间段之间没有差异（Dwyer et al., 1989）。在明尼苏达州边界水域独木舟区荒野地（the Boundary Waters Canoe Area Wilderness），一项有关熊的特殊行为小册子的测试发现，游客的实际或预期行为只有有限的变化（Manfredo and Bright，1991）。首先向要求提供荒野许可证信息的游客邮寄《特别说明》小册子，在后续调查中发现，只有18%的受访者表示他们从小册子中获得了新的信息；而仅有7.5%的受访者表示小册子改变了他们的实际或预期行为。佛罗里达海岸航道的一项研究表明，船速和海牛的碰撞会伤害或杀死这些动物（Sorice et al., 2007）。研究中，在水路上张贴在近海水域游泳的标志，并提示"注意速度"和"最高罚款500美元"。同时注意观察船在对照和实验处理条件下的速度，结果没有出现统计学上的显著性差异。蒙大拿州攀岩研究使用了公告板以鼓励低影响行为，结果发现对照和处理期间观察到的行为变化不大（虽然观察行为很困难）（Borrie and Harding，2002）。为了减少圣卢西亚（拉丁美洲岛国）的潜水员接触和破坏珊瑚，最后一项研究采用两种方法，潜水之前简短告知潜水员信息没有起到效果，而潜水员领导的直接干预显著减少了与珊瑚的接触。作者由此得出结论，在经常利用的潜水区，可能需要密切监督参与者。考虑到某些与游憩相关的生态和体验影响，信息/教育的潜在有效性进一步降低。例如，越野远足研究表明,积极的信息/教育计划使徒步旅行下降至25%~50%。虽然与控制条件下相比数量大幅减少,但仍可能对土壤和植被造成严重破坏。同样地,从体验的角度来看,可能只有相对较小比例的游客存在暴躁或参与其他不适当的行为,干扰他人并降低游客体验质量。

4.1.3 游客态度

第三类信息/教育研究主要考查游客态度对不同管理机构政策的影响(Robertson,1982;Olson et al.,1984;Nielson and Buchanan,1986;Cable et al.,1987;Manfredo et al.,1992;Bright et al.,1993;Ramthun,1996;Taff et al.,2014a;Hvenegaard,2016)。这些研究发现,信息/教育项目可以有效改善游客的态度,从而更加支持公园游憩以及相关管理政策。例如,通过向美国黄石国家公园、蒙大拿州、怀俄明州、爱达荷州的游客解说火灾生态学(fire ecology)和控制性燃烧政策的效果,转而影响了游客对火灾生态的信念和基于这些信念产生的态度。

4.1.4 不友好行为

第四类信息/教育研究主要侧重于游客不友好行为,尤其是乱丢垃圾。许多研究发现,各类信息/教育消息以及相关项目可以有效减少乱丢垃圾的行为,甚至清理垃圾乱丢的区域(Burgess et al.,1971;Clark et al.,1971;Marler,1971;Clark et al.,1972a,b;Powers et al.,1973;Lahart and Bailey,1975;Muth and Clark,1983;Oliver et al.,1985;Christensen and Clark,1983;Oliver et al.,1985;Christensen,1986;Roggenbuck and Passineau,1986;Vander Stoep and Gramman,1987;Horsley,1988;Wagstaff and Wilson,1988;Christensen et al.,1992;Taylor and Winter,1995;Hwang et al.,2000;D'Luhosch et al.,2009)。

例如,在一个已开发的露营地的游客中采用三种不同的措施:描述乱丢垃圾的成本和影响的小册子,小册子上有公园护林员的私人联系方式,以及上面两种措施加上向公园护林员报告不友好行为(Oliver et al.,1985)。结果证明,小册子上有公园护林员的私人联系方式是最有效的措施,野营地乱丢垃圾的群体人数从67%下降到41%,野营地毁坏树木的群体人数也从20%下降到4%。在许多研究中发现,有效的信息类型和相关目的包括:鼓励游客协助垃圾清理工作,将护林员和旅行领队作为清理垃圾的模范。

4.1.5　其他相关研究

　　少数其他类型的研究虽然并没有直接评估信息/教育，但是也暗示了这种管理技术的潜力。

　　第一，游客知识研究指出，改善标记有助于改善游客行为。例如，在美国宾夕法尼亚州的阿勒格尼国家森林公园（the Allegheny National Forest, Pennsylvania）内，测试野营者对适用于该公园规则与条例的了解程度（Ross and Moeller，1974）。仅有48%的受访者答对了十个问题中的六个及以上。类似地，对爱达荷州的塞勒威—比特鲁特荒野地区的游客也进行了一项关于荒野利用和管理的测试（Fazio，1979b）。每位受访者只能正确回答20个问题中的一半。然而不同类型的受访者，在知识类型和各种信息来源上的准确性之间存在显著差异，为信息/教育项目在何处以及如何最有效地传达提供了指导。宾夕法尼亚州阿勒格尼国家森林公园（the Allegheny National Forest）的游客在12项真假最小影响测验中，平均正确率为48%；而蒙大拿州的塞勒威—比特卢特国家森林公园的游客在类似的测验中平均正确率为33%（Cole et al., 1997b）。类似的研究发现，阿巴拉契亚国家风景道（the Appalachian National Scenic Trail）的徒步旅行者在10项测验中，平均正确率为88%（Newman et al., 2002，2003）。由于他们利用不同的认知测量方法，所以很难对上述研究进行比较，但它们都表明旅游者的认知存在很大的改进空间。

　　第二，几项研究表明信息/教育项目可以大幅被改善（Hunt and Brown, 1971；Fazio，1979a；Cockrell and McLaughlin，1982；Fazio and Ratcliffe, 1989）。根据游客要求，对邮寄文献的评估发现，有以下几个方面需要改进：及时回复、更直接地关注管理问题，更加个性化，更具视觉吸引力以及减少多余的材料。通过对45个美国国家公园系统网站的评估发现，1/3的网站没有涉及"不留痕迹"（LNT）项目，而另一些网站只在管理文档中提及，而不是以更方便游客的方式（Griffin，2005）。

　　第三，对荒野管理者的调查确定了25种游客教育技术范围（Doucette and Cole，1993）。在大多数荒野地区，这些教育技术常用的只有六种：小册子、代办处人员、地图、标志、野外人员、道路展示。同时，还要求管理人员对感知到的教育技术的有效性进行评估，并普遍认为基于人员的方法比基于媒体的方法更有效。

第四，在落基山国家公园的研究中，探索了一些可能影响参与"不留痕迹"实践的变量（Lawhon et al., 2013）。研究结果表明，对"不留痕迹"感知效果是未来行为的一个重要预测因素。因此，当它们解释为什么实践在减少影响方面是有效的时，与"不留痕迹"相关的信息/教育可能更有效。

相关研究对游客的旅行计划信息来源进行了测量（Uysal et al., 1990；Schuett，1993；Confer et al., 2000）。许多受访者表示，他们的信息并不是直接来源管理机构，诸如：户外俱乐部、旅行用品店、户外商店、旅行指南、报纸和杂志文章、旅行代理商。这表明管理机构与选定的私营和商业组织的联结，可能是一种特别有效的信息/教育方法。

4.1.6 信息/教育使用指南

有关信息/教育作为游憩管理实践的研究数量相对较多且高度多样化，采用多种信息和媒体，解决各种问题和目标受众。总体上，这些研究表明，信息/教育是一种有效的游憩管理方法。此外，从这一时期的作品中也可以制定一些信息/教育利用的指导方针（Roggenbuck and Ham，1986；Brown et al.，1987；Manfredo，1989；Manfredo，1992；Roggenbuck，1992；Doucette and Cole，1993；Bright，1994；Basman et al.，1996；Vander Stoep and Roggenbuck，1996；Manning，2003；Marion and Reid，2007）：

1. 利用多个媒体传递信息通常比利用单一媒体更有效；
2. 重复传递信息更有效；
3. 尽可能接近受影响行为发生的时间或地点，会使得某些信息传递更有效；
4. 信息/教育项目一般对缺乏知识和阅历的旅游者更有效，年轻游客可能是特别吸引人的目标观众；
5. 小册子、个人信息以及视听项目比指路牌更有效；
6. 游憩体验之前传递某些信息更有效，如旅行前的计划（例如，使用便携式露营灶代替营火）；
7. 来自可靠消息来源的信息可能更有效；
8. 基于计算机的信息系统是传递信息/教育的有效手段；
9. 受过培训的志愿者、旅行用品店、商业指南是向游客传播信息/教育的有效手段；
10. 提供旅游负面影响、代价及后果是信息/教育的有效策略；
11. 公园护林员和志愿者角色扮演可能很有效；

12. 公园护林员和其他雇员与游客的个人交往可以有效传播信息/教育；

13. 信息应尽可能针对具体的受众。特别有效的目标受众包括要求提前提供信息的人和最不了解情况的人；

14. 代表目标用户组的志愿者发送的消息可能更有效；

15. 信息/教育项目运用于粗心、不熟练或不知情为特征的问题行为时，可能最有效；

16. 根据游客道德发展的多个阶段，设计信息/教育项目；

17. 从长远来看，旨在联结或改善游客的态度、信念或规则的信息/教育项目有很好的效果，并且不需要过多重复；

18. 通过解说管理的必要性，信息/教育项目可以且应该补充更直接、更严厉和更严格的管理方法；

19. 信息/教育项目应提供简单、有兴趣和适用的消息；

20. 信息/教育项目应提供尽可能一致和强化的信息；

21. 通过生态原因说服游客采取适当的行为，而不是出于体验的原因；

22. 积极传递措辞强烈的信息是增强游客注意力的有效方式，并且当运用于游客安全、危险和/或敏感资源保护等问题时得到保证；

23. 路口和公告板应仅限于少数问题，也许只有两个；

24. 非政府机构媒体，如报纸、杂志和旅行指南，是传播信息/教育的有效手段；

25. 信息应针对最不为游客所知的问题和行为，以及最重要的管理问题。

4.2　使用配给 / 分配

管理者一直将注意力侧重于限制公园和游憩区的游憩接待量的管理实践。将定量配给视为不得已的管理方法，对此人们存在争议，因为它违背了向公众提供享受公园和游憩的平等权利（Hendee and Lucas，1973，1974；Behan，1974，1976；Dustin and McAvoy，1980），但是仍需要限制利用以保持游憩体验质量和保护公园资源的完整性。

4.2.1　五项管理手段

使用配给/分配游憩利用的五种基本游憩管理手段：

1. 预订系统；

2. 抽签；

3. 先到先得或排队；

4. 定价；

5. 绩效（Stankey and Baden，1977；Fractor，1982；Shelby et al.,1989a；Mclean and Johnson，1997；Whittaker and Shelby，2008）。

预订系统要求潜在游客在旅行之前，提前预订空间或许可证明。抽签分配许可证完全是随机的。先到先得或排队等候系统要求潜在旅游者排队等候（象征性地或切实地）。定价系统要求游客支付许可费，这可能会"过滤"那些没有能力或不愿意支付费用的人。绩效系统（merit system）要求潜在游客通过知识或技能特长展示"获得"许可证的能力。需要注意的是，配给/分配的每一种管理实务都可能有变化。例如，通过加权为先前抽签未能抽中的游客提供一些优势，并且可以通过拍卖进行定价。目前，河流游憩（Whittaker and Shelby，2008）和荒野（Cable and Watson，1998）已经开发了有用的配给/分配实践综合。

每一种管理实务都有其潜在的优势和劣势，它们被归纳在表4.1中。例如，预订系统可能有利于愿意并提前计划安排的游客，但是管理相对困难并且成本较高。通常认为抽签是相对公正的，但对管理者来说同样相对较难且成本较高。先到先得系统对于休闲时间较多且住得离公园或游憩场所较近的游客十分有利，而且易于管理。定价是社会分配稀缺商品和服务的常用措施，但是存在歧视潜在低收入游客。绩效系统应用不太广泛，尽管绩效系统很难管理而且成本高昂，但是其有助于缓解游憩利用的社会和环境影响。

已经提出了一些考虑和应用配给/分配的若干原则和指导方针（Stankey and Baden，1977）：

1. 主要强调游憩用途的社会和环境影响而不是利用量。但一些类型的游憩活动可能会导致更多影响。如果这些影响可以减少，应避免或者推迟使用配给/分配；

2. 如上所述，使用配给被认为是不得已的管理方法。事实证明，不那么直接或严厉的管理手段在那些被证明是有效的地方似乎更为可取；

3. 实施使用配给/分配需要好的信息。管理者必须明确，社会和/或环境问题决定了使用配给，它们可以评估其他分配系统的效果；

表4.1　户外游憩配给/分配的五种管理手段评价

	预订	抽签	先到先得	定价	绩效
受益子系统的客户群	那些能和感愿意提前计划的人，比如具有社会生活结构化方式的人	没有一个明确的群体受益，对那些研究不同地区的成功概率的人有更好的机会	对一些时间充裕的人（如失业者），同时对附近居住的用户也十分有利	那些有能力或愿意支付入场费用的人	那些有能力且愿意花费时间和精力精力满足需求的人
受系统不利影响的客户群	那些不能或不愿意提前计划的人，如受职业限定不能长期规划的人（比如许多专业人士）	没有一个明确群体受到歧视，可以碰运气，该地区非常重要的用户申请人	时间机会成本较高的人，不利于居住在距目的地较远的用户，时间成本无法弥补	那些没有能力支付入场费用的人	那些没有能力且不愿意花费时间和精力精力满足需求的人
系统利用经验	定量配给主要应用于国家森林和国家公园	没有，然而是大型狩猎许可证的通用分配方法	与圣哈辛托荒野（San Jacinto Wilderness）的预订配合利用，也用于一些国家公园荒野	没有	没有，某些相关活动使用绩效分配（例如河流）
系统对用户的可接受性[a]	一般较高，使用接受程度较高，未使用配给地区用户表示这是最佳的方式	低程度	中低程度	中低程度	目前还不清楚，经过必要的培训，初期要求的熟练程度和认知水平
管理困难	中等程度，需要额外的工作人员，工作时间需延长，最重要的是记录和保存	中等程度，整个使用期内分配许可证较为困难	开发基础设施建设，以便让游客排队等待	中等程度，可能有一些关于征收荒野费用的法律问题	中等程度，初期需要大量投资建立授权许可计划
系统最小化、次优化问题的效率范围[b]	中等程度，由于反应不灵敏显示，根据申请人的判断，申请获取价值许可证与经验价值的关系不大	因为获得许可的签证是随机的，所以无论是价值较少的还是价值较高的人都有平等的进入机会	中等程度，由于系统配给主要通过时间成本，因此要求参与者自己衡量价值	中高程度，用户要根据成本和经验价值判断所征收的费用	中程度，占用利用者额外的时间和精力
使用的主要方式	减少游客数量，通过改变不同时间或空间用可用许可数量来控制分配	减少游客数量，通过不同时间和地点的许可数量来控制分配，从而改变成功的可能性	减少游客数量，根据不同地点和时间所允许进入人数，通过时空策略控制不同空间的分配	减少游客数量，通过不同定价策略控制不同空间的分配	减少游客数量
系统如何影响用户行为[b]	影响时间和空间的行为	影响时间和空间的行为	影响时间和空间的行为，要考虑排队等候的时间行为	影响时间和空间的行为，而且利用者时间花费	影响用户行为生活方式

资料来源：引自Stnkey and Baden, 1977

a: 根据现场实地检验和对游客的实地调查

b: 该指标主要为了测验不同配给度如何直接影响用户行为

4. 鉴于每种分配方法的优缺点，应考虑将使用配给系统进行组合。例如，一半通过预订系统获得许可，一半通过先到先得的方式获得许可，既能满足有能力和有计划度假的潜在游客的需求，也能满足那些工作和生活方式不允许他们这样做的游客的需求；

5. 使用配给应在获得许可的概率和游憩机会的价值之间建立联系。换句话说，越重视机会价值的潜在游客，通过定价、提前规划、等待或绩效，应该具有更多的机会"赚取"许可；

6. 应监测和评估使用配给方法的有效性和公平性。对于游憩而言，使用配给相对较新且存在争议，应特别努力确保使用达到目标要求。

4.2.2 公平性

公平性（Fairness）是使用配给/分配实践的一个关键因素（Dustin and Knopf, 1989）。政府机构管理的公园和游憩场所是公共资源，使用配给/分配方法被认为是既有效又公平的，但是公平、公正和相关概念是怎样的呢？目前，已经对这个问题有了重要的见解，这里概述了公平的几个替代维度，并测量它们在公众中的支持度。

第一个研究确定了"分配正义"（distributive justice）整体理论的四个维度，定义了个人基于公平的标准获得他们"应当"拥有的一种理想。第一个维度是"平等"，意味着所有人都可以根据平等的权利获得利益，如进入公园和户外游憩；第二个维度是"公平"，表明将利益分配给那些投入时间、金钱或努力"赢得"的人；第三个维度是"需要"，表明利益是基于未满足的需求或竞争劣势而分配的；第四个维度是"效率"，表明将利益分配给那些最重视这些利益的人。

通过对爱达荷州地狱峡谷的斯内克河（the Snake River in Hell's Canyon）上的运动员的调查，对分配正义的两个维度有了深入的了解（Shelby et al., 1989b）。该研究要求游客对以上五种使用分配方法，在感知获得许可证的可能性、感知实践公平性、实践的可接受性以及尝试实践意愿的四个标准的基础上进行评级。结果表明，游客在评估使用配给实践时，通常使用公平和实用主义（pragmatism）的概念。然而，实用主义对受访者自己感知获得许可能力有强烈的影响。这些研究建议管理者必须让潜在的游客相信，建议的使用分配方法不仅公平，而且他们应该给游客提供一个合理的机会来获得许可。

第二个系列的研究检验了一个更广泛适用于不同类型的公园和游憩服务的公平维度分类法（Wicks and Crompton, 1986, 1987, 1989, 1990; Wicks, 1987; Crompton and Wicks, 1988; Crompton and Lue, 1992）。该研究确定

了八个潜在维度：第一个维度是补偿性的，基于经济劣势进行福利分配；第二和第三个维度是平等的变化，平均分配所有个人福利或者确保所有人最终获得同等的福利；第四和第五个维度是基于需求的基础上，分配福利给那些最有限地利用它们的人，或那些最有效地为他们辩护的人；最后三个维度是由市场驱动，并基于所支付的税款，服务的价格或提供游憩服务的最低成本替代方案之间分配福利。

对加州居民的样本描述了这些公平维度，要求他们指出在多大程度上同意或不同意将其作为分配公共公园和游憩服务原则（Crompton and Lue，1992）。大多数受访者只赞成三个维度，降序排列依次是：演示利用、支付价格和利益均等。公平也被概念化为三个基本维度：

1. 民主公平（democratic equity）（人人需要被公平对待）；

2. 补偿公平（compensatory equity）（稀缺资源的分配以需求为导向）；

3. 公平的信念（equity beliefs）（稀缺资源的分配以人们对当前形势的看法和信念为导向）（Nyaupane et al., 2007）。

对俄勒冈州和华盛顿特区居民的调查使用了一连串的12句话，测试受访者在公园和户外游憩活动背景下，对上述三种公平性的支持程度。研究结果发现，对民主公平的支持程度高于补偿公平，而且在补偿公平范围内，对老年人和残疾人打折优惠的力度比少数民族、低收入人群和/或大家庭的要大得多。

4.2.3　有效性

尽管使用配给/分配具有复杂和争议性质，但是许多研究发现，大多数游客对此类的管理方法表示支持（Stankey 1973；Fazio and Gilbert，1974；Stankey，1979；Lucas，1980；McCool and Utter，1981；Utter et al., 1981；McCool and Utter，1982；Shelbyet al., 1982；Schomaker and Leather Berry，1983；Lucas，1985；Shelby et al., 1989B；Glass and More，1992；Watson，1993；Watson and Niccolucci，1995；Fleming and Manning，2015）。研究显示，即使是大多数没有成功获得许可的游客仍然支持使用定量配给的需要（Fazio and Gilbert，1974；Stankey，1979；McCool and Utter，1982）。

通过对俄勒冈州三个荒野地区游客的调查发现，支持使用配给需要是基于关注保护资源质量和游客体验质量（Watson and Niccolucci，1995）。日间徒步旅行者受到对拥挤的担忧影响最大，而对拥挤和环境的担忧对过夜游客影响最大。一项对俄勒冈州和华盛顿州地区游客的研究发现，对利用限制的广泛支持需要保护生态资源，但基于对拥挤的担忧，对限制利用的支持大大减少（Cole and Hall，2008）。在澳大利亚弗雷泽岛麦肯锡湖（McKenzie on Fraser Island）的游客中也发现了类似的结果，在那里，接受利用限制的意愿得到了广泛的支持，特别是如果这将导致更好的环境结果（Fleming and Manning，2015）。

基于用户位置和类型，人们发现在可替代的使用配给手段之间的偏好变化很大（Magill，1976；McCool and Uter，1981；Shelby et al.，1982，1989b；Glass and More，1992；Dimara和Skuras，1998）。对特定配给手段的支持，似乎与受访者对配给手段的熟悉程度以及他们是否相信自己能够获得许可证有关。例如，一项对希腊地穴湖（Lakes Cave）游客的调查发现，当地居民喜欢先到先得系统，高收入的游客青睐入场费，而远道而来的游客更喜欢预订系统（Dimara and Skuras，1998）。一项对河流管理者的研究发现，先到先得系统和预订系统被确定为行政上认可度较高的两种分配手段，也是使用最普遍的手段（Wikle，1991）。

为了与上述对使用限制普遍有利的态度保持一致，大多数研究发现强制许可的游客遵守率很高，从68%～97%不等，大多数地区都在90%的范围内（Lime and Lorence，1974；Godin and Leonard，1977；Van Wagtendonk and Benedict，1980；Plager and Womble，1981；Parsons et al.，1982）。此外，在重新分配使用空间和时间时，已经纳入小径起点的配额许可证制度是有效的（permit system）（Hulber and Higgins，1997；Van Wagtendonk，1981；Van Wagtendonk and Colio，1986）。

除定价之外（下面将进行更全面地讨论），相对而言，很少研究测试定量配给与分配的有效性。大多数情况下，假定一旦使用配给/分配系统，将实现执行使用限额或配额的主要目标，但是这种情况往往比较复杂。例如，收费系统要求分析使用者的需求或支付意愿（willingness to pay，WTP），以帮助确保它们能达到预期的使用水平。由于抽签逐渐用于分配广受欢迎的狩猎动物许可证，它们受到了更多的研究关注以评估对它们对公共福利的效果（Akabua et al.，1999；Scrogin et al.，2000；Scrogin and Berrens，2003；Scrogin，2005；Little et al.，2006）。一项对苏格兰登山者的研究，通过延长通往主要登山地区步道，测试基于绩效方法的有效性（Hanley et al.，2002）。尽管一些利用只是简单地重新分配到其他更靠近攀岩的区域，2小时步行时间的增加导致利用减少了44%。与配给/分配相关的使用再分配问题是比较重要的，应该包含在评价研究中（McCool，2001）。

4.2.4　定价

上述使用配给/分配手段中，定价（pricing）是自由市场经济中分配稀缺商品和服务的主要措施，受到众多文章的关注。根据一般经济理论，商品和服务价格越高，消费者需求下降得越多，因此定价是用于游憩分配的最有效方式。然而，公共部门内的公园和游憩服务传统上是免费的，或按名义价格提供。这一政策的基本理念是，获得公园和游憩服务对每个人都是重要的，任何人都不应该"被排挤出市场"。在公园和户外游憩场所设立或增加收费费用产生了大量哲学、理论和经验的研究文献。

近年来，随着公共公园和游憩机构预算的下降，以及由费用带来的收入中的相关利益，人们对定价的兴趣日益增加。这种兴趣吸引了许多关于户外游憩定价多维度研究和相关出版物，包括1999年出版的《休闲研究杂志》（*Journal of Leisure Research*）和《公园与休闲管理杂志》（*Journal of Park and Recreation Administration*）等相关特刊，以及在《休闲研究杂志》期刊发表的学术交流论文（Crompton，2002；Driver，2002；Dustin，2002；More，2002）。Puttkammer and Wright（2001）出版了一本与费用相关研究的参考书目，并在2002年美国林务局的赞助下编制了相关科学和专业文献的扩展索引（Williams and Black，2002）。

日益丰富的文献研究，确定了如专栏4.1所述的一些潜在问题（Martin，1999），目前已开始着手解决其中的一些问题。

第一个问题是定价在多大程度上影响公园及相关地区的利用。结果喜忧参半（Manning and Baker，1981；Fesenmeier and Schroeder，1983；Becker，1981；Leuschner et al.，1987；Rchisky and Williamson，1992；Reiling et al.，1996；Lindberg and Aylward，1999；Marsinko，1999；Kerkvliet and Nowell，2000）。例如，对陆军工程兵团（the Army Corps of Engineers）管理的6个游憩场所的日间游客调查发现，40%的受访者表示如果收取费用，他们将不再进入该区域（Reiling et al.，1996）。而对苏格兰登山者的研究发现，停车费减少了31%的预计利用量（Hanley et al.，2002）。对美国31个参观量较多的国家公园费用增加前后的研究发现，费用导致利用者数量明显下降（Schwartz and Lin，2006）。美国西南部的一个免费国家森林场地的研究显示，一半的受访者选择该地是因为免费，而1/3的受访者表示这改变了他们的出游模式，以应对国家森林收费措施（Schneider and

Budruk，1999）。

其他研究显示，定价对游憩利用量很小或没有影响。例如，对黄石国家公园内外、怀俄明州、蒙大拿州、爱达荷州垂钓者的调查发现，至少在合理的收费水平范围内，钓鱼许可证或公园门票费用的增加不可能减少钓鱼活动（Kerkvliet and Nowell，2000）。通过对哥斯达黎加三个国家公园的国际游客和费用研究发现，这些公园的需求通常缺乏弹性（Lindberg and Aylward，1999）（需求弹性在下面有更充分的讨论）。这一发现与其他类似的研究结果基本上一致。

文章认为，费用对游憩利用量的影响主要取决于以下几个因素，包括：

1．公园或游憩区域的"需求弹性"。弹性是指需求曲线的斜率，需求曲线是定义价格与需求量关系的曲线。若某一游憩地区的需求富有弹性，意味着该地区价格变动对需求量的影响比较大，而其他地区则相反；

2．游憩空间的重要性。对于具有国家公园和具有国际意义的公园（如黄石公园），需求可能会相对缺乏弹性，这意味着除非价格戏剧性上升，否则定价策略不能有效限制利用量；而对于重要性不太大的公园，以更具弹性的需求为特征，定价可能有效地限制利用和分配手段；

3．费用占总成本的百分比。如果收取的费用在总成本中占有较高比例，相比费用占总成本较小比例的游憩区，定价策略可能是限制利用的有效方式；

4．设立的费用类型。定价结构是作为管理手段有效性的一个潜在重要因素。例如，收取每日使用费可能比只收取固定的年票费用更有效地限制总使用量。

专栏4.1　户外游憩中，定价/费用相关的问题

1．对游憩者收取公共用地使用费可能意味着双重征税；

2．游憩是一种社会福利，应得到税收的充分支持；

3．自由享受公园以及相关土地游憩资源，是美国人与生俱来的权利；

4．当地居民将受到不相称的费用影响；

5．低收入者或家庭可能没有能力支付服务费，不再参观或者参观频率较低；

6．不同游憩用户群体之间的服务费用可能是不公平的；

7．个人游憩者支付的费用与公共土地的商业使用者支付的费用相比，可能存在不公平；

8．收费可能会导致现场管理、设施开发、使用、商业化和/或执法水平的提高；

9．由于收费成为公园和游憩预算的重要组成部分，因此管理决策将过于受收入的影响；

10．由收费带来的收入将得不到妥善有效的管理和使用；

11．由收费带来的收入只会取代拨款；

12. 当管理机构需要更多资金时，相比提出有力的理由向国会申请拨款，他们发现收取更多或更高的费用更加容易；

13. 通过改变游客和代理机构买卖双方的角色，收费可能使户外游憩活动"商品化"；

14. 对于某些类型的游憩体验收费，尤其是荒野体验，可能与这些体验的本质背道而驰；

15. 收费可能会增加用户对服务和设施的期望；

16. 各机构将向没有特定设施的地区收取一般使用费；

17. 收费可能会流失一些利用者；

18. 向游客收费可能会减少志愿服务精神和管理员的感受；

19. 对游客来说，收费要求可能很难遵从；

20. 收取成本回收费意味着只有现场游客才能从保护公园和游憩区中获益。

资料来源：改编自 Martin，1999.

4.2.5 可接受性

第二个问题是潜在游客对服务费的可接受性（Bowker et al.，1999；Krannich et al.，1999；Trainor and Norgaard，1999；Vogt and William，1999；Williams et al.，1999；More and Stevens，2000；Fix and Vaske，2007）。同样，研究结果是喜忧参半的，尽管研究认为人们愿意支付公园和游憩服务费用，并且全体公民支持收费。美国的两项国家调查已经解决了公众对公园和户外游憩收费的态度问题。1995年对美国公众调查发现，95%以上的受访者认为在公共土地上的户外游憩应全部或者部分地支付服务费（Bowker et al.，1999）。2000年，美国国家公园人口普查发现，在那些知道提高收费建议的受访者中，绝大多数（94%）支持增加费用提案（Ostergren et al.，2005）。

文章表明，费用的可接受性至少部分取决于以下几个因素，包括：

1. 所得收入的分配。由费用项目获得的收益，被收费机构保留并重新投资游憩设施和服务，那么公园的游客更容易接受收费；

2. 启动费用或增加现有费用。与增加现有费用相比，公众对新征收费用的接受程度相对较低；

3. 本地与非本地游客。本地游客往往比非本地游客更加抵触新的或更高的费用。可能由于费用占当地游客总成本的较大比例，也可能他们会经常游览某一特定游憩区；

4. 提供比较信息。当提供关于竞争或替代游憩机会成本信息，以及当游客知道提供游憩机会的成本时，游客对费用的接受度可能会更大；

5. 游憩区类型。已开发的公园相比荒野地区收费支持力度更大，游憩设施欠缺的荒野地区可能建议免费。按惯例，费用可能被认为是与荒野非物质价值相对立的东西。

4.2.6 歧视性

第三个问题是定价潜力可能会歧视某些社会群体，尤其是那些处于弱势和/或收入较低的群体。同样，这个问题的研究结果也是模棱两可的（Leuschner et al., 1987；Reiling et al., 1992，1994；Bowker et al., 1999；Schneider and Budruk，1999；Schroeder and Louviere，1999；More and Stevens，2000；Taylor et al., 2002；Marsinko et al., 2004；Nyaupane et al., 2007；Huhtala and Pouta，2008）。例如，对弗吉尼亚州两个相似的户外游憩地游客的社会经济特征进行了一项研究调查，其中只有一个收取入场费（Leuschner et al., 1987）。结果显示两个户外游憩地在收入水平上没有发现差异，表明费用没有歧视作用。

通过对14个国家野生动物保护区的游客调查发现，只有8%的受访者表示，他们可能会因为增加费用而离开这些地区（Taylor et al., 2002）。此外，因费用离开的人和受访者收入之间具有较弱的统计相关性。最后，对犹他州、怀俄明州火烧峡国家游憩区（Flaming Gorge National Recreation Areas）的游客评估调查发现，收入与支持收费之间存在负相关关系（Fix and Vaske，2007）。然而，这种关系主要取决于游憩费用的理解（例如，费用构成双重征税，游憩活动是一项应得到补贴的公益活动），在评估收费项目的影响时，这样的信念比收入更重要。

然而，大量的研究发现了费用潜在歧视性影响的证据。例如，对美国州立公园和美国陆军工程兵团日间游憩费用支付意愿（willingness to pay，WTP）的两个研究发现，收入较低的用户比高收入用户需求曲线更具有弹性（Reiling et al., 1992，1994），这表明定价可能会歧视低收入游客。佛蒙特州和新罕布什尔州的家庭调查发现，尽管户外游憩费用被广泛接受，但低收入群体在户外游憩活动中的参与度大幅度下降；23%的低收入受访者表示，针对最近的费用增加，他们已经减少利用或访问可供替代的其他游憩场所，而只有11%的高收入用户做出了此类改变（More and Stevens，2000）。研究估计，与33%的高收入受访者相比，公共户外游憩地每日5美元费用影响了约49%的低收入人群。1995年在美国进行的全国民意调查发现，尽管户外游憩费用有广泛的支持（如上所述），但是支持度与受访者的社会经济特征（包括收入）统计相关，说明费用存在一定歧视影响（Bowker et al., 1999）。最近的一篇论文还指出，费用是美国贫困者获得公共游憩机会的障碍（Scott，2013），并建议设立免费日和财政援助计划纠正潜在的不平等现象。同时，对老年人、儿童、大家庭和失业者提供折扣，以消除费用的歧视性影响，并以差别定价的方式加以区分（Crompton，2015）。

4.2.7　差别定价

第四个问题是利用差别定价影响游憩利用模式。差别定价包括在选定的时间和地点收取更高或更低的费用。许多研究表明，户外游憩的特点往往具有相对极端的"峰值化"特征：某些地区或时间的利用量非常大，而其他时间或地区的利用相对较少（Lucas，1970；Manning and Cormier，1980；Peters and Dawson，2005）。定价可以用来平衡这些游憩利用模式吗？研究表明这种定价的潜在用途（LaPage et al., 1975；Willis et al., 1975；Manning et al., 1982）。例如，佛蒙特州立公园（Vermont state parks）的营地差异定价研究，记录了营地占用模式的重大变化。

4.2.8　定价原则

很显然，在公园和户外游憩中，定价是一个比较复杂且充满争论的问题。费用可用于多种目标，包括限制或重新分配游憩用途以及提高收入，但是公平问题至关重要。在公园和相关领域的主要目标（包括保证公平地获得户外游憩和保护公园资源）背景下，实施价格定位是非常重要的，这被称为"功能主义"的方法（More，1999）。在收费政策和项目中，深思熟虑的定价方法是建立公众信任的核心。在南加州户外游憩费用评估中，"社会信任"是预测游客态度和相关费用影响的最重要因素（Winter et al., 1999）。虽然研究在设计和管理费用计划中没有发挥重要作用，但是使用研究结果的管理者报告说研究非常有用（Absher et al., 1999）。设计和管理定价/收费系统的一系列演进的原则如专栏4.2所示（Manning et al., 1996a）。

专栏4.2　户外游憩定价/费用原则

1．从设施和服务中直接获益者应支付大部分费用；

2．费用的设计和管理应基于设施成本和游客对资源的影响；

3．每一位机构设施和服务的使用者应向提供这些设施和服务的机构支付公平的费用；

4．通过收费项目筹集的收入应致力确保对资源的管理并为公众提供获得这些资源的途径；

5．费用和收费只占开发、运营、维护游憩资源和机会所需收入的一部分，并不能代替社会对其游憩资源和机会的投资；

6．收费计划的设计应明确地与具体的目的相联系；

7．分享规费收入，部分保留在收集处使用，剩余部分按明确规定的分配政策分配；

8．各项费用应结构化，以激励管理者收取费用和游客支付费用的方式管理；

9．各项用户费用的开发和管理应伴随着成本控制、运营效率、合作伙伴关系和问责制的改进；

10．游客支付的费用与收费应与获得的福利和服务质量之间存在强有力、看得见的联系；

11．各项费用应至少部分基于对私营部门费用、当地社区的收费和影响考虑；

12．应该授权和鼓励管理者对当地机会、制约因素和社会公平问题敏感地管理用户各种费用；

13．保护资源和提高游客体验质量的游客使用管理，是收费项目的合法目标和收入的合法使用；

14．持续评估项目以监测和分析用户收费和收费的有效性，应从获得的收入获得部分资金支持。

资料来源：改编自 Martin，1996a

4.3　规则与条例

规则与条例是最普遍使用的管理技术方法，尽管它们的使用有时存在争议（Lucas，1982，1983；Monz et al., 2000）。在户外游憩中，规则与条例通常应用包括群体规模限制，指定营地和/或旅行路线、地区封闭、停留时间限制以及限制或禁止营火。在美国国家公园系统的一项研究中，强调了鼓励游客遵守规则/条例的重要性，该研究发现不遵守规则与条例的游客会造成了大面积的破坏（Johson and Vande Kamp，1996）。

正如本章前面所述，游客通常没有意识到规则与条例（Ross and Moeller，

1974），这表明管理者必须通过信息/教育项目章节中描述的原则和指导方针，与游客进行有效沟通，尤其是告知游客遵守规则与条例的原因，不遵守规则的惩罚，以及规则/条例不允许开展活动的替代性活动和行为。

很少研究提出将规则与条例有效性作为游憩管理手段。文献表明，大多数游客支持对群体规模的限制，但在颁布这些条例时也应该考虑群体类型（Roggenbuck and Schreyer，1977；Hetwood，1985；Watson et al.，1993；Cole et al.，1995；Monz et al.，2000）。不应过于限制群体人数，以至于影响可能具有强烈社交动机的游客群体。研究发现，户外游憩中社会团体规模较小，但是少数民族和具有民族特色的团体规模较大（Chavez，2000）。群体规模限制可能对旅行用品店、非营利机构和教育机构具有潜在的重要经济影响。

考虑到越来越多地使用群体规模限制的趋势以及它们的争议性性质，已经开发出一个可以指导这种管理决策的四步概念模型（Monz et al.，2000）。这种模型要求管理者和相关利益者考虑在不同背景下，作为设计周到、透明和可辩护的最大群体规模的手段，限制团体人数的潜在成本和收益。

尽管团体规模规则按照惯例被认为是最大的团体规模，最小群体规模也应考虑。例如，加拿大班夫国家公园（Banff National Park）的部分地区出现灰熊时，启动受限访问政策，要求群体规模是6名徒步旅行者（研究表明较大的群体规模不太可能遭遇和受到熊的威胁）（Tucker，2001）。评估这项政策的研究发现，绝大多数游客（81%）表示支持这项政策，但只有60%的人遵守了这项条例。

限制或禁止营火的条例也越来越普遍。营火可能是引起野火的原因，也会破坏土壤，产生难看的审美效果，通过燃烧木材减少养分循环，导致与采集薪柴相关的环境影响。通过对美国的7个国家公园森林营火影响和政策研究发现，存在禁止营火、指定营火地点、不限制营火共三种基本的监管方法（Reid和Marion，2005）。调查结果表明，禁止营火并不能显著减少与营火有关的影响，但是不限制营火会导致过度的资源损害。作者的结论是，指定营火地点以及禁止斧头、短柄小斧和锯的监管措施，有可能合理控制营火的影响，这是在保留营火选项的同时，对某些游客非常有价值的措施。

研究表明，游客往往倾向于不支持在荒野或野外指定野营地的规定（Lucas，1985；Anderson and Manfredo，1986），该项规定的极端版本要求背包客遵循固定的旅行路线，研究表明这项规定的游客遵守率相当低（Van

Wagtendonk and Benedict，1980；Parsons et al., 1981，1982；Stewart，1989，1991）。例如，在亚利桑那州大峡谷国家公园的四个区域内，44%~77%的野外露营者没有完全遵守他们的许可证计划（Stewart，1989）。违规行为主要是由于游客不利用详细规定的露营地，或者在野外逗留的时间多于或少于详细规定的时间。

对关闭选定区域公共用地规定的研究表明，如果其根本原因明确且合理，会得到游客的支持（Frost and McCool，1988）。由于生态原因，大多数游客都遵守关闭选定的野外露营地的规定（Cole and Rang，1993）。在挪威选定的自然地区，关于关闭露营区的规定也被认为是有效的，尽管这些规定可能会严重威胁或减少传统用途和利用者（Vork，1998）。因此，需谨慎使用规定。

4.4　执法

在户外游憩活动中，很少有关于执法的研究。大多数文献都关注它的争议性（Campbell etal., 1968；Bowman，1971；Hadley，1971；Hope，1971；Schwartz，1973；Connors，1976；Shanks，1976；Wicker and Kirmeyer，1976；Harmon，1979；Morehead，1979；Wade，1979；Westover et al., 1980；Philley and McCool，1981；Heibrichs，1982；Perry，1983；Manning，1987）。也许最具争议性的问题是在大多数城市和其他环境中，执法机构采取传统"强硬"措施的程度，而"软"方法可能与保护游客体验质量的公园和户外游憩的重要性相协调（Charles，1982；Carroll，1988；Cannon，1991；Forsyth，1994；Shore，1994；Pendleton，1996，1998）。加拿大环太平洋国家公园（Pacific Rim National Park）执法的民族志研究表明，执法人员采取的策略可以被视为一系列软性执法，该范围由干预程度和象征性表达界定（Pendleton，1998）。"调和式"的风格通过友好的语气，提供有助于遵守的必要信息，并建议（通过穿制服的存在等）更严厉的执法，鼓励游客遵守规则/条例；"虚张声势"更加明确地强调选择更强硬的执法方式；"回避"用于在违法行为轻微时忽略强制执行；"议价"与违规者达成协议以遵守适用规则，或面临与常规强制执行行动相关的制裁。

令人惊讶的是，在公园和户外游憩背景下的执法有效性研究较少。华盛顿雷尼尔国家公园（Mt Rainier National Park）的一项研究发现，穿制服的护林员出现大大减少了越野远足（Swearingen and Johnos，1995）。此外，当游客了解到护林员对信息传播、游客安全和资源保护有重要作用时，游客往往对这一管理措施作出积极反应。对菲律宾四个海洋保护区进行的长期研究发现，强制执法、

加强管理活动和社区支持，显著改善了珊瑚礁和鱼类的丰度和多样性的生态环境
（Walmsley and White，2003）。

4.5　分区

　　分区是游憩管理的另一项基本方法。从一般意义上来讲，分区仅仅是指将某
些游憩活动（或其他）分配给选定的区域（或限制区域活动）。分区既可以用在
时间维度，也可以用在空间维度，还可以运用于替代性的管理方法，以创造不同
类型的户外游憩机会（Greist，1975；Haas et al., 1987）。例如，尽管存在争议，
已经提议将"救援"和"非救援"区域用于荒野地区（McAvoy and Dustin，
1981；Harwell，1987；Peterson，1987；McAvoy，1990）。

　　分区是最基础的形式，普遍用于创造和管理游憩机会多样性。分区概念
是游憩机会谱（ROS）的核心，并且这一概念被广泛应用于公园和户外游憩
中（Brown et al., 1978；Driver and Brown，1978；Brown et al., 1979；Clark and
Stankey，1979）。分区还用于户外游憩，以限制环境敏感地区的游憩，将娱乐区
与相互竞争、冲突的用途分开。分区通常可以解释为对游憩环境中自然发生变化
的正式认知——无达性的多样性，与种群中心的距离及利用水平等（Haas et al.,
1987）。

　　分区概念看似在游客中得到相对强烈的支持。美国西北太平洋12个荒野地
区的游客调查发现，在个别荒野地区和整个荒野地区系统内，人们较支持分区
（Cole and Hall，2006，2008）。例如，当受访者被问及他们偏爱采取哪些管理方
式、平衡公共服务与提供独处机会之间的内在紧张关系时，绝大多数的游客选择
了分区。大量的受访者（44%）赞成管理"少数"独处的小径，同时对剩余的小
径允许更多地利用。

　　第二个最受欢迎的选项（34%）是管理"大多数"的独处小径，同时允许在
剩余小径上增加使用。仅有少数人喜欢管理"不"（17%）或"全部"独处（5%）。
同时调查受访者是否赞同关于潜在差异的一系列叙述：与偏僻荒野地区相比，靠
近人口中心的荒野地区应该得到管理。相当多的游客认为两者管理存在差异。例
如，大多数受访者表示，在靠近人口中心的荒野地区，看见更多的人是可以接受

的，游客的行为更应受到限制。控制环境以增加资源耐久性是容易使游客接受，且更需要利用限制的。

最近的几项研究描述了分区系统在公园和各种户外游憩多样性中的开发和应用。例如，泰国象岛国家海洋公园（Koh Chang National Marine Park）采用四个区域系统，评估该地区珊瑚礁的脆弱性以及游客的偏好和体验（Roman et al., 2007）。澳大利亚大堡礁海洋公园（the Great Barrier Reef Marine Park）正在开发类似的分区系统（Day, 2002），目标是将冲突利用、匹配类型和具有固有资源能力的使用强度分开，并提供一系列游憩机会。该研究的结论是："分区已经并将继续成为管理的基石之一""在多用途区域框架内设定的区域范围允许以协调的方式设置一系列合理的用途，并提供广泛的区域综合管理。"基于生态考虑，与休闲相关的分区系统也已应用于土耳其斯皮尔山国家公园（Hepcan, 2000）。缓冲区被视为特殊的分区，旨在分离相互冲突的用途。例如，一系列从100～180米不等的缓冲区被推荐为选择娱乐性划船方式，保护水禽免受干扰（Rodgers and Schwikert, 2002）。加拿大公园也有一个强大的分区系统，该系统在20世纪70年代被引入了人们的视野，尽管最近对13个加拿大公园的员工调查显示，它还可以更新和改进（Thede et al., 2014）。

4.6 设施开发，场地设计和维护

户外游憩管理技术的最后一个策略是设施开发、场地设计和维护。该策略设计主要是保护自然和文化资源免受游客影响。但是，一些问题和研究也需要注意。场地管理的一个主要问题是游憩利用是否应集中或分散管理。对游憩利用环境影响的研究发现，即使在低水平的利用情况下，这种影响也会很快发生（Hammitt et al., 2015；Leung and Marion, 2000）。建议游憩活动应集中于具有固有持久性和可集中维护的场地，这种方法通常被认为是成功的（Spildie et al., 2000；Marion and Farrell, 2002；Reid and Marion, 2004；Marion and Farrell, 2002；Reid and Marion, 2004；Cole et al., 2008）。然而，该策略有可能加剧拥挤和冲突，或者可以分散游憩用途，但是必须保持低利用水平，以避免不可接受的空间扩张对资源的影响。另一个基本策略是"强化"，并以其他方式集中管理游憩场所最小化环境影响。例如，可以建造木栈道和帐篷垫以保护脆弱的土壤，防止践踏和侵蚀（Hultsman and Hultsman, 1989；Doucette and Kimball, 1990）。然而，这些设施在野外和荒野环境中可能是不适当的。游憩场所的设计也有助于最小化活动对环境的影响（Godin and Leonard, 1976；McEwen and Tocher,

1976；Echelberger et al., 1983；Biscombe et al., 2001 ）。如图4.1所示，将露营地设计成"线性布局"，使游客产生社会足迹的趋势降至最低。

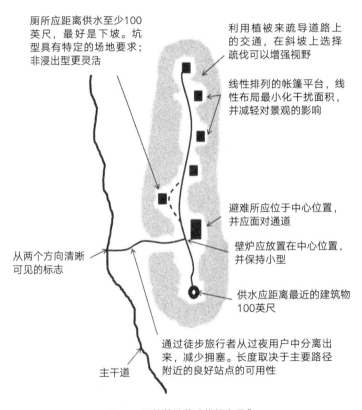

厕所应距离供水至少100英尺，最好是下坡。坑型具有特定的场地要求；非浸出型更灵活

利用植被来疏导道路上的交通，在斜坡上选择疏伐可以增强视野

线性排列的帐篷平台，线性布局最小化干扰面积，并减轻对景观的影响

避难所应位于中心位置，并应面对通道

壁炉应放置在中心位置，并保持小型

从两个方向清晰可见的标志

供水应距离最近的建筑物100英尺

通过徒步旅行者从过夜用户中分离出来，减少拥塞。长度取决于主要路径附近的良好站点的可用性

主干道

图4.1 野外营地的"线性布局"
资料来源：改编自 Faye et al., 1977

　　一些文献综述和研究已经更全面地讨论和评估了这些问题（Hammitt et al., 2015；Leung and Marion，1999；Marion and Farrell，2002 ）。例如，在马里兰州的阿巴拉契亚国家风景名胜小径（the Appalachian National Scenic Trail ）重新设计了一个受欢迎的露营地，关闭并修复了大面积受严重影响的平原地区露营地。取而代之的是山坡上较小的场地，提供更多私密性并阻止露营地的扩张，减少对环境干扰的面积，提高游客满意度（Daniels and Marion，2006 ）。另一项研究则是在缅因州阿卡迪亚国家公园的小路边缘设置象征性的围栏，以阻止游客步行（Park et al., 2008 ）。结果，这种方法比一些信息/教育方法更有效。

4.7 总结

随着游憩管理潜在有效性的研究成果日益增多。研究内容主要集中在六种基本的管理方法：

1. 信息/教育；

2. 使用配给/分配；

3. 规则/条例；

4. 执法；

5. 分区；

6. 设施开发/场地设计/维护。

大部分研究表明，以上所有管理方法都可以有效地减少户外游憩的环境影响、体验影响。在使用配给/分配时必须特别注意，以确保没有任何群体受到歧视，特别是在使用费用作为管理手段时。

第5章

户外游憩管理的应用

第2章～第4章采取系统的方法盘点和描述了户外游憩可能产生的问题，以及用于解决这些问题的管理策略和管理方法。户外游憩引起的问题主要有16类，分为3个基本类别：对公园资源的影响、对游客体验的影响、对公园设施和服务的影响。管理实践分成两种方式：策略和方法。定义了4种基本策略，每一种策略都采用6种管理方法。

5.1 管理矩阵

系统思考问题的方式、管理策略和技术为构建一种有组织、全面的户外游憩管理方法提供了基础。这种方法依赖于如图5.1所示的一系列矩阵。在图5.1中，16种由户外游憩引起的问题排列在矩阵的顶部，4种策略和6种可用于管理这些问题的方法排列在矩阵的侧面。由于有四种策略，每种策略都有6种管理方法，

管理技术	问题															
管理策略	对公园资源的影响							对游客体验的影响			对设施/服务的影响					
限制利用	土壤	植被	水	野生动物	空气	自然宁静	自然黑暗	历史/文化资源	拥挤	冲突	不友好行为	景点	小径	露营地/野营地	道路/停车场	解说设施/项目
信息/教育	1	7	13	19	25	31	37	43	49	55	61	67	73	79	85	91
配给/分配	2	8	14	20	26	32	38	44	50	56	62	68	74	80	86	92
规则/条例	3	9	15	21	27	33	39	45	51	57	63	69	75	81	87	93
执法	4	10	16	23	28	34	40	46	52	58	64	70	76	82	88	94
分区	5	11	17	23	29	35	41	47	53	59	65	71	77	83	89	95
设施开发/场地设计/维护	6	12	18	24	30	36	42	48	54	60	66	72	78	84	90	96

图5.1 限制利用策略的管理矩阵

因此需要使用4个矩阵（四种策略中的每一种都有一个矩阵）。图5.1中的矩阵是用于"限制利用"的策略。其他3种策略分别是：增加游憩机会供给，减少利用，强化资源/体验，如图5.2、图5.3和图5.4所示。

每个矩阵包括96个单元——问题和管理方法的交叉点——如图中数字显示。每个单元都可能包括一个或多个具体的管理技术（属于管理策略和矩阵中该行定义的管理方法类别），这些技术可用于解决矩阵中该列定义的问题。例如，图5.1中的单元1纵列标记为"对公园资源的影响（土壤）"的列定义，横行标记为"限制利用"策略中的"信息/教育"。换句话说，单元1是与土壤影响问题有关的列和与信息/教育管理方法相关行的交集。至少有3种管理措施可以使用：

管理技术	问题														
管理策略	对公园资源的影响								对游客体验的影响			对设施/服务的影响				
增加供给	土壤	植被	水	野生动物	空气	自然宁静	自然黑暗	历史/文化资源	拥挤	冲突	不友好行为	景点	小径	露营地/野营地	道路/停车场	解说设施/项目
信息/教育	1	7	13	19	25	31	37	43	49	55	61	67	73	79	85	91
配给/分配	2	8	14	20	26	32	38	44	50	56	62	68	74	80	86	92
规则/条例	3	9	15	21	27	33	39	45	51	57	63	69	75	81	87	93
执法	4	10	16	22	28	34	40	46	52	58	64	70	76	82	88	94
分区	5	11	17	23	29	35	41	47	53	59	65	71	77	83	89	95
设施开发/场地设计/维护	6	12	18	24	30	36	42	48	54	60	66	72	78	84	90	96

图5.2　增加游憩机会供给策略的管理矩阵

管理技术	问题														
管理战略	对公园资源的影响								对游客体验的影响			对设施/服务的影响				
减少利用的影响	土壤	植被	水	野生动物	空气	自然宁静	自然黑暗	历史/文化资源	拥挤	冲突	不友好行为	景点	小径	露营地/野营地	道路/停车场	解说设施/项目
信息/教育	1	7	13	19	25	31	37	43	49	55	61	67	73	79	85	91
配给/分配	2	8	14	20	26	32	38	44	50	56	62	68	74	80	86	92
规则/条例	3	9	15	21	27	33	39	45	51	57	63	69	75	81	87	93
执法	4	10	16	22	28	34	40	46	52	58	64	70	76	82	88	94
分区	5	11	17	23	29	35	41	47	53	59	65	71	77	83	89	95
设施开发/场地设计/维护	6	12	18	24	30	36	42	48	54	60	66	72	78	84	90	96

图5.3　减少利用影响的管理策略矩阵

管理技术	问题													
管理策略	对公园资源的影响							对游客体验的影响			对设施/服务的影响			
强化资源/体验	土壤	植被	水	野生动物	空气	自然宁静	自然黑暗	历史/文化资源	拥挤	冲突	不友好行为	景点	小径	露营地/野营地	道路/停车场	解说设施/项目
信息/教育	1	7	13	19	25	31	37	43	49	55	61	67	73	79	85	91
配给/分配	2	8	14	20	26	32	38	44	50	56	62	68	74	80	86	92
规则/条例	3	9	15	21	27	33	39	45	51	57	63	69	75	81	87	93
执法	4	10	16	22	28	34	40	46	52	58	64	70	76	82	88	94
分区	5	11	17	23	29	35	41	47	53	59	65	71	77	83	89	95
设施开发/场地设计/维护	6	12	18	24	30	36	42	48	54	60	66	72	78	84	90	96

图5.4　强化资源和体验策略的管理矩阵

1．信息/教育可用于促进在相关的公园或其他公园使用替换场地。通过将某些利用分散到其他场地或公园，从而减少相关场地或公园的使用数量；

2．信息/教育可用于在推广其他时间使用相关场地或公园。例如，在春季，土壤往往比较潮湿更容易被压实；

3．信息/教育可用于告知潜在游客相关场地或公园目前的影响和资源状况（例如，过度的土壤压实和侵蚀），以鼓励潜在游客避免使用该场地或公园。

图5.2是增加游憩机会供给策略的矩阵。通过增加游憩机会的供给，游憩使用和相关影响可能会分散到更多的场地和公园，从而限制对某一个场地或公园的影响量。与其他矩阵一样，单元格1是与土壤影响问题有关的列和与信息/教育管理方法相关行的交集。在这个矩阵中，游客管理策略增加了游憩机会的供给，至少有2种管理措施可以使用：

1．信息/教育可用于向游客提供各种可用的游憩场所和机会，以利于分散游憩使用；

2．信息/教育可用于促进低使用率地区的游览，帮助分散使用和降低相关影响。

图5.3是减少利用影响策略的矩阵。在第3章中，虽然这一策略没有改变使用数量，但是其侧重减少每次游览或游客的影响。与其他矩阵一样，单元格1是与土壤

影响问题有关的列和与信息/教育管理方法相关行的交集。然而在这个矩阵中，该策略是为了减少利用影响而不是减少利用量。至少有6种管理措施可以使用：

1. 信息/教育可用于推广替代性场地以分散利用（相关公园内或其他公园）。注意这里的目标是分散使用，而不是限制使用。虽然只是一个细微的差别，但它对满足公众游憩需求有着重要的意义；

2. 信息/教育可用于推广在其他时间利用相关公园或场地。同样，类似于上面描述的第二种管理技术，但目的是分散使用，而不是限制使用；

3. 信息/教育可用于推广使用对土壤压实和侵蚀，或者对这些类型的影响已经硬化，更具有抵抗力和/或抵御能力的场地或公园（即集中在具有更大承受力的场所或公园）；

4. 信息/教育可用于告知游客可接受和不可接受的游憩活动。例如，在土壤特别容易被压实和侵蚀的地区，告知游客仅供行人使用，禁止机动车使用；

5. 信息/教育可用于告知游客可接受和不可接受的游憩行为。例如，鼓励游客停留在受维护的小径上；

6. 教育游客为什么选择的活动和行为是不可接受的，以努力阻止这些活动和行为。例如，告诉游客偏离修葺的道路，会压实和侵蚀、损坏脆弱的土壤。

图5.4是强化资源和公园体验策略的矩阵。正如我们在第三章中所看到的，这一策略旨在由户外游憩活动带来的影响，保护公园资源和游客体验质量。在前三个矩阵中，第1单元是与土壤的影响问题有关的列和与信息/教育管理方法相关行的交集。在这个矩阵中，管理策略强化了资源或公园的体验。遗憾的是，信息/教育对户外游憩的土壤压实没有明显作用，但是，信息/教育可以通过塑造游客对公园环境的现实期望"强化"游客体验。研究表明，游客期望对确定游客满意度发挥了重要作用，如果游客希望遇到不太原始的公园环境，他们可能不会像期望见到少数公园退化那样不满意（Manning，2011）。因此，信息/教育旨在告知游客当前的公园状况，如土壤压实和侵蚀可能会"强化"游客体验质量，这是信息/教育在受土壤影响后强化土壤或游客体验质量唯一且有效的方法。该管理技术旨在强化资源或公园体验，并采用了所有6种管理方法，以减少与游憩相关的影响和问题。

5.2　管理矩阵和附录介绍

本章所介绍的管理矩阵为管理户外游憩活动的潜在影响提供了系统而全面的方法。它们建立在第2章管理问题类别（包括资源、体验和管理方面的16个问题），第3和第4章管理战术和方法分类（四种管理策略中每一策略包含六种管理方法）。将这种组织方法结合到四个矩阵中，可以考虑到所有可能的管理技术，因为它们适用于所有的管理问题。

在问题和管理方法之间，四个管理矩阵中每一个产生了96个交集。总的来说，这四个矩阵代表了384种潜在技术，其中管理技术可用于解决管理问题，而且在许多情况下，在每个矩阵单元中可以采用多种管理措施。这说明管理许多与户外游憩相关的潜在问题的方法数量庞大、种类繁多。

管理矩阵可以用多种方式使用。例如，它们可以通过遇到的问题类型"输入"，什么类型的管理技术可以解决与资源相关问题，如土壤压实和侵蚀？什么管理技术可以解决部分体验问题（如拥挤）？什么管理技术可解决某些设施和服务问题？（如小径）这些问题可以在所有可能的管理技术中查找，也可以在代表某些管理策略和技术中进行，如旨在减少利用影响的信息/教育。

管理矩阵也可以通过管理技术的类型来输入。四种基本管理策略的适用范围有多大？可用于解决管理问题的其他管理方法类别如何？也可以广泛或具体地使用管理矩阵。例如，什么是管理技术的组合——考虑到所有管理策略和管理方法——可以用来解决管理问题，例如土壤压实和侵蚀？或者，更具体地说，如何利用信息/教育来减少利用，以解决土壤压实和侵蚀？

管理矩阵的两条"边"也可以用不同的方式使用。管理问题分为三类问题：资源、体验、设施和服务。在第2章中应该记住，前两类问题（资源和体验）代表了旅游利用引发的公园资源和游客体验质量影响的基本类型。第三类设施和服务，影响了发生的地点或环境的基本类别。矩阵可以通过基础资源和体验影响，或通过影响发生的地点和环境输入。同样地，管理技术可以基于这两个管理策略和管理技术进行分类，管理矩阵可以通过这些方法中的任何一种来输入。

具体的管理技术看似存在一些重复的地方，至少乍一看如此。但在相似的管理技术中，有细微但非常重要的区别。例如，信息/教育可以告诉游客游憩场所的情况（例如土壤压实和侵蚀、拥挤），然而这可以用来实现非常不同的目标或策略：鼓励游客利用其他场地或公园，或者适时考虑游客可能遇到的情况来"强化"游客体验。利用信息/教育告知游客关于游憩场所的状况，被视为在实际应用环境中两种截然不同的管理方法。

最后，在管理矩阵中对管理技术的实际数量没有限制。由游憩引起的16类问题可以扩展到更精细的分类；例如，对野生动物的影响可以分解为陆地和水生动物。类似地，这6类管理方法也可以分解成更细的分类：例如，信息/教育可以由个人和平面媒体等。鼓励读者在发现更精细的分类之前好好利用并优化这些方法。

5.3　个案研究

为了说明如何使用管理矩阵，本书第二部分介绍了25个案例研究，它们来自美国国家公园系统中较为成功的管理方法。案例研究选择以尽可能多地展示16种管理问题、4类管理策略以及6类管理方法。在每一个案例研究的开始，都指定了管理问题、策略和管理方法。此外，表5.1是本书第二部分所述25个案例研究中管理问题、战略和管理方法的典型代表。图5.5显示了案例研究地中公园的地理分布。

5.4　结论

通过系统的方法来描述和组织户外休闲活动的资源和体验影响，以及为最小化这些影响而设计的管理方法，可以排列成如图5.1～图5.4所示的一系列管理矩阵。这些矩阵可用于综合和创造性地思考各种潜在的管理解决方案，以解决户外游憩所造成的影响。最后，在本书的案例部分，美国国家公园的25个案例研究表明，在管理矩阵的背景下已经成功地解决了管理问题。

表5.1　第二部分案例研究中所涉及的管理问题、策略和技术

案例	问题																管理策略						管理方法			
	对公园资源的影响								对游客体验的影响			对设施/服务的影响														
	土壤	植被	水	野生动物	空气	自然宁静	自然黑暗	历史文化资源	拥挤	冲突	不友好行为	景点	小径	露营地/野营地	道路/停车场	解说设施/项目	增加供给	限制利用	减少使用影响	强化资源/体验	信息/教育	配给分配	规则/条例	执法	分区	设施开发/场地设计/维护
1 轻轻走在阿卡迪亚国家公园	✓	✓	✓	✓									✓						✓		✓					
2 沿阿巴契亚小径建造一个更好的野营地	✓	✓								✓	✓			✓						✓	✓		✓			✓
3 大烟山要有光明																										
4 在拱门，多少游客算多	✓	✓							✓			✓	✓			✓		✓	✓	✓		✓	✓			✓
5 保护比斯坎的水下宝藏	✓	✓	✓						✓	✓	✓	✓		✓				✓	✓	✓	✓	✓	✓	✓	✓	✓
6 拯救猛犸洞穴的蝙蝠																										
7 关闭查科公园的灯光		✓		✓			✓					✓					✓									✓
8 在德纳利，在灰熊之间穿梭				✓					✓	✓		✓		✓	✓			✓	✓	✓		✓	✓	✓	✓	✓
9 在科罗拉多河上赢得抽签				✓				✓	✓	✓		✓		✓				✓	✓	✓	✓	✓	✓	✓	✓	
10 冰洞是开放的																										
11 缪尔森林的寂静之声				✓		✓			✓			✓	✓					✓	✓	✓			✓		✓	
12 在梅萨维德管理美国文物								✓				✓				✓		✓	✓	✓	✓	✓	✓	✓	✓	✓
13 上升的惠特尼山一定会下降	✓	✓									✓	✓	✓					✓	✓		✓	✓	✓	✓	✓	
14 防止石化森林消失		✓						✓							✓		✓			✓						✓
15 在卡尔斯巴德洞窟中含有污染物				✓											✓											
16 卡特迈的熊礼仪				✓					✓	✓		✓	✓		✓			✓	✓		✓					✓
17 不要在探险家国家公园捎带水上搭便车者			✓	✓						✓					✓		✓	✓	✓	✓	✓	✓	✓	✓		
18 在约塞米蒂国家公园的一座山上有扶手	✓	✓		✓	✓	✓				✓		✓			✓		✓		✓	✓	✓				✓	
19 锡安的航天飞机	✓	✓		✓	✓					✓		✓	✓	✓	✓		✓				✓	✓	✓		✓	
20 来自大峡谷上空的嗡嗡声						✓				✓		✓			✓		✓		✓	✓					✓	
21 管理华盛顿国家广场的公共场所	✓	✓						✓	✓	✓		✓	✓		✓		✓	✓	✓	✓	✓	✓	✓		✓	✓
22 爬向魔鬼塔的另类场景								✓		✓		✓			✓			✓			✓					
23 黄石公园冬季奇景	✓		✓	✓	✓				✓	✓		✓			✓		✓	✓	✓	✓	✓	✓	✓	✓	✓	✓
24 大提顿的另类交通	✓	✓	✓	✓	✓				✓	✓		✓			✓		✓	✓	✓	✓	✓	✓	✓	✓	✓	✓
25 糟糕的冰川旅行	✓	✓	✓	✓					✓	✓	✓	✓			✓		✓	✓	✓	✓	✓	✓	✓	✓	✓	✓

第二部分

国家公园
案例研究

第 6 章

轻轻走在阿卡迪亚 国家公园

在盛夏的日子里，可以在美国阿卡迪亚国家公园（Acadia National Park）广阔而多样的步道系统中找到成千上万的徒步旅行者。如此多的游客的集体使用可能会对步道资源造成损害。一些游客改变和建造堆石标（cairn），离开小径，避开岩石、树根和潮湿的地方，和没有拴绳的狗一起徒步旅行。这些行为会使徒步旅行者的安全受到威胁，导致土壤侵蚀和植物损失，并威胁到野生动物（对小径的影响，对土壤的影响，对植被的影响，对野生动物的影响，不友好行为）。基于减少利用影响策略，一群季节性的护林员在小径上拦截游客，告知他们这些问题，并推广低影响徒步旅行实践活动（信息/教育）。

6.1 引言

单个徒步旅行者对环境的影响相对较小，但是把这种影响乘以每年数百万的徒步旅行者，就可能会产生严重的后果，并开始威胁到公园的生态完整性。几十年来，游憩活动对自然环境的集体影响一直是美国国家公园管理局（NPS）关注的问题。随着公园和相关区域的旅游人数的增加，对植物、土壤和野生动物的影响也随之增加。在徒步旅行期间，个人层面看似无关紧要的行为（比如，在小路上沿水坑绕行）重复多次时会变得有问题。更糟的是，即使在利用水平相对较低的情况下，也可能对植被和土壤造成影响。为了解决这个问题，国家公园管理局经常针对游客行为制定条例，以帮助保护自然环境和所有游客的体验。然而，阿卡迪亚国家公园的管理者们认识到，仅凭条例不足以应对游客所带来的影响。这样的条例很难执行，而且这样做可能会让游客感到不愉快。更重要的是，许多游客可能不知道公园的这些规章和他们的行为所产生的潜在影响。

基于这些考虑，国家公园管理局与国家户外领导学校（the National Outdoor Leadership School）和其他机构合作，在全国范围内推广户外教育。该项目被称为"不留痕迹"（LNT），旨在科学理解的基础上促进国家信息的一致性。不留痕迹的核心是7项原则：

1. 提前计划和准备；
2. 在耐践踏的地面上旅行和露营；
3. 妥善处理垃圾；
4. 留下你发现的东西；
5. 最小化营火影响；
6. 尊重野生动物；
7. 为其他游客着想。

举办各种课程、工作室，并与公园管理人员、旅行用品店、导游、童子军及其他户外团体和公众联系，都可用于传播"不留痕迹"的信息。该组织开发了一系列针对特定环境和活动的《技能和道德》小册子、各种活动的参考卡，并在其网站上提供宣传材料。虽然最初关注的是偏远地区的环境，但该项目已经扩大到在更容易进入的公园环境中强调游憩的影响。作为美国最受欢迎的公园之一，阿卡迪亚国家公园遵循"不留痕迹"的原则，以解决游客对其广泛的步道系统产生的影响。

6.2 阿卡迪亚国家公园

阿卡迪亚国家公园位于缅因州海岸，包括岩石海岸线、沙滩、山峰、内陆池塘和湖泊、湿地和林地（图6.1），历史悠久的马车路、马厩和灯塔反映了美国东部第一个国家公园的文化历史。阿卡迪亚面积适中，占地47000多英亩，却有140多英里的徒步旅行小径。专门设计的小径以建立游客与自然景观的联系，并为游客提供进入公园内各种海岸和岛屿景观的通道。早期步道系统的许多借款用于规划、建设和20世纪初乡村改善协会（Village Improvement Associations）的私人募捐工作。随后，平民保育团（the Civilian Conservation Corps）和"阿卡迪亚永久步道项目"（Acadia Trails Forever Program）进一步开发和维护了小径，该项目由美国国家公园管理局（NPS）与非营利组织"阿卡迪亚之友"（Friends of Acadia）合作。据估计，在7月、8月和9月的夏季旅游高峰期，每天有5000名游客探索公园的部分步道系统。

图6.1　阿卡迪亚国家公园可能是美国最集约利用的国家公园，占地不到5万英亩，年访问量250万次

资料来源：罗伯特·曼宁摄

6.3　管理阿卡迪亚国家公园的徒步旅行

由于每年有超过200万的游客，并拥有一个广泛的、容易进入的步道系统，阿卡迪亚国家公园利用"不留痕迹"原则和衍生服务以解决游客沿小径产生的影响（图6.2）。特别是，公园积极解决了三个问题：遵循"留下你发现的东西"原则，鼓励游客不要沿步道破坏沿途的堆石标和岩石；"在耐践踏的路面上行走"信息用于劝阻徒步旅行者不要远离小径；公园特别关注狗的问题，秉承"为其他游客着想"的原则，提醒游客用皮带牵着狗。

游客在山路沿线对堆石标进行改造会对土壤和植被造成破坏，危及徒步旅行者的安全，并降低自然环境的特征。堆石标是一种岩石结构，用于在没有树木的景观中标记小径。它们是用来寻路的，在冬天或能见度较低的情况下，对远足者保持在小径上行走是必不可少的。尽管如此，阿卡迪亚的一些游客通过添加或移除岩石来改变堆石标。在某些情况下，当游客从地面移堆积这些结构建造新的堆石标或其他类型的岩石堆积物时，脆弱的山地土壤会被迅速侵蚀，导致植物损

图6.2　国家公园管理局与非营利组织"不留痕迹"和阿卡迪亚之友合作，教育徒步旅行者，
减少户外游憩活动对阿卡迪亚国家公园小径系统的影响
资料来源：查理·雅各比摄

失。此外，当有许多岩石结构存在时，景观的自然特性就会受到损害，从而降低徒步旅行者对自然环境的体验。

游客偏离小径是公园管理者多年来关注的另一种行为，可能对阿卡迪亚的自然环境产生显著的影响。当游客走出小径以避开泥土、水坑、树根或岩石时，土壤和植物可能会受到破坏。结果，小径可能会被拓宽或形成新的小径。公园最近的一个问题与游客带宠物旅行有关。阿卡迪亚被认为是一个对狗狗友好的公园，在那里游客可以在大多数小径上和狗狗一起远足。然而，有些狗的主人却没有按照要求一直把狗拴在皮带上。当允许狗自由活动时，其他徒步旅行者尤其是儿童，可能会感到不安全。此外，没有系绳的狗狗可能会惊吓或杀死公园里的野生动物，包括地面筑巢的鸟。最后，狗狗本身也可能在与豪猪或狂犬病动物的冲突中迷路或受伤。

为了解决这些问题，阿卡迪亚征募了四位季节性的护林员帮助与游客互动，并宣传"不留痕迹"信息。护林员自1997年以来一直在公园工作，目前基于阿卡迪亚永久小径（Acadia Trails Forever）建立的捐赠基金会资助。该基金会还支持阿卡迪亚青年保护团（Acadia Youth Conservation Corps）的季节性小径团体。每年夏天12周，护林员都会作为公园管理者执行各种各样任务，包括监控小径的使用、沿着山路修复堆石标以及对调查问卷进行管理。但是，护林员最重要的

任务是与游客交流公园中的低影响徒步旅行行为。

护林员利用多种方法与徒步旅行者交流保育问题。一种方法是在受欢迎的小径起点拦截游客，使用海报展示当天信息。为了阻止游客走到小径外面，会展示明显加工或拓宽的步道。泡泡岩（Bubble Rock）是一个受欢迎的徒步旅行目的地，它的历史和现在的照片显示，在过去40年的时间里那里的植被正在消失。护林员还利用维护堆石标的时间作为与游客谈论这些岩石结构的机会。为了进一步解决堆石标问题，他们可能会展示一幅海报，上面展示了一座山顶，山上到处都是堆石标和裸露的土壤。或者，护林员简单地在小径上与游客交谈，通过询问他们来自哪里或评论最喜欢的运动队开始交谈。

这些非正式的对话允许公园以友好和主动的方式向游客介绍低影响的问题，这种方法可能不同于高层管理人员计划，后者主要关注纠正游客的行为。例如，当护林员告诉那些带着未系绳狗狗的徒步旅行者关于公园的规范时，他们也感谢那些带着皮带拴狗的徒步旅行者遵守了这些规范。孩子们的吊牌上列出了七个"不留痕迹"原则，并分发给愿意接受的人。这种积极的方式还包括补充护林员与其他教育和信息工作的联系。该公园通过当地报纸、公共广播以及分发给郊游俱乐部、附近营地和体育用品商店的"不留痕迹"视频，传播关于堆石塔的信息，还为孩子们开辟了一块空地，上面写着"把岩石留给下一个冰川"。

随着公园承认有必要研究和更好地了解护林员计划对游客行为的有效性，阿卡迪亚的"不留痕迹"信息已经拓展到相当多的受众。在过去的几季中，**护林员与数千名游客进行了互动，仅在2010年就记录了4500次"实质性接触"**。可靠的资金来源和公园对"不留痕迹"信息的承诺表明，在未来的许多年里，护林员将站在步道旁迎接阿卡迪亚游客的到来。

第 7 章

沿阿巴拉契亚小径建造
一个更好的野营地

多年来，阿巴拉契亚小径（the Appalachian Trail）沿线的一个野营区不受控制的利用导致了对土壤、树木和其他植被的广泛破坏，不加节制的燃料供应和可观的人类浪费迹象（对野营地的影响，对土壤的影响，对植被的影响），使得营区很拥挤，有时还很喧闹，这也让它对许多长距离徒步旅行者来说失去了吸引力（拥挤，冲突，堕落行为）。为了处理这些问题，建造了一个新的"山坡"野营地（强化资源，设施开发/场地设计/维护），并向露营者通报团体人数限制（限制利用，配给/分配），禁止酒精饮料和营火，通过标志和现场管理员（信息/教育），减少利用的影响（规则/条例）。

7.1　引言

在有经验的背包客中，有一个传统限制了他们对自然环境的影响。注意留在小径上的标示：在耐用的地面上露营，不打扰野生动物，留下发现的东西，清除废物，并尊重其他游客。然而，并非所有的营员都遵守这些规则。**如果不加控制，漠不关心的野营行为会对景观造成伤害。** 在曾经充满活力的生态系统中，植被被践踏或消失，土壤硬化或被侵蚀，留下人类的垃圾。在阿巴拉契亚国家风景道沿途的一个露营区，无管理的露营的影响尤为明显。通过多方位的管理方式，露营地从一个不受欢迎的地方转变为一个著名的野外目的地。

7.2　阿巴拉契亚国家风景小径

阿巴拉契亚小径，从佐治亚州施普林格山（Springer Mountai）至缅因州的卡塔丁山（Mount Katahdin）绵延2175英里，由区域规划师本顿·麦凯（Benton MacKaye）于20世纪20年代中期构思，1937年完成（图7.1）。1968年，阿巴

图7.1　阿巴拉契亚小径在佐治亚州施普林格山和缅因州的卡塔丁山之间绵延2175英里，
给徒步旅行者提供史诗般的旅程
资料来源：Jeff Marion 摄

拉契亚小径成为美国第一个国家风景步道和国家公园系统的一部分。国家风景步道由国会法案（Acts of Congress）指定，在国家杰出的景观区为公众提供了连续的长距离远足廊道。阿巴拉契亚小径穿越美国14个州，是由公共机构和私人组织之间共同维护的。当地俱乐部的志愿者工作由阿巴拉契亚步道协会（The Appalachian Trail Conservancy）协调，这是一个非营利组织，也负责筹集资金支持目前的管理。这些团体提供的服务包括：为长途徒步旅行者、周末背包客和其他游客提供休息场地、庇护所和其他露营场所。

7.3　沿着阿巴拉契亚小径管理营地

安纳波利斯岩（Annapolis Rocks）位于美国马里兰州西部，距离阿巴拉契亚小径不到0.25英里，距离美国40号公路停车区约2英里。因拥有优美的日落美景、攀岩、天然矿泉和大面积地区，该地点由以前的私人土地变成了受登山者和普通游客欢迎的露营目的地。在繁忙的周末，100人甚至更多人聚集在平坦的营区，造成拥挤的同时，伴随着生动的社会互动、大量的篝火和酒精饮料消耗。多年来，不加节制的利用导致该营区显著退化，露营地经历了大范围植被减少、土壤压实现象。即使在植被仍然存在的地方，非正式的小径贯穿整个景观。原木上覆盖着木炭残渣、灰烬，以及由多次营火引起的各种燃料消耗。同样，由于一些

图7.2　沿着阿巴拉契亚小径的安纳波利斯岩石区露营地严重退化，
但一个新营地的位置和设计已持续改善了营地条件
资料来源：Jeff Marion 摄

露营者寻找新的营火燃料，活树也遭到破坏。在没有卫生设施和采取低影响措施的情况下，卫生纸废料和部分烧毁的罐头、瓶子和其他垃圾在整个营地随处可见。**这些条件使安纳波利斯岩曾被称为"阿巴拉契亚小径上最差的露营地"，对长途徒步旅行者失去了吸引力**（图7.2）。

继马里兰州自然资源部（the Maryland Department of Natural Resources）和国家公园管理局（NPS）在安纳波利斯岩石区购买土地之后，实施了一套雄心勃勃的管理行动，以重新开发低影响营地。基于马里兰州阿巴拉契亚小径管理委员会（the Maryland Appalachian Trail Management Committee）起草的计划，原来的营地（包括19个游客自建的营区）被关闭，取而代之的是在附近的坡地上建造了14个较小的露营地。营地开发需要从上坡挖土并将其填到在下方的挡土墙后面，以形成平坦的营地表面。**这种类型的设计被称为"山坡"（side-hill）营地建设，可以防止土壤和植物分布扩散**。新的露营地分布在健康的植被之间，彼此相隔100英尺（正常对话不容易听到的距离），以便获得更好的个人露营体验。此外，新的位置让露营者远离悬崖，增加了游客的安全感。与新营地规模相适应，团体人数限制在10人以内，每晚露营者总数限制在75人，禁止酒精饮料和营火。此外，两个自动堆肥厕所安装在露营区的两侧。

采取以下几个步骤告诉营员有关新的设施和规则。旧露营区因生态修复关闭并且被围了起来。设置标识提醒旅游者旧营地已关闭，并指导他们去往山坡营地。在两个售货亭的营区地图上，张贴了新的露营规则/条例。第一个售货亭位于小径起点的停车场，第二个售货亭位于露营区附近。此外，在旅游高峰期，还雇佣了两名护林员巡视营地和周边地区。其中一名护林员担任看守员，从4月到10月居住在露营地。看守员引导游客到新的露营地，告诉他们关于团体规模的限制、禁止野外用火和酒精饮料，以及采取"不留痕迹"的措施（参见第6章"轻轻走在阿卡迪亚国家公园"）。

　　监测安纳波利斯岩石区的露营地，表明管理方案取得成功。**随着旧营地的关闭，植被和土壤扰动面积从40000平方英尺减少到3000多平方英尺**；原生植被回到原来的露营区，裸露的地表面积减少。在管理层变更之前和之后进行的调查中，新营地的游客表示，他们对露营地现在的隐私、噪声水平和集体间距感到满意。同样，山坡露营者对树木状况、植被数量和场地的自然度比对原始、非管理营地的游客更满意。

　　尽管所采取的管理措施在实现追踪目标方面基本取得成功，但安纳波利斯岩的变化还有一些其他后果。最明显的是由于限制营火、酗酒和大型团体，出现了一些游客被置换的可能性。在没有被置换的露营者中，关于新露营地设计出现了一些担忧。山坡营地的游客对露营地选择偏好的满意度比对管理前游客的满意度低，并表示他们宁愿选择更光滑的帐篷垫、更多和更大的露营地。根据后者的调查结果，山坡营地的监测显示，第一年的规模略有扩大（8%）。但是，项目经理认为，营地可能太小了，随后的措施并未显示新地点有任何额外的扩展。

　　虽然距离阿巴拉契亚小径仅几步之遥，但安纳波利斯岩石区的露营区既面临生态退化，也面临派对气氛使其对许多长途徒步旅行者不具吸引力的问题。涉及场地设计、修复、教育和监测等多方面方法成功地将该场地修复为适合原始、野外露营的区域。2004年，安纳波利斯岩徒步旅行者露营地和小径被指定为国家游憩步道，意味着这种做法正式被承认是成功的。

第 8 章

大烟山
要有光明

每年春天，在大烟山国家公园（Great Smoky Mountains National Park）萤火虫同步闪烁的奇妙表演，吸引了许多游客来到这个公园。然而，这一自然事件发生的观察区较小，而且天数有限，这对国家公园管理局提出了挑战，要求它预防停放在公园道路边缘的汽车所造成的相关资源影响（对土壤的影响，对植被的影响），以及对萤火虫生境和行为的潜在影响（对野生生物的影响）。考虑到观看这一自然事件的需求，在事情中有太多的人、潜在因素减少游客体验质量（拥挤）。国家公园管理局通过两项基本战略对这些潜在问题作出反应：限制游客利用和减少利用的影响。例如，已经启动了所需的许可证和相关的抽签系统（配给/分配），游客必须乘坐穿梭巴士到观景区以减少泊车的影响（规则/条例，设施开发/场地设计/维护），游客不得追赶萤火虫（规则/条例），并请游客限制使用手电（信息/教育）。

8.1　引言

大烟山国家公园展示了自然界中最不寻常、最有趣的现象之一——萤火虫同步闪烁（synchronous fireflie）。大多数人，尤其是那些在农村长大的孩子，都知道萤火虫带来的快乐，也知道它们经常被称为"照明虫"。真正的甲虫是在天黑后从森林中飞出来的，以显示它们短暂的、看似随机的光。萤火虫相对容易捕捉到，它们经常被收集在玻璃瓶里，以便人们能更仔细地观察它们。**大烟山国家公园里有至少有19种萤火虫，但是，卡罗林斯灯萤火虫（*Photinus carolinus*）是唯一一种一群萤火虫以惊人的同步模式闪烁发光的物种。**

活的生物体产生的光产物被称为"生物发光"。许多物种都具有这种能力，包括精选真菌、鱼类、虾、水母、浮游生物、萤火虫、蜗牛和跳虫。生物发光是一种化学反应，它释放光但很少或根本不释放热量。这种不寻常的光被称为"冷"光，近100%的发射能量是光；相比之下，白炽灯泡释放90%的热量，却只有10%的光。也许这些甲虫有很多东西可以教给我们！

昆虫学家认为，萤火虫发光是它们交配过程的一部分。作为一种求偶方式，雄性会飞并发光以吸引地面上的雌性，也许是光的亮度或波长有利于雄性交配成功，但是没有人确切地知道为什么（或者如何）卡罗林斯灯萤火虫在同步模式下发光。然而，每个人都同意，这是大自然的奇迹。这些萤火虫并不总是在一起闪光——它们可能在山坡上像波涛似地闪光，可能在其他时间随意地闪光，还可能同步发生在短时间内，以突然的黑暗结束。

在大烟山国家公园，这些萤火虫在5月下旬至6月中旬大约两周的时间里，展示这些行为（图8.1）。在公园里最受欢迎的埃尔克蒙特露营地（Elkmont Campground）附近，发现了最大的种群和最活跃的展示场景，那里的栖息地特别有利于这些萤火虫的需要。这就是问题所在——每年春天，许多游客都会去公园观看大自然的奇迹，结果是他们在一个集中的时间、聚集在一个具体的地点。如果没有适当的管理措施，就会出现混乱，萤火虫和它们的栖息地可能会遭受破坏，拥挤程度将会达到令人无法接受的程度，从而降低游客体验质量。

图8.1 每年春天，大烟山国家公园奇妙的同步萤火虫同步发光现象吸引了众多旅游者

资料来源：Radio Schreiber 摄

8.2 大烟山国家公园

大烟山国家公园于1934年由国会批准建立，横跨北卡罗来纳州和田纳西州之间的阿巴拉契亚山山脊。这个公园包括16座高度超过6000英尺的高山。小约翰·D. 洛克菲勒（John D. Rockefeller, Jr.）为帮助联邦政府获得公园的土地做出了重大贡献。公园占地50多万英亩，是美国东部最大的保护区之一。因其地理位置位于人口众多的中心附近，这个公园一直是全国游客最多的地方，因其奇异性被认为是特别有意义的地方。

大烟山国家公园因其非凡的生物多样性尤其重要。这里分布着包括200多种鸟类，100多种树木，1400多种开花植物，包括繁盛的黑熊种群在内的66种哺乳动物，50种鱼类，39种爬行动物和43种两栖动物。公园森林覆盖率95%，包括大面积的原始森林。这种丰富的生物多样性主要归因于海拔、雨量充沛、高湿度以及原始森林的变化。此外，在美国南部常见的植物和动物占据了公园的低地，而美国东北部的物种则在公园的较高海拔地区找到了合适的栖息地。科学家估计公园里可能分布有令人吃惊的3万～8万种物种，其中大部分还没有被分类。

大烟山国家公园也有丰富的人类历史，从切罗基印第安人（the Cherokee Indian）的占领开始。凯德海湾（Cade's Cove）是一个特别受欢迎的旅游景点，有一片修复的建筑——包括小木屋、谷仓、谷物磨坊和教堂，是18世纪和19世纪的白人定居者社区的代表。

今天，对许多游客来说这个公园是一个很好的游憩场所。这里有850英里长的小径和没有铺设的道路供徒步旅行。其中，包括70英里的阿巴拉契亚小径（Appalachian Trail）。一条小径通向克林曼穹顶（Clingman's Dome）的顶峰，那里有公园和周围山脉壮观的景色。

8.3 管理同步萤火虫景观

因为同步萤火虫现象日益受欢迎，国家公园管理局已经开发了一套管理行动用来保护萤火虫栖息地，游客以符合公园自然性的方式体验这项活动，同时提供高质量观看体验的机会。该机构采用了限制使用量和减少使用的影响两种管理策略。

限制使用量主要是基于舒格兰游客中心（Sugarland Visitor Centre）附近的可用停车场。在这里，游客必须离开他们的汽车，登上一辆穿梭巴士前往观看区，

图8.2　要求游客乘坐穿梭巴士去观看同步萤火虫发光展示，以限制他们的影响
资料来源：NPS 工作人员摄

这是游览区唯一的方式（图8.2）。游客可以通过在政府网站上管理的抽签系统获得停车许可，该网站负责为大部分国家公园的露营地和其他服务提供预订。由于对停车许可的需求远远超过了容量，所以使用了抽签系统，而抽签系统则有助于确保所有的游客都有同等的机会获得许可。游客应该在上面提到的网站上阅读萤火虫事件网页。

每年春天，国家公园管理局公布他们估测的8个高峰时段（同步萤火虫活动的高峰期每年都有变化，这取决于环境条件）。每辆车的停车证最多可达6人，尽管有一些停车通行证可用于更大的车辆且乘客更多。停车许可证和乘坐穿梭巴士的费用是象征性的。这一许可证、抽签和穿梭巴士系统消除了在观景区的路边停车现象，以及由此造成的公路边缘地带的土壤和植被破坏。它还解决了尤其是在天黑以后，大量的汽车集中停放在彼此靠近的地方所引发的、与驾驶和停车有关的游客安全问题。当然，它也限制了观看区的游客数量，这是一种提供高质量观看体验的方式。

国家公园管理局还试图通过积极的信息/教育活动，以及一系列的规则与条例来减少利用的影响。这些信息在网站上提供，游客可以在网站上申请停车许可证、在游客中心和观看地点的护林员。为了保护这些萤火虫，不允许游客们抓萤火虫，并且要求游客在任何时候都必须保持在小路上，并打包带走他们的垃圾。为了提高萤火虫观赏的质量，该公园已经发展出一种"光秀礼仪"（light show etiquette）要求游客遵守，这样萤火虫就不会被打扰，游客的夜视体验也不会受损。这些行为包括用红色或蓝色的玻璃纸覆盖手电筒，只有在走向观景点时使用手电筒，在到达观景点后关闭手电筒，并在行走时将手电筒指向地面。

第 9 章

在拱门，
多少游客算多？

在过去的几十年里，游客游览拱门国家公园（Arches National Park）的人数急剧增加，现在每年有超过100万人次。但这种利用对公园环境产生了几个重要的影响，包括：对脆弱的土壤和植被的践踏（对土壤的影响，对植被的影响）、小径和景点的拥挤（拥挤，对小径和景点的影响）。国家公园管理局开发运用了游客体验和资源保护框架（VERP），以测量和管理拱门国家公园的承载力。由此方式采用了两种管理策略（限制利用，减少利用的影响）：将公园划分成一系列空间区域（分区）；有关何时何地游览的游客教育、适当的游客行为教育（信息/教育）；确定停车场规模以减少拥挤和设置围栏让游客在划定的小径内活动（设施开发/场地设计/维护）；对溢流停车（overflow parking）进行监管和执法（规则/条例，执法）；对游览某些公园景点实行强制性许可证（配给/分配），包括那些通过广受欢迎的护林员引导的旅游（对解说设施/项目的影响）。

9.1 引言

承载力是第一章介绍的概念框架之一。简而言之，承载力是可以在公园中容纳的，不会对公园的资源或游客体验质量造成不可接受的影响的。在国家公园和相关地区，承载力是一个长期存在且日益紧迫的问题。国家公园管理局依据1978年颁布的《国家公园和娱乐法案》（the National Parks and Recreation Act），要求为每个公园开发计划，包括"对游客承载能力的识别和实施承诺"（P.L 95-625）。承载力的中心是它与公园双重使命的联系：保护公园资源和游客体验质量，同时提供公共使用服务。国家公园这一问题日益紧迫的原因是长期以来娱乐使用增加，目前美国国家公园系统的访问次数已经超过3亿人次。

拱门国家公园是承载力问题的典型代表。它是一个相对较小的国家公园，但在过去的几十年里，游客量持续增长，在2010年超过100万人次。这种受欢迎程度带来了许多挑战，包括脆弱的土壤、被践踏和退化的植被，以及小径和景点的拥挤。拱门是第一个利用第1章中列出的管理目标框架来解决承载力问题的国家公园。

9.2　拱门国家公园

拱门国家公园位于美国犹他州东南部，成立于1929年，包括77000英亩高海拔沙漠，属于辽阔的科罗拉多高原的一部分。海拔从4000英尺到5600英尺不等，而该地区每年的降水不足10英寸。公园独特的砂岩景观已经被水、风和气温侵蚀成一系列的峡谷，拥有着大片的"滑石"、高耸的巨石和"不祥之物"、砂岩"鳍"和独特的石拱（图9.1）。超过2000个拱门已经被记录在案（拱门必须有至少3英尺的开口），代表着世界上这些地质特征的最高密度。**精致拱门（Delicate Arch）**已成为公园和美国西南地区的风景象征，而通往精致拱门的**3英里往返小径是美国国家公园系统中最著名的一条**。其他独特的特色和游客景点包括平衡石（Balanced Rock）、窗户（the Windows）、炽热的火炉（the Fiery Furnace）和魔鬼的花园（Devil's Garden）。

公园的大部分土壤都是沙质，并发育出一种独特的生物外壳，叫作"隐生物土壤"。这种生物外壳由细菌、苔藓、地衣、真菌和藻类组成，它对沙漠生态系统至关重要，因为它能稳定土壤、储存水和固定氮。当游客离开受维护的小径时，它很容易受到游客的干扰，并且可能需要长达250年的时间才能从这种破坏

图9.1　拱门国家公园包含自然石拱在内、令人印象深刻的光滑的岩石构造

资料来源：罗伯特·曼宁摄

中恢复过来。

公园和周边地区还有一段有趣的人类历史。在欧洲人定居之前，公园被美洲原住民（Native Americans）使用了大约1万年，这在岩石艺术和其他物理证据中得到了体现。沃尔夫牧场（Wolfe Ranch）的历史小屋是美国早期尝试在此定居的一个例证。爱德华·阿比（Edward Abbey），一位著名的美国自然作家，在20世纪50年代末在公园里当过季节性的护林员，他的权威著作《沙漠纸牌游戏》（*Desert Solitaire*）是基于这段体验的作品。

9.3 计量和管理能力

国家公园管理局开发了它的管理目标框架——游客体验和资源保护框架（VERP）。该框架于20世纪90年代产生，用于测量和管理承载力。这个框架首先应用于拱门国家公园，由此产生的计划是国家公园系统中第一个以全面的、全公园的方式处理承载力的计划。如第1章所述，这个管理框架包括三个主要步骤：

1. 制定管理目标及相关质量指标和质量标准；
2. 监测质量指标；
3. 管理公园以确保质量标准得以维持。

因为这个计划是应用于整个公园，最初的一步是把公园划分成一系列的区域，范围从"发达的"公园内小范围区域，包括道路、停车场、游客中心和一个露营地，到"原始的"公园内大部分没有设施和相对安静的区域。

为了支持构建每个区域的质量指标和质量标准，开展了一项自然和社会科学项目。自然科学关注对公园脆弱的土壤和植被践踏的影响。上面提到的隐生生物土壤外壳在整个公园中都有广泛的发现。生态研究记录了土壤结壳的范围和位置、游憩使用与土壤结壳破坏之间的关系，并开发了土壤结壳监测规程。

社会科学关注理解游客的体验质量。第一阶段，与游客和其他利益相关方（如公园外的社区居民、公园工作人员）的核心小组确定一些质量指标（包括在小径和景点附近的拥挤，以及游客离开维护的小径对微生物土壤壳的影响及其产生的美学影响）。第二阶段，对游客进行调查。作为调查的一部分，视觉模拟已经准备了一系列游客在小径和景点利用水平以及对土壤和植被一系列影响的照片。例如，制作一系列经过电脑编辑的照片，以说明在精致拱门上有大量的游客利用水平（图9.2）。要求刚完成了精致拱门远足的游客们，根据所展示的游客数量对这些照片的可接受程度进行评分。计算平均可接受度得分并绘制游客量与可接受度的关系图（图9.3）。对于精致拱门，每次约30人（PAOT）时，平均可接受度评分从可接受的范围下降到不可接受的范围，这是为精致拱门确立的质量标准。这项研究和相关信息为所有公园分区建立了与拥挤有关的质量标准。

图9.2　多少算多？通过一系列视觉模拟，让调查对象看到不同程度的游客利用的结果
资料来源：Wayne Freimund，Dave Lime，罗伯特·曼宁摄

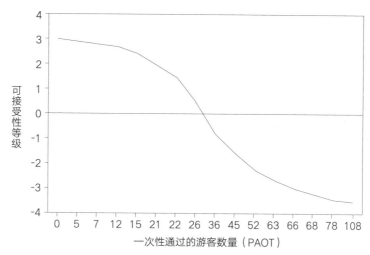

图9.3　精致拱门观看游客可接受性社会规范曲线
资料来源：改编自 Manning et al，1996b

目前，拱门国家公园正在确保质量标准得到维护，其中包括一些管理技术。例如，为公园的三个主要旅游景点（精致拱门、窗户和魔鬼花园）提供的停车场，确定其大小是为了确保不违反与拥挤相关的质量标准。这种停车场规模大小是基于停车场的汽车数量和在诸如精致拱门等景点的游客数量计算的。此后，又开发了统计模型，用来估算在不违反拥挤质量标准的情况下，停车场可以容纳的汽车最大数量。停车场被拆除代之以指定的停车位，在停车场周围设置天然的岩石屏障以阻止车辆的停泊，并通过了一项针对溢流停车的条例，以及在需要的时候对溢流停车的执行条例。

许可证制度用于控制某些地区的使用数量。例如，使用火焰炉需要一日游许可证，数量许可是有限的。游客必须观看一部教育电影，讲述在获得许可前如何最小化土壤和植被的影响。另一种使用火焰炉的方法是由护林员引导的旅行。这些旅游非常受欢迎，可以提前6个月预订。此外，供过夜使用的公园原始区域也需要获得许可。该公园采用了广泛的信息/教育系统来指导游客的使用，包括建议在哪里和什么时候可以去参观，以避免拥挤和建议不要离开受维护的小径，包括为什么游客应该遵守这个建议。在公园网站、公园报纸、公园游客中心、护林员指导的活动中，以及在脸书（Facebook）和推特（Twitter）等社交媒体上发布公园新闻和教育信息。在社会小径开始出现的地方，安装小的、地面的柱子，提醒游客们要待在受维护的小径上。最后，在公园主要景点的战略位置竖起低矮的木栅栏，以阻止越野徒步旅行和开发社交小径。

根据游客体验和资源保护（VERP）框架，公园必须监测质量指标以确保质量标准得到维护，包括监测土壤和植被的扰动程度，以及小径和景点的游客数量。然而，从资金和员工的时间来看，监控是昂贵的，并且公园一直在努力维持这种活动。公园制定和实施的游客体验和资源保护（VERP）计划建议国家公园管理局应该为这项活动投入工作时间，但对员工的时间和监控有许多竞争性的要求仍然是一个挑战。

第 10 章

保护比斯坎的水下宝藏

去比斯坎国家公园（Biscayne National Park）旅游的游客均有机会探索世界级别、水下栖息地的生物多样性。然而，当驾船者穿过浅水、锚定或搁浅在海草床或珊瑚礁上时，可能会造成严重的资源损害（对土壤的影响，对植被的影响，对水的影响，和对野生动物的影响）。这些问题被公园因高水平的探访（拥挤，冲突）、不习惯在浅水中航行的驾船者（不友好行为）、出现在某些"热点"区域的影响（对景点的影响）所放大。为了解决这些问题，公园维护了标识和系泊浮筒（设施开发/场地设计/维护），禁止在敏感地区搁浅和锚定（规则/条例），教育游客负责任的划船行为（信息/教育），估算破坏水下资源游客的罚款（执法），并致力于恢复受损的栖息地（设施开发/场地设计/维护），建立并扩大了无载（no-take）、慢速、怠速和不可燃发动机区域，以进一步保护脆弱地区的水下生境（分区）。这些管理技术设计旨在促进管理策略，以限制游客可能产生的影响（减少利用的影响），并通过维护和恢复来强化公园资源管理（强化资源和体验）。

10.1 引言

世界上一些最具多样化、最具生产力的生态系统位于海底。在佛罗里达州南部海岸外，海草在海草床和珊瑚礁中随处可见。靠近海岸，浅而清澈的海水支撑着开花植物的草地，为海龟、海牛、海胆提供食物，为幼鱼、龙虾和虾提供育婴室。这些维持生命的草地扎根于下面的沙子中，形成了营养垫保护海岸线免受侵蚀和风暴破坏，保持水的清澈度，并从大气中吸收二氧化碳。在离海岸稍远一点的地方，活跃的珊瑚礁群是几十种活珊瑚的家园；它们包括大脑、恒星、麋鹿角和鹿角珊瑚、海扇和海鞭。五颜六色的珊瑚礁鱼——虾虎鱼、鹦嘴鱼、小热带鱼等，与其他海洋生物一道，栖息于珊瑚结构中。

尽管它们具有生态、经济和娱乐的重要性，但这些丰富的海底生态系统面临着无数的威胁。海岸线的开发、污染、气候变化和过度捕捞都是在区域和全球范围内出现的问题，但游憩利用的直接影响也很重要。**在比斯坎国家公园和附近的受保护水域，游憩划船引起的栖息地退化是引起人们关注的一个主要原因。**当船只穿过浅水区，锚定或搁浅在海草床或珊瑚上时，栖息地的恢复可能需要数年，甚至几十年。在某些情况下，修复几乎是不可能的。严重受损的海草床和珊瑚礁可能永远无法恢复，反而变成了沙洲。

在航空影像中，可以揭示出驾船者集体行动所造成的破坏程度。长长的白色伤疤在绿色的海草床上纵横交错，这是由于船的螺旋桨沿着浅海底部拖过的结果。当锚攻击海草的栖息地时，或者当锚链拖到海底时，也会造成损害。当一艘船搁浅时，操作员试图"切断"与地面的距离，并在被淹没的地球上制造一个巨大的裂缝时，问题就会变得更糟。在没有植被的情况下，裸露的沙子被海浪搅动，减少了水的清澈度。当这些影响发生在珊瑚礁上时，这种损害为疾病开辟了道路，而修复所需的成本、努力和时间也会被放大。

在游览活动频繁的比斯坎国家公园，每年有大约100艘船只搁浅事件被报道，而更多的搁浅事件并没有被报道，由资源管理人员发现并报道的90%的搁浅事件发生在海草的栖息地。为了解决娱乐性划船对底栖生物栖息地的影响，比斯坎在教育、监督、执法和恢复采取了多方面的活动，并通过管理区域建立了新的保护措施，以进一步解决这个问题。

10.2　比斯坎国家公园

比斯坎国家公园坐落在佛罗里达州迈阿密的门阶上，从比斯坎市延伸到基拉戈（Key Largo）22英里。**比斯坎的水下栖息地占了公园面积173000英亩的95%**（图10.1）。公园的其余部分用于保护未开发的关键节点和沿海土地上的热带硬木和红树林。每年，有500000游客涌向比斯坎，在船上放松、游泳、浮潜、潜水、皮艇和垂钓，参加玻璃底船之旅，并在未开发的地方露营。为繁忙的哥伦布日（the Columbus Day）周末安排特别的膳宿，这是一个吸引了数百艘船到公园的大事，还有一群活跃的游客聚集在一起享受节日、派对的气氛。

比斯坎唯一的徒步旅行路线是7英里长的"纵横交错的公路"的遗迹，它是

图10.1 比斯坎国家公园大部分位于水下，以富于个性的珊瑚、海草床，丰富的水下生物为特色
资料来源：国家公园管理局，John Brooks 摄

公园的建造之前土地所有者用推土机推出的一道景观，反映了比斯坎岩石的起源。尽管开发商看到了在未开发的佛罗里达州北部地区修建新公路、城市、海港和机场的机会，但国家对该地区保护的支持在1968年将其认定为国家纪念碑。为了保护"一种罕见的陆地、海洋和两栖生物在热带自然美景中的结合"，这座纪念碑在1980年被扩展并重新命名为国家公园。

10.3　在比斯坎管理游船

在比斯坎，海洋景观是开放的，它与美国国家公园系统中的大多数其他单位特征不同。当一些游客经过大陆上的但丁法塞尔游客中心（the Dante Fascell Visitor CenterFascell）时，大多数游客都是坐船来的。**由于每艘船只分散在数千英亩的水域上，到达、通知和监管游客是一项艰巨的任务。**一个规模适中的游客保护部门负责整个海景的巡逻。尽管面临挑战，公园还是使用了游客教育和场地设计，以防止公园内的底栖生物受到破坏。

在公园网站、游船码头以及在新闻发布会上，强调了海草床和珊瑚礁的重要性，并给驾船者提供了一些如何避免破坏这些栖息地的建议（图10.2）。突出显示的项目包括：能够阅读和使用航海图，在出发前查看这些图表，知道如何使用

图10.2　在比斯坎国家公园，船只意外搁浅会严重破坏珊瑚礁和海草床
资料来源：Amanda Bouque 摄

电子导航设备，意识到潮汐的存在（在比斯坎的浅水区，潮汐能极大地影响搁浅的可能性）。此外，为了更好地掌握海水状况，鼓励驾船者戴偏光太阳镜。"水手韵"（mariner rhyme）提供了如何根据这些条件进行指导。"棕色，棕色，搁浅！"指的是当海草床和礁石接近海面时，海水的颜色是棕色的，建议驾船者避开这些区域。与此相反，"蓝色、蓝色、巡航"表明，海水是深而安全的，适宜划船。

标记和浮标也能帮助驾船者避开脆弱、浅水的栖息地，并提醒游客停船时遵守规则/条例。标记采用不同的形式，服务于不同的目的。有灯光的建筑物有助于航行，并得到美国海岸警卫队（the US Coast Guard）的许可和维护。白昼标志、杆子和桩子被用于标记敏感的栖息地、浅水区和禁止区，并张贴公园条例。漂浮在锚上的浮标也被用于导航和防止对海洋栖息地的破坏。特别是白色的系泊浮筒位于珊瑚礁附近，以保护这一脆弱的资源。通过将一艘船系在系泊浮筒上，锚或锚链引起的破坏可能性就降低了。当所有的系泊浮标被占用时，游客可以在礁石附近的沙地上抛锚，并建议他们在礁石上顺风锚定，以避免锚链拖过礁石。

最终，在公园新建立的海洋保护区里，将禁止锚定。额外的系泊浮标将被添加到该区域，以保护比斯坎的珊瑚礁栖息地的三分之一。在2015年的综合管理计划（General Management Plan）中，海洋保护区是旨在保护珊瑚礁生态系统，恢复珊瑚礁和鱼类种群。虽然在该区域内禁止捕鱼，但允许开发其他各种游憩用途，包括游泳、浮潜、潜水和玻璃底船。该计划还扩展了限制速度和燃烧引擎使用的区域。对高速螺旋桨和旅行速度的限制降低了对海草床造成直接损害的可能性。此外，在新的限制条件下，减少的沉积物将会受到干扰，从而形成更高的水透明度和更健康的海草。

虽然标记物、系泊浮筒、速度和船只限制，以及教育工作有助于减少对水下栖息地的破坏，但仍有船只搁浅发生。在繁忙的哥伦布日周末，还需要采取额外的措施来防止搁浅发生。为了给在这段时间的高探视期间提供导航，在浅水的羽毛海滨（Featherbed Bank）增加了浅滩标记。要求游客只能在强制性的锚定区锚定，并且禁止在公园的其他地方这样做。其他执法人员和医务人员正在巡逻，美国海岸警卫队（the US Coast Guard）对内陆航道实施了限速。

如果船的搁浅或锚定在礁石上时，游客将面临巨额的罚款。此外，根据《公园系统资源保护法案》（the Park System Resource Protection Act），驾船者可能要对海岸栖息地修复的成本负责。在一艘船搁浅后，公园的伤害恢复计划小组（the park's Damage Recovery Program team）将通过测绘、测量和摄影来评估受损程度，设计一个修复工程。一旦受损区域需要恢复，该区域将在数年内被监控。当然，恢复并不容易，对游客处以巨额罚款并不是与公众互动的首选方式。

为了使船只搁浅产生的破坏降至最低，比斯坎国家公园建议游客在这种不幸的情况下应该做些什么。首先，驾船者应该关闭马达，试图关闭电源可能导致对栖息地严重的破坏，在某些情况下，在海床上造成了船体大小的"吹洞"（船的引擎也可能在这个过程中被毁）。取而代之的是，建议游客尝试用手动推船或用杆子将船推开，以船只靠近的方向后退；另一种选择是等待涨潮的时机，让船从海底漂起来。当这些方法失败时，驾船者被告知需要商业援助。公园为公众和在公园里收到传票的驾船者提供免费的划船教育课程。

比斯坎国家公园的"伟大的自然之美"在海底可以找到。这些水下宝藏的未来将取决于周密的计划、监测和恢复工作，以及超越公园边界的公民行为。

第 11 章

拯救猛犸洞穴的蝙蝠

蝙蝠是每年吸引游客来到猛犸洞穴国家公园（Mammoth Cave National Park）的众多有趣特征之一。猛犸洞穴国家公园以其独特的蝙蝠景观吸引了众多的游客前来参观。但游客参观可能给穴居的蝙蝠带来一种大面积爆发于美国东中部的白鼻综合征（white-nose syndrome，WNS）（一种动物疾病）。公园管理者通过限制利用和减少利用影响策略应对这一潜在新威胁。公园现已关闭靠近群居式蝙蝠栖息地，将大门设置在濒危或受威胁蝙蝠居住的洞穴入口处（设施开发/场地设计/维护）。执法护林员在封闭的洞穴入口处巡逻，寻找非法入洞的证据（执法）。游客在护林员的引导下进入洞穴，不得携带或穿戴未经消毒的其他洞穴的物品（规则/条例）。参观后，对游客利用生物治理杀菌消毒，避免真菌感染（设施开发/场地设计/维护）。

11.1 引言

美国肯塔基州中部森林覆盖的山坡和山谷下面，有世界最长的、著名的猛犸洞穴。从上往下，可以看到该地域典型的喀斯特地貌——裸露的石灰岩、天坑以及消失的溪流。**这个长达400多英里的洞穴由数亿年前的浅海形成。**砂岩、页岩和石灰岩层沉积在海底。由于地表物质也被流水带走，地面上升，河流上涨。随着时间推移，当酸化的雨水沿地下裂缝流动时，就不断使裂缝加宽加深，直到终于形成了如今被称为猛犸洞穴的地下河道。

200年来，洞内大量的石笋、石钟乳、石柱、石幔、石花吸引了无数的游客前往猛犸洞穴参观。由于水从洞穴中流出，并继续下滴，留下的微量矿物质形成石笋、钟乳石及其他滴水岩造型。其中，冰冻尼亚加拉瀑布（Frozen Niagara）、穹顶和石笋之旅（The Domes and Dripstones）最为典型。在这个令人印象深刻的洞穴内还生活着丰富的野生动物。有些生物只生活在地表，类似游客只作短暂停留，而有些微生物则常年生活在地表之下。洞穴深处有奇特的无眼鱼——盲鱼，其他盲目生物还包括甲虫、蝼蛄、蟋蟀，还有许多褐色小蝙蝠潜伏在人迹罕至之处。

近年来，猛犸洞穴的一种洞穴生物引起了公园管理者的迫切关注。公园洞穴是9种与洞穴相关的蝙蝠的家园，其中两种是联邦级濒危物种——印第安纳（Indiana）蝙蝠和格雷（Gray）蝙蝠（图11.1）。关于蝙蝠，尽管在流行文化中经常出现不祥的说法，但这种动物对人类福利而言是生态必需的。这些会飞的哺乳动物能消灭大量破坏作物和传播疾病的害虫，也是植物授粉、种子传播的重要媒介。

因白鼻综合征（WNS），美国蝙蝠种群数量大为减少。2006年首先发现于纽约，然后传播到美国中部和东部的洞穴，导致数百万蝙蝠死亡。白鼻综合征是以一种非本地的耐寒真菌命名的，它可以在受感染蝙蝠的面部、耳朵和翅膀周围的白色斑块中看到。这种真菌在蝙蝠冬眠期侵染皮肤而使其频繁苏醒，白天飞出冬眠地、燃烧脂肪贮备。如果冬季没有足够的食物供应，受感染的蝙蝠会因饥饿或脱水死亡。

这种疾病传播的途径有可能是蝙蝠个体之间的传播，也有可能源于游客活动，他们可能从洞穴到洞穴，通过衣物或行李携带游离的分生孢子进入蝙蝠栖息的洞穴。随着白鼻综合征的传播，以及对疾病认识的不断增加，猛犸洞穴已经调整了对洞穴游客的管理措施，以便更好地解决这一新出现的威胁。

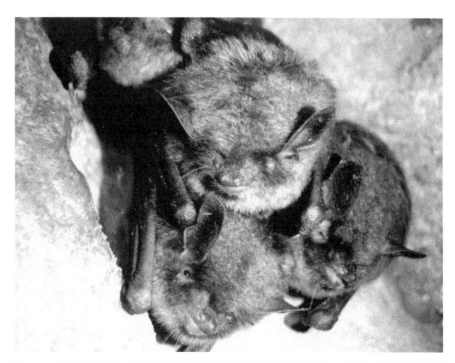

图11.1　猛犸洞穴国家公园是包括联邦濒危物种印第安纳蝙蝠在内的9种与洞穴有关的蝙蝠的家园
资料来源：美国鱼类和野生动物管理局

11.2　猛犸洞穴国家公园

猛犸洞穴国家公园，1926年由国会授权，于1941年建立，在第二次世界大战之后（1946年）正式成立。1981年10月27日，它被联合国教科文组织认定为世界遗产。1990年9月26日，又被列入世界生物圈保护区名单。地面上的52830英亩的景色优美的保护林地为野营、远足、骑自行车、垂钓和骑马等常规娱乐活动提供了条件。公园内还有四通八达的人行步道（约70多英里长）、生物资源丰富的两条河流、已开发的原始露营地，以及一个游客中心。

当然，主要的吸引力还是在表面之下。每年有40万游客参加由护林员引导的公园游览活动。猛犸洞穴内有14英里长的小径。在夏季高峰期间，开发了10种不同的洞穴之旅，它们在难度和持续时间上都有变化。旅游满足了从天然地质特征、历史功能到洞穴探险等方面的不同需求。

11.3　猛犸洞穴的白鼻综合征管理

自2006年白鼻综合征在美国纽约发现以来，迅速蔓延到肯塔基州，2013年又迅速感染到猛犸洞穴国家公园。随着对疾病及其传播方式科学认知的日益增长，公园已经调整了对游客的管理方式，使疾病扩散程度降至最低。最近，管理人员试图阻止它在公园内的洞穴和公园外的其他洞穴之间的传播，并根据与真菌有关的蝙蝠行为变化来保护游客。

考虑到包括蝙蝠在内的洞穴系统内的文化和自然资源的敏感特性，人类的进入受到了严格的管制。到猛犸洞穴的地下参观需要由护林员引导，并持有研究许可证或特殊许可证。旅游之外的参观仅限于研究、教育、洞穴恢复活动或救援。即使通过许可，访问也仅限于获得批准的人员和团体。自20世纪90年代中期以来，猛犸洞穴禁止私自参观。

随着白鼻综合征的威胁，公园进一步限制了对蝙蝠群集栖息地的访问。在这些地方，大量的蝙蝠在冬天聚集在一起冬眠，到了夏天的时候，它们还会继续繁殖（其他非群聚的蝙蝠以个体单独进行冬眠栖息于其他洞穴）。自2008年以来，这些洞穴除了白鼻综合征的研究和监测之外，即使蝙蝠不存在，这些洞穴也已关闭。由导游引领的旅游团也已远离了蝙蝠冬眠和栖息的地方。

　　为了确保游客不会进入地下脆弱区域（同时也包括蝙蝠栖息地），公园现已开放部分小洞穴。大多数的大门都是"蝙蝠友好型"的，允许蝙蝠自由进出洞穴，并允许与地面进行空气交换。在一些已建造的入口，为了恢复自然条件，大门被封闭。在有些地方，大门可能会吸引其他不显眼的进入者的注意，这种洞穴是没有大门标志的，公园也不会主动宣传大门的位置。执法护林员监管洞穴入口，以发现非法进入的游客，拦截并阻止私自携带工具进入公园的行为。

　　到目前为止，大部分的洞穴探视都是通过由护林员引导的旅行方式进行的。为了管理白鼻综合征，洞穴旅游分为：（1）与洞穴沉积物接触最少的（徒步旅行）；（2）与洞穴沉积物广泛接触的（野外洞穴探险）。绝大多数的游客都参加徒步旅行。不到2%的人会进行一次野外洞穴探险，他们会在洞穴中匍匐爬行（野外洞穴探险者的身体宽度必须不大于42英寸）。

　　为了**解决白鼻综合征的问题，对游客的抵达、参观和游览结束采取了一系列措施**。有关蝙蝠和白鼻综合征的教育信息通过公园网站、游客中心和旅行手册进行相关介绍，收集游客信息，对参观游客进行筛选。自2005年以来，只要参观过洞穴或坑道的人都需要先到游客中心，不允许携带已进过洞穴的衣物或者物品，如果鞋子不能更换，则用消毒剂清洁。不愿意遵守这些规定的游客将获得退款。鉴于与洞穴沉积物密切相关，要求前往野外洞穴的游客必须佩戴公园提供的洞穴探险装备（图11.2）。

图11.2　为了防止白鼻综合征的传播，要求野外洞穴之旅的参与者穿着公园提供的洞穴探险装备
资料来源：国家公园管理局

当游客结束旅行时，必须走过一条生物修复垫（bioremediation mat），这是在肯塔基州白鼻综合征到来之后引入的一种干预措施。垫子由地毯或人造草皮组成，还有一个包含清洁溶液的部分。垫子的作用是将孢子从游客的鞋子中移除，并消毒任何剩余的孢子。在野外洞穴之旅中所穿的装备将会被公园的工作人员收集和清理，以供下一次旅行之用。

虽然白鼻综合征并没有发现对人类有害，但是自疾病到来之后，人们对蝙蝠行为变化是比较关注的。在冬季的几个月里，公园里蝙蝠的数量增加了，这可能是由于白鼻综合征从冬眠中苏醒过来的缘故。尽管没有大量的人与蝙蝠接触，但公园已经开始关注游客的健康，特别是建议可能接触到狂犬病的游客们不要触摸蝙蝠，尽量穿长袖衬衫、裤子和帽子，如果接触了要立即通知护林员。目前，公园的监测工作正在进行中，以便了解这些接触发生的时间和地点，以及通过收集的信息修改旅行计划。

白鼻综合征对猛犸洞穴和其他地区蝙蝠的最终影响还有待观察。早期的估计表明，在白鼻综合征到来的短短几年时间里，公园里一些蝙蝠物种的种群数量减少了80%。随着对白鼻综合征了解的不断深入，管理游客到猛犸洞穴的方法也在不断优化。

第12章

关闭查科公园的
灯光

查科文化国家历史公园（Chaco Culture National Historical Park）内外的人工照明削弱了游客体验"自然黑暗"（natural darkness）的能力，也改变了几千年前查科人所看到的天空（对自然黑暗的影响）。"光污染"也会影响野生动植物。在查科内部，水银灯在游客中心外明亮地照明（对景点的影响）。公园翻新了它的照明结构（设施开发/场地设计/维修），并通过天文台的夜空项目告知公众这个问题（信息/教育）。这一管理计划旨在推行两种管理策略：扩大体验自然之夜的机会（增加供给），减少与公园探访有关的光污染（减少利用的影响）。查科文化和其他西南公园的领导启动了减少该地区光污染的立法。

12.1 引言

在新墨西哥州的西北角，查科文化国家历史公园的游客们可以看到8000年前查科人看到的夜空。**这是大多数发达国家的人不曾有过的体验。**城市、城镇、道路、工厂和精炼厂的人造灯光掩盖了银河系数十亿的恒星和植物。由于黑暗也是野生动物的栖息地，光污染的影响超出了人们看到星座的能力。夜行动物，如蝙蝠、猫头鹰、萤火虫和孵化的海龟，依靠自然黑暗来捕猎、航行、繁殖和躲藏。植物从昼夜的自然节律中获取信息，当它们暴露在持续的光照下时会显示出光抑制的迹象。①

国家公园是美国最后一个黑暗的地方。在美国西南部发现了许多可以从空间拍摄的照片中识别自然的暗夜。然而，即使是偏远的公园也不能免受光污染的影响。游客中心、露营地、附近景点和门户社区的照明可能会干扰自然黑暗。运输

---

① 光抑制现象（phenomenon）指叶片接受的光能超过它所能利用的量时，引起光合活性的降低。光抑制现象最明显特征是光合效率的降低。在没有其他环境胁迫的条件下，晴天中午许多植物冠层表面的叶片和静止的水体表层的藻类经常发生光抑制。任何妨碍光合作用正常进行，而引起光能过剩的因素，如低温、干旱等，都会使植物易于发生光抑制。

和工业的空气污染使原本晴朗的夜晚布上阴霾，甚至城市的弧光也可以从200英里以外的地方看到。保护夜空需要远离公园边缘。查科文化在公园内和更广泛的范围内一直是解决夜间资源问题的代表。

12.2　查科文化国家历史公园

查科文化国家历史公园位于圣胡安盆地（the San Juan Basin）半干旱的沙漠景观中，蕴含着古代文明的遗迹（图12.1）。公元850~公元1250年之间，查科人选择四周被砂岩、浮岩露头和侧峡谷（side canyons）包围的区域作为文化和商业中心的背景。人们聚集在多层的"大房子"进行交易、商业和举行仪式。这些公共建筑经过精心规划和修建，包含数百个房间，通过纵横交错的道路与远处的"大房子"相连，太阳和月亮以及悬崖峭壁上的天体事件都反映了天空对于人们的重要性。

图12.1　查科文化国家历史公园庆祝史前美洲土著文化，
包括著名的石头建筑和天文观测以及相关的建筑联盟
资料来源：美国国家公园管理局

在1907年，该地区首次被指定为国家纪念地。1980年，这个面积为33960英亩的地方成为国家历史公园。公园内已发现近4000处考古遗址。1987年，查科文化因其具有国际意义的史前建筑和独特建筑风格，成为美国20个世界文化遗产之一。今天，考古天文学——研究古代人们如何理解天空——是公园解说项目的关键部分。每周三晚在天文台提供天文学项目，特别节目在夏至和春分期间举行。每年有3000多名游客参加天文学课程。2013年，查科被命名为国际暗夜公园（International Dark Sky Park）。

12.3　管理查科峡谷上方的自然暗夜

距最近的城镇60英里的查科峡谷，按照美国标准夜空非常黑暗。然而，到20世纪90年代初，公园的官员们开始关注于保护和促进自然之夜。因查科文化和公园外活动照明，游客体验古代查科人观察夜空的能力受到威胁。1993年，在园区的综合管理规划中，夜空被列为自然资源，将黑暗问题与其他重要的自然和文化资源视为同等重要。

保护查科夜空（night sky）的第一步是解决公园内的照明问题。汞蒸气灯是一种最低效和污染性的光源，在游客中心外明亮地发光，公园用屏蔽白炽灯替换了灯具，屏蔽的装置将光线向下引导至需要的位置，同时防止光束从侧面向上飞入天空。在可能的情况下，安装了运动传感器，以便在需要的时候照明。此外，可以移除不必要的照明。对于公园来说，**这是一个相对实惠的项目，新的照明使电费减少了30%**。通过一个地区性的夜空倡议，类似的努力在西南部的公园里进行。至2001年，在国家公园管理局政策中提及美国国家公园系统的照明，只有在必要时才将公园设置为灯光区，且使用最少的照明技术，视情况遮挡灯光。结果，查科99%的地方现在被指定为没有永久性照明结构的"自然暗区"。

尽管国家公园体系正在努力进行，但有效保护夜空需要超越公园边界的行动。鼓励这种行动的一种方法是教育游客。查科文化于1987年首次提供夜间项目，几年后开始与阿尔伯克基天文学会（the Albuquerque Astronomical Society，AAS）合作，联合举办两年一度的明星派对，在每年最黑暗的夜晚，这里吸引了数百名业余天文爱好者。天文设备的捐赠项目引导了公园中天文的建设和随之而来的志愿者引导的天文学项目。**天文台的夜空项目让许多游客第一次体验了自然的夜空**（图12.2）。对夜空问题有了意识后，促进游客解决在自己院子内的照明问题，支持社区的夜空保护工作。《新墨西哥夜空保护法》（The New Mexico Night Sky Protection Act）是一个很好的源于公园领导和公众支持的立法案例。在查科文化和该地区其他公园的努力下，国家公园管理人员在西南报纸上宣传了夜空保护。新墨西哥州遗产保护联盟（the New Mexico Heritage Preservation Alliance）宣布夜空成为该州最为濒危的历史遗迹，国家公园保护协会（the National Parks Conservation Association）发布了关于国家公园内光污染的报告，

图12.2　国家公园管理局在查科文化国家历史公园建了一个观测站，
帮助游客欣赏夜空的美丽和重要性
资料来源：国家公园管理局

引起了对该问题的更多关注。新墨西哥州法律于1999年通过，禁止在该州出售汞蒸气灯，并要求在需要更换灯时予以屏蔽。尽管政治上免除了户外广告客户、农场和牧场的需求，全州城镇街道照明的光污染问题必须通过立法解决。

查科文化和其他国家公园保护夜空的最后一种方法是量化光污染，以便随时监测和管理。被称为"夜空队"（the Night Sky Team）的国家公园服务科学家，实施了国家公园系统的光污染评估。在清晰、无月光的夜晚，设置高质量的摄像机和计算机设备，测量每个公园的黑暗程度。测量数据不仅提供了当前状况的记录，而且有助于确定光污染的来源。此外，数据将与公众分享，以支持与其他机构、组织和利益团体的合作。

为了保护查科文化和美国国家公园的自然黑暗而采取的措施有助于提高公众对自然夜晚的认识，并进一步地激发超越公园边界的行动。通过持续的努力和伙伴关系，子孙后代才可能有机会体验古人的黑暗天空。

第13章

在德纳利的
灰熊之间穿梭

德纳利国家公园和保护区（Denali National Park and Preserve）给游客提供了在北美观看大群魅力四射的野生动植物（包括灰熊和狼）的机会。公园管理允许游客进入，但禁止对野生动物干扰（对野生动物的影响）和其他潜在影响（拥挤，对景点的影响，对露营地和野营地的影响，对道路和停车的影响）。用于最小化野生动物干扰的主要管理策略包括限制游客利用（限制利用）和指导游客在哪里以及如何使用公园（减少利用的影响）。沿德纳利公园路和大荒原的游客利用受到限制（配给/分配）。露营许可证的数量因荒野地带（分区）而异。在德纳利公园路（设施开发/场地设计/维护）的大部分地区都实施了公共汽车系统，要求游客乘坐公园公交车，野外露营者必须获得许可证并使用耐熊食物容器，并且不允许携带宠物（规则/条例）。对于露营者有一个包括野外信息中心（设施开发/场地设计/维护）的极具挑战性的游客教育计划（信息/教育），旨在鼓励远足和野外露营行为，最小化游客冲突和野生动物。

13.1 引言

德纳利国家公园和保护区是美国国家公园系统的"皇冠上的宝石"。然而在1972年之前，由于地处阿拉斯加的偏僻位置，缺乏良好的道路交通，游客访问率相对较低。1972年随着乔治公园高速公路（the George Parks Highway）的竣工之后，现代化的柏油路有助于阿拉斯加的大部分地区对游客开放。**考虑到德纳利大部分地区的脆弱特征，特别是形色各异和令人惊叹的野生动物—灰熊和黑熊、驯鹿、驼鹿、狼和戴尔绵羊（Dall sheep），公园将如何在保护野生动物的同时迎接更多游客？** 公园采取了一种大胆的方式回应所有游客，确保合理的公众访问，以保护敏感的野生动物。

13.2　德纳利国家公园

在阿拉斯加原住民的语言中，"德纳利"就是"高峰"的意思，通常指公园的核心——无论是字面上的还是比喻性的。公园海拔20320英尺，为北美洲的第一高峰。德纳利山又译作迪纳利峰，这是当地印第安人的称呼。19世纪之后，此山以美国第二十五届总统威廉·麦金莱（William Mckinley，1843—1901）的姓氏命名为麦金莱山（Mount McKinley）。2015年08月30日麦金莱山正式改名为"德纳利山"。20世纪初，查尔斯·谢尔登（Charles Sheldon）访问该地区时担心移民定居者和游客会威胁野生动物（特别是达尔羊），此后不久，美国国会于1917年建立了麦金莱山国家公园（Mount McKinley National Park），其中包括大约200万英亩的土地，并被建立为"禁猎区"。然而，除大量的野生动植物栖息地公园外，大部分位于阿拉斯加山脉的高海拔地区。1980年，该地区被重新定名为德纳利国家公园和保护区，面积扩大到600万英亩，比许多"下48州"（the lower 48 states）面积更大。[①] 建立大保护区的目的之一是"维持野生物种的良好种群和栖息地。"根据阿拉斯加州的法规，加入公园的许多土地可以用于"勉强维持生计"目的。

如今，德纳利国家公园和保护区每年有游客400000人次，游览时间集中在6月至9月份的上半月短暂夏季。该公园是一个混合式公园，包括较低海拔的一些森林、广阔的苔原，长长的、辫状河流（braided rivers），以及较高海拔地区的雪地、岩石和冰川。大部分的游客都希望一睹德纳利山的真容——大部分时间都消失在云端，以及公园著名的野生动物，特别是灰熊和其他"引人好奇的珍稀动物"。在美国，在这样一个可接近的自然环境中，没有其他地方可以发现这些大型哺乳动物如此集中。公园还有世界各地丰富的鸟类栖息地。几乎所有的游客91英里德纳利公园路都可以进入该公园，它沿着阿拉斯加山脉的山脚延伸到废弃的Kantishna村。一些背包客穿越指定的200万亩的荒野区。国家管理局监管公园道路和荒野，最小化对公园野生动物的影响。

---

① 　"下48州"更常用于描述不计阿拉斯加及夏威夷以外的美国。美国本土（Contiguous United States）一词可以代表美国连续48州与华盛顿哥伦比亚特区，或美国连续48州与华盛顿哥伦比亚特区和阿拉斯加州——译者注。

13.3　德纳利公园路

　　20世纪70年代初，当乔治公园高速公路（the George Parks Highway）接近完工时，国家公园管理局（NPS）预计游览人数会大幅增加，并决定在大部分德纳利公园路上建立强制性公交系统（图13.1）。这条道路深入公园的中心地带，为观赏野生动物提供了绝佳的机会。游客们可以在前15英里的道路上驾驶他们自己的汽车，但在那之后所有的旅行都必须换乘公共汽车。其中一些是常规的观光巴士，但这些巴士也不能进入公园。游客交通系统（Visitor Transportation System，VTS）巴士就像传统的校车一样，游客可以随心所欲地在整条道路上搭乘。这条路没有硬化，又窄又高低不平，有时还会绕过高高的悬崖。旅行又慢又长，但大多数游客都能看到公园里的"五大"动物：熊、驯鹿、山羊、狼和戴尔绵羊。公共汽车由公园授权给特许经销商并收取费用。道路上的公共汽车旅行数量是基于野生动物和其他问题的考虑。公共汽车司机一般都有丰富的经验和知识，可以向游客解说旅途中看到的野生动物。所有VTS巴士离开并返回公园的荒野评估中心（Wilderness Access Center），其中包括许多信息/教育展示。

　　实施游客交通系统是为了使游客对野生动物的影响最小化。由于游客交通巴士系统能运输更多乘客，大大减少了路上车辆的数量，从而限制了对野生动物的骚扰。驾驶员须接受不会干扰野生动物的驾驶方式培训。游客交通系统巴士还有助于控制对野生动物和游客来说危险的行为。巴士乘客处于司机的控制之下，必须遵守公园的规则和司机的指示。当野生动物出现时，游客不得离开巴士，时刻

图13.1　公园广泛的穿梭巴士系统将游客带入德纳利国家公园深处，
观赏异乎寻常的麦金山和公园世界级的野生动物

资料来源：罗伯特·曼宁拍摄

将胳膊保持在车内，不得以任何方式喂养或骚扰野生动物。同时，巴士也为司机提供了一个教育游客的机会，让游客了解野生动物和其他公园的特色，通常也是许多游客的一大亮点。

13.4 德纳利公园的荒野

德纳利公园路允许所有游客观看野生动物，公园还开放近200万亩的荒野，为徒步旅行者和背包客提供与大自然更亲密地体验和接触野生动物的机会（图13.2）。由于荒地使用的数量和类型不断增加，国家公园管理局最近制定了新的野外管理计划（Backcountry Management Plan），野生动植物保护是其主要考虑的因素之一。一些管理措施主要用于确保荒野使用不会危及野生动物或游客。

首先，像许多荒野地区一样，通过许可证制度来限制利用。日间徒步旅行者不需要许可证，而夜间游客则要求获得许可证。荒野被划分为若干区域，并基于野生动物和其他资源状况确定允许使用的级别，并为游客提供一系列机会。

其次，公园为荒野徒步旅行者提供了一个雄心勃勃的信息/教育计划。当

图13.2 德纳利国家公园的徒步旅行者在步道较少的荒野找到自己的小径，
但他们必须注意不要干扰包括灰熊在内的野生动物
资源来源：罗伯特·曼宁摄

然，公园官方网站包括一些关于公园野外远足者的材料。此外，国家公园管理局在园区内设有野外信息中心（Backcountry Information Center）；游客可以在这里获得野外露营许可，并与护林员和工作人员协商。建议荒野游客：

1. 在徒步旅行时发出噪声，提醒熊他们的存在；

2. 警示熊，改变活动以避免遇到他们；

3. 不要追赶熊；

4. 避免喂食野生动物或让野生动物获得人类食物；

5. 与熊保持至少1/4英里的距离；

6. 避免接近或追踪野生动物；

7. 在烹饪时，警惕熊的突然出现，并准备好打包和快速移动；

8. 如果游客的存在改变了动物的行为，请远离动物。

允许游客携带胡椒粉喷雾剂作为对熊的潜在防御措施，但是这只是紧急情况下的最后手段，不能视为适当的野外行为的替代物。公园的野外露营许可证制度是向游客提供信息的重要手段。

再次，制定一些规则与条例指导荒野使用。例如，野外露营者必须在大部分荒野地区使用耐压食品容器，并将它们贮存在离烹饪区和帐篷区至少100码的距离，国家公园管理局核准了几种容器，并在公园的网站上进行了展示。其中，大部分都是用一种非常坚硬的塑料制成，不会被熊或其他野生动物打开。野外信息中心免费提供这些容器给野外露营者。其他规则/条例也对宠物和敏感区域进行了封闭，禁止携带宠物是因为担心干扰野生动物。由于野生动物对洞窟和巢穴的敏感性，以及保护捕食者的正常捕食，公园选择暂时或永久关闭部分荒野地区。每次旅行之前，游客有责任通过野外信息中心工作人员查询关闭区信息。和所有其他公园游客一样，野外露营者必须乘坐游客交通系统巴士游览公园的各个景区。巴士会在沿途让徒步旅行者下车，并为野外露营者提供专用巴士（有额外的存储空间）。

13.5　作为公园指标的野生动物

新的野外管理计划包含许多质量指标和标准。如本书第1章所述，指标和标准用于量化园区的管理目标并指导后续的公园管理。新计划包括野生动物指标和标准。野生动物得到积极的监控，如果野生动物的种群数量、空间分布和社会统计数据（如年龄结构、性别比例）发生显著变化，这些变化可能与游客使用相关。国家公园管理局将执行措施改变游客使用水平或类型，野外管理计划中概述了可以使用的管理实践，并包括本书第5章讨论的许多实践。

第14章

在科罗拉多河上赢得抽签

科罗拉多河是大峡谷国家公园（Grand Canyon National Park）的心脏，可以为游客提供世界级的白水河之旅（whitewater river trip）。然而，河流的利用对沿岸的露营地数量（对露营地的影响）、该地区许多标志性的边峡谷（side canyons）和其他景点（对景点的影响），以及一些峡谷的考古学和历史遗迹（对历史和文化资源的影响）造成一定影响。持续增长的数量和多样的使用类型也导致野营地和河流拥挤，以及机动船和非机动船主之间的冲突。新的管理计划通过限制使用和减少使用影响双重策略，实施了一套协调的管理技术，包括河流的时空分区、划船旅行数量和类型的条例（规则/条例，配给/分配），护林员巡逻执行法规，用抽签系统为非商业船主分配许可证的配额制度（配给/分配）和强化公共教育计划（信息/教育）。

14.1 引言

大峡谷是美国"皇冠上的宝石"般的国家公园之一，其作为世界遗产的地位在全球范围内体现了这一重要性，当然它最著名的是约275英里长、5~15英里宽、1英里深的巨大裂缝——揭示了地球的大部分地质历史。据统计，峡谷底部裸露的岩石估计有将近20亿年的历史。大多数游客在第一次看见大峡谷时都充满了敬畏，其巨大的规模和复杂程度似乎超出了人类的想象，但科罗拉多河是大峡谷活着的心脏（图14.1）。在过去600万年里，河流侵蚀并暴露了峡谷，构造力使科罗拉多高原抬高了几千英尺，这个过程目前仍在进行中。12000年来，这条河流一直是当地美洲原住民的重要水源，为艺术家和作家提供了灵感，也是美国历史上最激烈的环境争议的焦点。近年来，科罗拉多河已经成为白水划船的圣地，拥有超过100条主要激流，其中一些处于难度范围的顶端。

1869年，大峡谷中科罗拉多河流的旅行第一次被记录在案，约翰·韦斯利·鲍威尔（John Wesley Powell，1834—1902）担任领队，这是美国最伟大的冒险故事之一。鲍威尔曾是第一次世界大战的老兵，后来成为一名科学家，对绘制

图14.1　科罗拉多河提供了以白河、地质奇观和俊秀的边峡谷为特色的世界级的漂浮之旅

资料来源：罗伯特·曼宁摄

美国西南部稀有水资源的地图很感兴趣。当时，大峡谷地区只不过是地图上的一个空白点，还有一些关于大峡谷巨大的急流和巨大瀑布的神秘故事。鲍威尔和他的十人团队、四艘木船从怀俄明州格林河（Green Rive）出发，旅行了近1000英里，经过2个月的艰难跋涉后，抵达大峡谷。在此之后的100年里，这条河没有什么用处，直到第二次世界大战后，人们对环境和户外游憩的兴趣日益增长以及开发战后剩余的橡皮筏，这条河流才成为世界上最具标志性和最受欢迎的冒险地之一。

据国家公园管理局估计，1955年在这条河上筏运（raft）的人数大约70人，到1972年，已超过10000人。随着使用人数增加，相关的环境和体验的影响开始失去控制，国家公园管理局"冻结"了河流的使用，合理规划以更细心地管理利用河流。2006年制定并实施了一项新的计划，该计划带来一套新的管理技术。其中，抽签用于限制每年私人或非商业漂流的数量。

14.2　科罗拉多河的管理计划

科罗拉多河流经大峡谷国家公园，从李氏渡口（Lee's Ferry）277英里处（位于格伦峡谷大坝下方）至米德湖（Lake Mead）（该水库由胡佛大坝创造）。这是科罗大多河流中最长的一段自流河部分，为划船提供了十分便利的条件，包括激动人心的白水河探险、惊人的地质景观、偏僻幽深的边峡谷、数以百计的考古和历史遗迹、独特的动植物群落以及可供观赏的荒野。因此，主要问题是因为想要享受和欣赏的人数太多，导致新的科罗拉多河管理计划出现。

首先，有一些关于管理科罗拉多河新的事实。所有的河流之旅都是从位于公园东端的李氏渡口开始的；这是进入公园的唯一道路，李氏渡口被指定为河流里程0英里。在抵达距李氏渡口226英里的瓦拉派（Hualapai）印第安保护区"钻石希腊人"（Diamond Creek）前，没有额外的公路进入，且大部分河流旅程已结束。然而，这条河的源头一直延续到距李氏渡口277英里处，由此离开大峡谷国家公园的边界并进入米德湖。由于河流较长，因此河流的旅程也较长，从几天到长达30天不等。有四种不同类型的旅行形式。其中，商业旅行需要经过国家公园的许可，且参与者需要支付一定的费用，非商业旅行包括私人旅行。不管是商业化还是非商业化都可以是机动化的或者非机动化的。

其次，科罗拉多河计划的管理目标是"在保护公园资源和增强游憩体验的同时加强河流的游憩活动"。这就需要解决河流游憩承载力的最基本问题：在对公园环境和文化资源、游客体验质量产生不可接受的影响下，可以容纳的数量以及开展何种类型的游憩活动是可接受的（关于承载力的问题在第1章已经讨论）。在解决科罗拉多河开展户外游憩项目承载力中，研究、规划、公众参与了计划确认和评估以下信息：

1. 物质变量：包括野营河滩的数量、规模和分布；

2. 资源变量：包括自然和人文资源的数量、类型以及目前状况；

3. 社会变量：包括在河上与景点相遇、野营地的竞争力、河流上每次旅行船的数量（trips-at-one-time，TAOT）、每次游客人数（people-at-one-time，PAOT）。

其中确认的几个比较重要的问题包括：

• 河流可以容纳的游船数量；

• 商业和非商业团体之间，以及机动和机动团体之间的旅行分配；

• 对野营地和景点（包括受欢迎的侧峡谷）的环境影响；

• 某一团体在其他团体视线和声音之外的露营能力；

• 每天在河流上看到其他的团体数量；

• 对历史和文化遗迹的影响；

• 濒危灭绝物种的福利、机动和非机动之间的冲突（图14.2）。

该计划包含一系列管理方法，包括规则/条例，执法、分区和教育。通过规划

图14.2　在沙滩露营必须小心约束他们的负面影响，包括废弃物、吸引野生动物、避免拥挤，
与其他团体产生冲突
资料来源：罗伯特·曼宁摄

程序，明确从李氏渡口发团的最大数量以限制对河流的使用。此外，每天允许运行的团体数量因季节而异（从每年利用量最低的冬季1点到利用量最多的9月份上半月的6点），以提供河上的一系列体验。每年允许发团总数为1101个，估计年用户大概24567个，日用户228986个（一天中有一个用户的存在）。国家公园管理局定期发布"下水日历"（launch calendar），详述每天允许下水的数量和种类。团体类型包括商业和非商业、机动和非机动、旅行的最大长度，以及团体的最大规模。虽然商业团体仅占分配人数的一半以上（54%），但是他们在所有使用者人数中是占比最大的，因为他们的团体规模往往比非商业团体大，且这种使用水平和分布已被确定为在保护公园资源和游客体验质量的同时，可以容纳的最大数量和使用类型。

　　另外，条例还被用于公园治安、游客安全和资源保护。例如，每人每年只允许一次游览的机会（以保证更多人的都有机会）；商务旅客必须按照经过国家公园管理局认可的旅行指导手册（确保游客安全）行动。船只不允许进入科罗拉多河，在3月~10月期间游客不得使用精灵峡谷（以保护濒危或灭绝物种）。护林员定期巡逻一方面是为了迫使人们执行规则/条例，另一方面可以指导教育划船者并提供搜索和救援服务。

　　对于商业和非商业利用量，容量分配采取不同的方式管理。商业利用是在符合历史利用水平的合格公司之间的分配的。但是非商业利用是基于所谓的"加权抽签系统"。2006年计划之前，非商业利用是通过候补名单系统分配的。划船者的名字列在一张名单上（需要一笔象征性的费用），直到有空余名额。2000年等候名单已经排到大约20年后，这证明是不切实际的。加权抽签系统需要非商业划船者每年递交一份申请，注明名单的下一年日期，系统会随机选择申请者。然而，系统增强了对近几年不曾出航申请者的可能性，让抽签系统中的非幸运者在未来有更多的机会被抽中。

该项目也使用了分区系统，按照空间格局，将河流划分为三个不同空间区域以提供不同的游憩体验。大部分的河流，从0英里至226英里的（李氏渡口至钻石溪）是"核心保护区"，未经或很少经人为干扰过的一种原始自然生态系统的所在区域，主要是自然环境，很少人为管理。缓冲区主要从226英里开始至260英里的区域（从钻石溪至Quartermaster），主要特征是经过人工整理的自然环境、较低的人为管理，包括非定期的护林员巡逻。乡村自然环境区，从260英里开始至277英里的区域（从钻石溪至公园边界），主要特征是高利用水平，改进的自然环境和护林员常规巡逻。建立时间分区制度解决机动化和非机动化的使用问题，仅限在4月1日~9月15日期间允许使用摩托艇。

最后，该计划项目在很大程度上依赖于复杂而精密的信息/教育项目。该国家公园管理局开设网站服务以帮助游客规划行程。设立网站解说如何管理河流、概述规则/条例、描述低影响行为。它包括一个定向的视频、音频和视频播客、幻灯片放映。河流运营公司负责河流的商业开发，需要严格培训导游并对游客的行为负责，使用DVD教育非商业划船者。要求非商业划船者在李氏渡口出发前选定他们中意的护林员。

14.3 集约使用需求，集约管理

由于科罗拉多河穿越具有世界级游憩资源的大峡谷国家公园，人们对"玩转"该河流极大的兴趣并不奇怪。国家公园管理局致力于让尽可能多的人们可以享受和欣赏该河流带来的冒险体验。在此过程中，公园资源需要保护，游客体验质量需要维护在较高水平。河流管理计划每年允许近25000人乘船旅行，这代表250000个用户日。为了满足这么多的使用需要，国家公园管理局需要利用一项集约化管理计划，其中包括限制使用的数量和类型、规则/条例、执法、与商业公司的合同关系、非商业性用户的抽签系统，以及一个复杂的信息/教育项目。

第15章 🍃

冰洞是
开放的

近年来，参观阿波斯特尔群岛国家湖岸（Apostle Islands National Lakeshore）冰洞的游客人数屡创新高。湖岸适应了在通常安静的冬季，因游客过多产生与游客安全、拥挤状况、停车位可用性、提供基本服务以及对冰洞构造问题相关的接待挑战（拥挤，道路/公园影响，景点影响）。湖岸通过与游客沟通管理游客体验和行为（信息/行为），体现了减少利用和增强体验的策略。开辟道路和班车服务有助于增加游览机会（设施开发/场地设计/维护），禁止游客参与破坏冰、伤害自己或者其他游客的游憩活动（减少利用，规则/条例）。

15.1　引言

冬季，阿波斯特尔群岛国家湖岸（阿波斯特尔群岛）是一处寂静的地方。初秋的时候，灯塔旅行和篝火项目结束，岛上邮轮和水上巴士最后一次出行，游客活动中心关闭。但2014年的冬季，湖岸并不安静，冰洞的瀑布、挂满冰柱和水珠的洞穴图像通过新闻报道和社交媒体进入大众视野。漫长的寒冷冬季，美国各地的游客纷纷涌入威斯康星州西北部的贝菲尔德半岛（Bayfield Peninsula），在短短2个月的时间内游客量达到去年的两倍。他们主要是来参观冰洞的。

阿波斯特尔群岛的红色砂岩海蚀洞是通过数千年来的自然力量形成的，主要是由古代的网状河、冰川、湖水和冻融循环形成。冰洞是装饰了冰冻波浪和流动水流的海蚀洞，有时呈蓝色或粉红色（图15.1）。当达到温度和风力允许在苏必利尔湖（Lake Superior）上形成稳定的冰时，游客可以步行进入冰洞。然而，由于气候变化，看见冰洞的概率减少。湖中平时只有乘船才能抵达冰洞，2014年首次可以步行抵达。

数千名游客穿越湖冰是一个多方面的管理挑战。必须考虑在寒冷、光滑多变的冰面和天气状况下游客的安全。不确定几个星期，大量游客需要基础服务，从停车场、卫生间到信息、公园工作人员和救援等。当游客冒险通过冰面时，需要

图15.1 在冬季，冰瀑、冰柱和冰锥完全改变了阿波斯特尔群岛国家海岸冰洞中的红色砂岩海洞特性
资料来源：国家公园管理局提供

保护洞穴和冰层构造。针对游客的大量涌入，公园的工作人员应迅速作出反应，通过了解游客的期望并与他们合作，有效管理冰洞的体验。

15.2 阿波斯特尔群岛国家湖岸

阿波斯特尔群岛由世界上最大的淡水湖—苏必利尔湖的21个岛屿和12英里的陆地组成。69500英亩湖岸的边界绵延数英里进入湖中。其中，公园80%的面积被指定为受联邦政府保护的荒野。陆地提供游客中心和徒步旅行步道，但主要的景点是野外徒步旅行步道、露营地、沙滩、灯塔、砂岩悬崖和需要在湖面旅行的海洋洞穴。为帮助游客接近这些景点，特许经营经销商、阿波斯特尔群岛游艇公司和几家私营公司向游客提供乘船游览、徒步穿梭车、水上出租车、包机旅行皮艇和租赁小船的服务。

15.3 冰洞参观管理

在阿波斯特尔群岛管理冰洞游览的核心职责是确定洞穴的开放和关闭。当冰况被认为是低风险时，洞穴才会向公众开放（工作人员强调，冰洞永远不能认为是完全安全的）。当冰达到最小厚度时，才会开放冰洞，而冰层被锁定在已知的陆地点之间。在过去的一周内不能有任何"过冰事件"或重大天气事件。公园强调会根据条件变化及时作出调整，游客可以通过公园的官方网站、"脸书"页面和冰洞电话专线记录、查询冰洞的开发和封闭状态。虽然冰洞分布在公园的各个地方，但是阿波斯特尔群岛只检测陆地洞穴公共通道的情况。

一旦洞穴宣布开放，湖岸会及时通过各种方式与游客联系，管理游客的期望，鼓励他们采取安全和适当的行为。公园会在网站张贴有关冰洞游览的详细信息，与包括当地商会在内的合作伙伴共享信息。当洞穴开放时游客中心也会开放，公园与游客在阿波斯特尔群岛游客中心直接交流。

公园发布许多信息的目的主要是为了帮助游客对参观洞穴所需的努力和准备程度产生现实的期望。公园告知游客从最近的停车点往返大概2.6~6.0英里，公园旺季停车较远时还会额外增加几英里的路程（图15.2）。防寒衣物主要包括多层衣物、防水鞋和钉鞋。网站链接提供最新的天气状况和风寒因素，提醒游客注意当地缺乏食物、水、住所和手机信号。

图15.2　在湖冰上往返2.5~6英里时，要求游览冰洞的游客穿多层衣服、防水鞋和钉鞋

资料来源：国家公园管理局

同时告知游客在现场可能遇到许多其他游客的可能性。为了帮助管理使用，鼓励一些有弹性计划的游客周末参观并拼车旅行。除此之外，合作关系也增加了冬季出行的可能性。例如，当地商会提供便携式厕所资金，当地城镇开辟路边以增加可用的停车位，区域公交服务增设往返停车区的穿梭巴士服务，并收取少量费用。为了帮助支付与冰洞参观有关的费用，公园强制执行每天收取5美元的特别游憩许可证费用。

尽管人们的重点放在接待和保护游客方面，仍制定了保护冰洞的规章和法规。禁止游客攀爬冰崖或从冰崖滑下，这些具有潜在危险性的活动会破坏冰的结构。冰是短暂的，越来越稀少，游客们已经发现了这一点。

第16章

缪尔森林的
寂静之声

大量游客在缪尔森林国家纪念碑（Muir Woods National Monument）制造了巨大的噪声，这限制了游客沿着小径和在格罗夫大教堂（Cathedal Grove）听到自然声音的机会（对自然宁静的影响，对小径的影响，对景点的影响），以及可能影响了敏感性野生动物（对野生动物的影响）。采纳减少使用影响的管理策略，将标识（信息/教育）放置在公园指定的格罗夫大教堂"安静区"（分区），并鼓励游客减少他们制造的噪声。

16.1　引言

对于原始森林，几乎多少有一些灵性的东西。200英尺高或300英尺高的巨大树干让许多游客想起了支撑世界上最伟大教堂的纪念柱。而树木的年龄通常是数百年乃至数千年，甚至与伟大宗教的起源有着更直接的联系。像教堂一样，原始森林往往是寂静的地方。在这些森林里，能听到大自然柔和的声音——风轻轻地吹过树叶，溪水沿着谷底潺潺流淌，偶尔也会有乌鸦、松鸦和森林里的其他居民前来膜拜。当许多游客走进一片原始森林时，几乎本能地开始压低了声音说话。

但这种行为并非普遍存在。游客产生的噪声包括手机、电子产品的嗡嗡声和数码相机的咔嗒声，以及商业和学校团体喧闹的行为。每天成千上万的游客声音放大后，开始淹没森林的宁静，干扰野生动物，并降低游客体验质量。为了解决这一问题，国家公园管理局启动了一项教育计划，以提高游客对缪尔森林国家纪念碑的噪声敏感度，特别关注一个名为格罗夫大教堂的地区。这个教育计划在实验的基础上进行了测试。在"治疗日"，标识被放置在公园入口处，当游客走近格罗夫大教堂时，将这个区域指定为"安静区域"，并要求游客降低他们制造的噪声。声音监控设备发现，与"控制日"（标识未发布的日期）相比，在格罗夫大教堂的噪声水平大幅降低。此外，一项游客调查发现，受访者在"治疗日"有

意识地减少了他们在格罗夫大教堂所造成的噪声，并强烈支持将这个区域指定为
一个安静的区域。教育项目（计划）现在是管理公园的一个永久的部分。

16.2 缪尔森林国家纪念碑

缪尔森林国家纪念碑位于美国加利福尼亚州旧金山市的北部，是一个受欢迎
的旅游目的地，每年吸引超过750000人次。该公园的面积不到600英亩，小于国
家公园标准，但它包括240英亩的海岸红木原始森林（大多为北美红杉），这是旧
金山海湾地区残存的为数不多的森林之一（图16.1）。

公园里的北美红杉年龄大部分在500～1200年之间，最高的树达258英
尺。许多最大和最古老的北美红杉林都位于格罗夫大教堂，它是公园的心脏
（灵魂）所在。该公园于1908年被西奥多·罗斯福（Theodore Roosevelt）总统
宣布为国家纪念碑，并以纪念约翰·缪尔（John Muir，1838—1914）命名，

图16.1 缪尔森林国家纪念碑为旧金山海湾地区的
游客提供了一个体验古老红木森林的机会
资料来源：曼伯特·曼宁摄

这是一位丰富多彩的自然主义者和保护先驱，也是"美国国家公园系统之父"。1945年6月26日，来自50个国家的代表格罗夫大教堂举办了重要聚会，他们在旧金山会面并起草签署了《联合国宪章》(The United Nations Charter)。富兰克林·罗斯福(Franklin Roosevelt，1882—1945)总统本来打算召开会议，但在会议召开前不久去世了。1945年5月19日在他的纪念日举行纪念仪式，以他的名义放置了一块牌匾。大多数游客沿着公园的主要1英里长的小径行走，小径横穿格罗夫大教堂。

16.3 管理缪尔森林的自然宁静

国家公园管理局和其他公园以及户外游憩管理机构努力减少游客经常产生的影响。这些担心按惯例涉及重要的自然资源，包括土壤、植被、水和野生动植物，或更广泛的"景观"。最近，公园也被公认为拥有重要的"声景"(soundsacpe)——公园中自然和文化声音的混合。"自然宁静"是不受人为噪声干扰的自然界声音，被认为是需要保护的日益稀缺的资源。

对公园和户外休闲区人为噪声的关注最初是由野生动物干扰问题引起的。人类噪声可能对野生动物有明显的影响，如栖息地干扰，有时这些影响并不明显，例如昆虫之间的交流中断。最近，人们对噪声减损游客体验质量的担心开始增长。当然，对野生动物的干扰减少游客看到和听到野生动物的机会，也减少了游客在公园和相关地区寻找"安宁和清净"的机会。研究表明，游客重视公园的宁静，而噪声可能会惹恼游客，中断解说程序，干扰在公园里的享受、放松和欣赏。

许多国家公园和相关地区都经历了不必要的和过度的人为噪声问题。备受瞩目的例子包括黄石国家公园的雪地摩托车和大峡谷国家公园的空中旅行(这些例子在另外两个案例研究中有所描述)。作为回应，国家公园管理局已修订其政策，更直接地解决声景相关的问题。这些政策声明该机构"将尽可能恢复由于非自然的声音(噪声)而变得退化的声景，并将保护自然声景免受不可接受的影响。"为了进一步实施这一政策，该机构在2000年成立了自然声音项目办公室(Natural Sounds Program Office)，以"阐明国家公园管理局的政策，在不受不适当或过度的噪声影响的前提下，在切实可靠的范围内，保护、维护或恢复自然声景的资源需要。"

人们对缪尔森林国家纪念碑的噪声问题的关注始于20多年前，当时关注的焦点是人类对濒危物种北欧斑猫头鹰的干扰。最近的问题是噪声对游客体验质量的影响。在一项对公园游客的调查中发现，"和平""安静""自然之声"对游客体验质量有积极的影响，而"喧闹的游客""大声说话"显著降低游客体验质量。一项后续调查将一系列的音频剪辑与逐渐增加的游客噪声叠加在公园的自然声音记录上，游客们对这些音频剪辑的可接受性进行了评价。研究结果表明，游客们发现37分贝以上的人为噪声是无法控制的，而格罗夫大教堂的噪声有时也达到了这个水平。

　　基于这些发现，公园制定了上述的教育规划。"治疗日"的标识张贴在公园入口处，当游客们走进格罗夫大教堂时，将这个区域指定为"安静区"，并要求游客关掉手机，压低声音说话，并鼓励孩子们安静地走路（图16.2）。在格罗夫大教堂（在游客视野之外）安装了一套精密的声音监测设备，并在10个随机选择的"治疗日"和"控制日"进行连续录音。在治疗期间，还进行了一项游客调查以探讨游客对格罗夫大教堂作为指定安静区域的反应。

　　声音监测发现，在"治疗日"期间格罗夫大教堂的噪声级显著降低，达到了统计学上显著的程度。较低的声级（sound level）对公园的声景和游客体验质量有很大的影响。例如，与教育项目相关的较低的声音水平相当于在没有路标系统的情况下，游客使用水平降低了近30%。较低的噪声水平也相当于公园

图16.2　国家公园管理局将缪尔森林中的格罗夫大教堂指定为"安静区"，让游客能听到大自然的声音
资料来源：罗伯特·曼宁摄

的"聆听区"增加了近100%，即游客能听到自然声音的区域的大小。游客调查结果也令人鼓舞。几乎所有的受访者都表示看到有迹象要求游客保持安静，且绝大多数（超过95%）报告说，由于这个教育计划，他们有意识地限制了他们在公园所产生的噪声量。几乎所有的游客都支持指定格罗夫大教堂作为一个安静的区域。

缪尔森林相对简单的教育项目在"安静"方面非常有效，减少了游客使用的影响，提高了游客体验质量。因此，国家公园管理局永久性地将格罗夫大教堂划定为一个宁静的区域，并将其与游客教育和路标相关的项目制度化。这一名称于2008年5月19日正式宣布，以纪念1945年联合国代表在格罗夫大教堂举行会议的那一天。

第17章

在梅萨维德管理美国文物

位于美国科罗拉多州西南部的梅萨维德国家公园（Mesa Verde National Park）于1906年建立，旨在保护800年前被遗弃的普韦布洛族人（Ancestral Puebloan people）的古代考古遗址。该遗址包括世界闻名的悬崖住宅，如悬崖宫。但是这些遗址是脆弱的，在建立公园之前被破坏和掠夺，并且可能因过多或不适当的游客利用而受到破坏（对历史和文化资源的影响，不友好行为）。这些文化资源受到管理方案的保护，包括场地关闭（规则/条例）和遗址加固（设施开发/场地设计/维护），只有穿制服的护林员才能进入场地（规则/条例，执法），在限制游客人数的情况下允许护林员引导旅行团（配给/分配，对解说设施和项目的影响），将公园划分为两个主要使用区，提供可供替代的游客体验类型（分区），并以解说方案（信息/教育）的形式提供关于该地区重要性的信息/教育。该管理计划建立在限制利用、减少利用影响和强化资源的策略基础上。

17.1 引言

1888年12月18日，牛仔理查德·韦瑟里尔（Richard Wetherill）和查理·梅森（Charlie Mason）在科罗拉多州西南部的一个名为梅萨维德的地区围捕野牛。当他们凝视着台面顶部的边缘时，看到了一些令人吃惊的事物：一大堆由石头组成的相互连接的建筑遗址被塞进一个浅洞中。经仔细考察，他们意识到他们已经发现了一个早期文明的不可思议和令人印象深刻的住宅。韦瑟里尔称这个地点为"悬崖宫"，他和他的家人在随后的几年继续探索该地区，发现许多其他的居住点，出土了大量人工制品。

但是，悬崖住宅的发现带来了许多游客，有的甚至故意破坏建筑结构并抢劫古代宝藏。在这个过程中，墙壁和屋顶被推倒，很多区域被随意挖掘，屋顶上的房梁被当成薪柴燃烧。即使是早期的考古学家古斯塔夫·诺登斯科尔德（Gustaf Nordenskiold），也以现代考古学家认为的具有破坏性的方式挖掘遗址。1906年，美国国会的应对办法是建立梅萨维德国家公园，以此来保护这个重要的文化区域。

17.2 梅萨维德国家公园

梅萨维德国家公园包括分布于美国西南部四角地区（the Four Corners region）的52000英亩土地。梅萨维德在西班牙语中是"绿色餐桌"的意思，它描述的是一个巨大的、不规则的、大部分是平坦的区域，海拔约7000英尺。这个地区曾经被称为阿纳萨齐人的美洲土著古老文明的家园，更准确地可称为普韦布洛人（the Ancestral Puebloan people）的祖先。有证据表明，该地区在公元550~1300年期间有人居住。该公园包括近5000个考古遗址，其中包括近600座悬崖住宅（图17.1）。这些北美最大，最令人印象深刻的悬崖住宅，构成了美国首屈一指的考古遗址。1978年，该园区被列入世界文化遗产名录。

700多年前，美洲土著在这里生活和繁荣，耕种和狩猎。起初，他们住在台面上的原始坑房（地坑式住宅）里。后来，他们用土坯建造了复杂的普韦布洛。12世纪末，他们开始在洞穴的悬崖露头下面建造悬崖住宅。13世纪末，居民开始离开该地区，最终完全抛弃他们的家园。他们放弃该地区的原因不明，可能是由于长时间的干旱和相关的作物歉收，也可能是来自北方的外部部落入侵。早期居民向南迁移到新墨西哥州和亚利桑那州，今天的24个美国土著民族（如里奥格兰德河沿岸的普韦布洛人、新墨西哥州的祖尼人和亚利桑那州的霍皮人）均将梅萨维德视为他们祖先的家园。

图17.1　悬崖宫是梅萨维德公园最大的住所，是一个标志性的旅游景点

资料来源：国家公园管理局，弗林特·博德曼摄

因为悬崖住宅具有戏剧性，也代表了文明的高度，它们成为主要的旅游景点。几个最大的悬崖住宅对公众开放，包括悬崖宫（Cliff Palace）、长屋（Long House）和阳台屋（Bacon House）。悬崖宫是最大的悬崖住宅，拥有超过150间客房，曾被认为在任何时间都有超过100人居住。几个大型的普韦布洛遗址也可对公众开放，包括太阳庙（Sun Temple）、远景屋（Far View House）、雪松树塔（Cedar Tree Tower）和獾屋社区（Badger House Community）。该公园博物馆和研究收藏包括300万件人工制品和档案。对公众开放的考古遗址分布在公园里被称为查宾梅萨和韦瑟里尔梅萨的两个地方。公园每年可接待500000人次参观。

17.3　管理梅萨维德国家公园

在梅萨维德，公园管理者面临的挑战是如何使公园的文化资源对公众开放，以保护这些资源造福子孙后代。管理方案包括：现场关闭、规则/条例、执法、场地管理、配给/分配、信息/教育，特别要强调的是国家公园管理局常规上所说的"解说"和分区。

1906年制订的创建公园的法律禁止游客在没有穿制服的护林员在场的情况下进入任何悬崖住宅（图17.2）（同年，国会还通过了《文物保护法》，以保护所有公共土地上的文化资源，这一法案今天仍在使用中）。这个法律的目的是确保这些脆弱的考古遗址既不会被破坏，也不会被打扰。国家公园管理局采取以下三种方法来执行这一规则：

1. **大多数公园及其文化资源都不对游客开放。**公园内大部分地区还没有全面调查，许多已知的考古遗址也没有被研究或加固。这些地区现在太脆弱了，不能为公众使用提供空间。游客必须留在公园的开放区，不得离开受维护的小径。

2. 在公园护林员的引导下，每天都可以看到一些最大的悬崖住宅，包括悬崖宫、阳台房和长屋。

3. 一个悬崖住宅——台阶屋（Step House），是自我引导、护林员在场监督使用和回答问题的。从历史观点来看，云杉树屋（Spruce Tree House）可用于自助游，但由于安全原因，落石导致公园的管理人员在2016年关闭该区域，加固

图17.2　游客们必须在公园护林员在场的情况下参观梅萨维德的悬崖住宅

资料来源：罗伯特·曼宁摄

后可能会在未来重新开放。

除了法律要求穿制服的护林员在场外，国家公园管理局还出台了一些额外的条例，包括禁止游客"坐、站、攀爬或倚靠脆弱的考古结构"，并禁止"移除、收集和干扰任何自然或文化资源"。

限制护林员引导的旅游团规模以确保游客能够听到旅游解说并提出问题，限制对景点造成损害的可能性。旅游门票必须在公园游客中心亲自购买。**在使用高峰期，游客可以购买悬崖宫或阳台屋的门票，但不能在同一天同时购买，以确保尽可能多的游客可以进入这些地点。**

该公园的考古遗址以各种方式管理，在保护遗址完整性的同时允许公众进入。如上所述，大多数的地点不对公众开放是由于尚未研究或加固。其他地点，如上面提到的最重要的悬崖住宅，已经进行了研究并且加固，以供游客利用。有些地方，如一些台面顶部的普韦布洛，已使用水泥砂浆使之更加牢固，这使得这些景点能够被游客利用，而不需要护林员或其他公园工作人员的持续监控。

公园管理将重点放在信息/教育的解说形式上。解说是向游客展示信息的一种方式，可以让他们了解公园，增进他们对公园资源的享受和欣赏，并以一种吸引游客的方式进行。一大批解说护林员负责带领游客参观悬崖宫、阳台屋和长屋，他们驻扎在台阶屋和公园游客中心。此外，每年还会与梅萨维德博物馆协会（一个帮助支持公园的非营利性组织）联合举办几次特殊的参观活动，参观的是通常不对游客开放的景点。该公园的特许经营者提供配有导游的巴士旅游。这些解说方案是根据国家公园管理局的解说先驱费门·提尔顿（Freeman Tilden）的原则设计的："通过解说、理解，通过理解、欣赏，通过欣赏、保护。"

　　公园被划分为两个不同的区域。查宾梅萨是最容易到达的，并且包括最受欢迎的旅游景点，如悬崖宫和阳台屋。这个地区有很多的游客。通过一条狭窄蜿蜒、12英里长的道路抵达韦瑟里尔梅萨，铺设的步道系统让游客进入该地区包括长屋内的主要景点。该地区专为喜欢散步、骑自行车和更轻松氛围的游客而设计。

第18章

上升的惠特尼山一定会下降

作为美国"下48州"（the lower 48）的最高山峰，惠特尼山（Mt. Whitney）是许多美国及其他地区徒步旅行者最喜欢的目的地。然而，这种受欢迎程度引发了许多管理问题，包括小径和山顶上大量游客的影响，以及处置不当的人类的废弃物（拥挤，对景点的影响，对小径的影响，对土壤的影响，对植被的影响）。惠特尼山的部分地区位于红杉国家公园和邻近的伊尼欧国家森林，国家公园管理局和美国林务局在几个重要方面合作管理惠特尼山的游憩利用，这一合作管理方案是基于限制利用和减少利用影响的策略，包括：1. 制定适用惠特尼山（Mt. Whitney）地区的特殊条例（分区）；2. 申请过夜和一日游使用许可证（配给/分配）；3. 制定适用于惠特尼山区游客包括要求清除其固体废物的一套特殊条例（规则/条例）；4. 向游客通报特殊条例的程序（信息/教育），执行这些条例（执法）。

18.1 引言

尽管对于加州的惠特尼山的确切高度存在一定的不确定性，但对于它是美国本土的最高山峰这一事实并没有任何异议。山顶上的铜匾上写着14494英尺的高度，但是最近的测量发现它的高度是14505英尺。**惠特尼山是"下48州"中最高的山峰，并且有一条得到很好维护的小径通往山顶，这使它成为许多徒步旅行者首选的目的地。**虽然有几条小径通向惠特尼山，但最受欢迎的是东侧的惠特尼小径，这是唯一一条一日徒步旅行就可到达山顶的步道。然而，这段旅行包括22英里的往返行程，须攀爬到6000多英尺的海拔高度。尽管徒步旅行令人精疲力尽，数百名游客过去常常在黎明前聚集在惠特尼入口的小径起点开始登山，这导致大量徒步旅行者出现在小径上和山顶上，超过了荒野环境适合的利用水平。处理人类排泄物是一个特殊的问题，因为大部分的小径都分布于树线（tree line）以上，几乎没有或根本没有土壤可以掩埋传统的垃圾。这些相关问题导致实施了一套新的管理措施。

18.2　红杉国家公园和伊尼欧国家森林

惠特尼山的顶峰标志着红杉国家公园（Sequoia National Park）与伊尼欧国家森林（Inyo National Forest）之间的分界线（图18.1）。这些地区由国家公园管理局和美国林务局各自管理。这些机构之间的官僚主义竞争由来已久。国家公园管理局的成立是为了保护景区，而林务局的起源则在于更加实用的自然资源管理方式。尽管如此，这两个机构已经在负责任地共同管理惠特尼山的娱乐活动方面采取了强有力的合作关系。

红杉国家公园毗邻国王峡谷国家公园（Kings Canyon National Park），这两个国家公园是一起管理的。因为有标志性的红杉林是世界上最大的生物，红杉有时被称为"巨人之国"。伊尼欧国家森林也具有里程碑意义，其中包括近200万英亩的内华达山脉（the Sierra Nevada）和大盆地山脉（Great Basin Mountains）。地形从半干旱的沙漠到郁郁葱葱的草甸，到高海拔的湖泊，再到高山山峰，包括了九个荒野地区，提供了一系列令人震惊的娱乐机会。

图18.1　惠特尼山是美国本土的最高山，由国家公园管理局
和美国林务局共同管理

资料来源：国家公园管理局

18.3 管理惠特尼山的游憩利用

对惠特尼山的游憩利用管理包括一系列协调行动。这座山及其周边环境被指定为"惠特尼区"。这使人们注意到这一区域的重要性和对特别管理重点的需要。这项管理方案的一个重要组成部分是国家公园管理局和美国林务局的合作方式。如果没有这种合作，就不可能以连贯和有效的方式管理惠特尼山的游憩利用。这种合作方式的一个重要表现是东赛拉跨部门游客中心（the Eastern Sierra Interagency Visitor Center）。这一部门由两个机构组成，并提供关于惠特尼山特殊性质的信息/教育方案，以及使用这一地区的指导方针。除了向游客提供有关惠特尼山使用情况的信息外，它还向潜在游客传递一个强烈的信息："**为了保护其荒野特征，所有游客都必须遵守极高的行为标准。**"

鉴于游览要求特别高，必须通过许可证制度限制使用。在著名的惠特尼小径，从5月1日到11月1日的旅游高峰时段，每天允许60名夜间游客和100名日间游客。对于5月、6月和7月的旅行，游客必须在4月20日之前申请；在8月、9月和10月的旅行，申请截止日期为4月27日。申请过程运用了抽签系统。如果在抽签后还有剩余的空间，游客可于抽签日期前在跨部门游客中心现场获得许可证。许可证必须贴在背包外面，以便该区域巡逻的护林员看到。如果游客没有许可证，他们将被处以高达100美元的罚款，并被要求离开该地区。

高使用率的需求和保护该地区荒野特征的结合意味着所有的游客都必须遵守一系列的法规。例如，从阵亡将士纪念日（Memorial Day）的周末到10月31日，所有与食物有关的垃圾和香味物品（例如牙膏、除臭剂）都必须存放在防熊容器内（大多数徒步旅行者使用背包中携带的塑料"熊罐"）。此外，在路上与食品有关的物品必须从汽车中取出并存放在提供的防熊柜中。制定这些法规的目的是阻止熊在这一地区频繁出没，并对徒步旅行者或野营地产生攻击性。熊擅长闯入汽车获取食物，如果发生这种情况，游客可能会被罚款（并必须处理对车辆的损害）。

也许最严格的规定是游客必须收拾所有固体废弃物。由于在高海拔地区利用水平高且缺少土壤，通常人的固体废物掩埋方法并不可行。远足者可以获得带有许可证的垃圾分类和凝胶袋（WAG）（图18.2）。这是一个装有尿激活粉末的塑料袋，用于固体废物浓缩和除臭。袋子包括一个拉链封条，但建议额外装袋。凝胶袋可以放在路口的垃圾箱里。凝胶袋现在用于越来越多的专业户外休闲区，如登山场所。

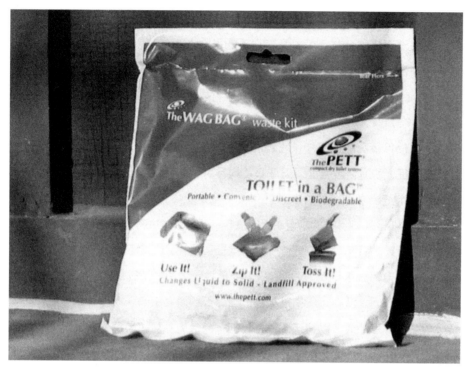

图18.2 惠特尼山的徒步旅行者必须清理他们自己固体废物，因为
该地区的土壤太浅，无法掩埋和分解
资料来源：国家公园管理局

　　惠特尼山多机构休闲娱乐管理项目协调采用了一套管理措施，旨在保护该地
区的特殊资源和游客体验质量。像惠特尼山这样的标志性场所，管理者和游客都
必须准备好接受日益集约的管理。

第 19 章

防止石化森林
消失

参观石化森林国家公园（Petrified Forest National Park）的游客有机会漫步在2亿多年前的树木的结晶遗骸中。然而，一小部分游客从公园带走硅化木的行为威胁到这些中生代结构的保护（不友好行为，对历史和文化资源的影响）。为了解决这一具有挑战性的问题，公园颁布了一项严格的规定：禁止移走硅化木（规则/条例），并建立一个健全的教育和拓展计划，提醒游客遵守这一规则以及把硅化木留在原地的重要性，通过游客中心电影、大门入口、游客指南、公园网站、路标上的标识以及解说展示（信息/教育）共享信息。公园护林员和穿制服的志愿者监视着热门景点，游客们离开公园时要经过检查站，任何人被发现移动或损坏硅化木将被处以罚款（执法）。真、假摄像机被用于监视密集使用的景点并阻止盗窃（设施开发/场地设计/维护）。另外，公园的特许经营者将来自外部的硅化木（木化石）出售给那些想要纪念品的游客。这些管理措施的目的是通过减少盗窃来降低使用的影响，并通过使用公园保护区以外的硅化木来增加纪念品的供应。

19.1 引言

2亿多年前，在现在的亚利桑那州的东北部，树木漂浮在古老河流系统的廊道上。在旅途中，树木被剥去了树枝、树皮，树干堵塞，迅速埋在了沉积物中。在没有氧气的情况下，原木慢慢腐烂，吸收了火山灰中的矿物质，亿万年来它们的木质结构被石英晶体所取代。在地质时代力量的作用下，这些树木变成了硅化木。

今天，石化森林国家公园的石英岩"森林"在阳光下闪烁，通过铁、碳和锰的杂质反映出彩虹般的颜色（图19.1）。这些非凡的建筑经历了恐龙时代和古人类文明，延续了1800年代晚期的商业利益——尽管并非完全没有辐射，但人们试图开采石化的原木以获得紫水晶，或将其磨碎用于工业磨料。但在当今时代，这些中生代的遗迹面临着新的威胁：纪念品的诱惑。

图19.1 石化森林国家公园以大量的硅化木为特色，
这些木材是大约2.25亿年前晚三叠纪时期的石化树木
资料来源：国家公园管理局，T. 斯科特·威廉姆斯摄

　　不幸的是，国家公园并不能幸免于不负责任、轻率、自私或恶意引入的人类行为。漠视公园规则/条例，即使是少数游客，也会对公园资源产生重大影响。在某些情况下，游客的不友好行为，如涂鸦、破坏公物和乱丢垃圾，可能只是难看和昂贵的清理或修复。但是，当涉及文物、历史文物或地质特征时，问题可能会更加严重。当这些物品被损坏、移动或被盗时，后果可能是灾难性的。在许多情况下，这种损害无法弥补，因为如果脱离其原生环境，即使该文物被归还，它们的价值也会大为降低。

　　在石化森林国家公园，只有一小部分游客（可能只有1%）选择从公园里带走硅化木。然而，当这个百分比乘以每年成千上万的游客时，其影响是相当大的。据估计，每年有成千上万的硅化木从石化森林中被开采出来，虽然很难进行清理。一旦被移除，木头就无法被替换，一段科学知识就永远消失了。由于这些原因，防止硅化木被盗窃是公园经理们的一个主要任务，他们已经采取了一套激进的管理措施来解决这个问题。

19.2 硅化木国家公园

1906年，美国西奥多·罗斯福总统通过《古物法》创建了石化森林国家纪念碑，理由是为了公众利益需要保护硅化木。1962年，这个地区被设计成一个国家公园。并在2004年扩展到超过20万英亩。尽管以地质命名，公园里也有800多处拱门和历史遗迹，5万英亩的荒地、数百种矮草草原植物和野生动物。一条27英里的公路连接着公园的南北两端，并将游客与几个景点联系在一起，包括彩色沙漠游客中心（the Painted Desert Visitor Center）、彩虹森林博物馆（Rainbow Forest Museum）、风景如画的沙漠；考古遗址包括普埃科普韦布洛（Puerco Pueblo）和报纸岩（Newspaper Rock）、历史悠久彩绘的沙漠旅馆（Painted Desert Inn）。几条简短的小径穿过大量的硅化木，包括：水晶森林（Crystal Forest）、巨大原木（Giant Logs）和蓝色台面（Blue Mesa）。在石化森林国家荒野区允许过夜背包旅行，而公园的其他部分只在白天开放。每年大约有800000人参观这个公园，其中大部分观光发生在夏季。

19.3 管理（尽量减少）硅化木的盗窃

在硅化木和石化森林国家公园，与硅化木和相关的其他自然和文化资源的条例清楚地说明："不要从公园移走任何自然或文化资源，包括化石、岩石、动物、植物和手工艺品""请勿在公园内搬迁硅化木""使用、移动或损坏硅化木的游客将面临最少325美元的罚款。"

为了促进和执行这些规章，公园在石化森林中与游客互动（图19.2），甚至在游客到达之前，他们可能会在公园的网站上看到关于硅化木的信息、重要性和盗窃问题。当游客们抵达两个游客中心——粉刷过的沙漠游客中心和彩虹森林博物馆时，他们可能会选择观看一场电影，在电影中突出硅化木的问题。读过《公园游客指南》的人会发现封面上的问题是由管理员提出的。他在书中写道："我们公园面临的最可怕的危险之一是非法迁移公园资源，尤其是硅化木。在游客的帮助下，这种自私的行为可以减少。"关于硅化木的额外提醒被放置在整个指南——在公园规章的列表中，在描述公园小径的文本中，在向帮助监测石化木的公园志愿者致敬中。

当游客经过大门入口时，一名服务员向他们打招呼，提醒他们注意公园资源的重要性，并强调带走硅化木和其他自然和文化物品的非法性。当公园开放时，公园的入口处总是配备人员，这意味着所有进入公园的游客都将收到这条信息。

图19.2　国家公园管理局向游客提供了大量的游客信息/教育项目，
其中包括为什么不应该从公园里拿走硅化木的强烈信息
资料来源：国家公园管理局

此外，该公园只在白天开放，部分原因是为了避免在晚上囤积硅化木的诱惑。在大门处，游客们被询问他们是否携带着公园外的硅化木（在那里收集木材是合法的），如果是这样的话，木头会在大门处贴上标签，工作人员就可以认定它为合法的。当游客们离开公园时，他们又一次被拦下，被询问他们是否从公园拿走了什么东西。**每个出口几英里外都张贴着标牌，提醒游客前方有检查站。公园护林员在这条路上收集了很多硅化木，游客们在到达出口前把他们的贮藏物放在窗户上。**

　　有一次，当游客离开石化森林时，公园给每个游客一块石化木（来自外部资源）。这样做是希望人们不要去拿硅化木，因为他们知道他们会在离开的时候收到硅化木纪念品。这种做法已不再实行，但类似的方法目前仍然存在，即允许特许权人在公园内的礼品商店出售硅化木。购买这些结晶木材的游客会被告知，这些木材来自公园外，而这些木材是经过特殊包装并贴上标签的。

　　另一个方面，公园最近在彩虹森林博物馆展出了一位游客的传奇。虽然这个传说的起源尚不清楚，但许多游客都声称从公园里拿走了硅化木后遭受了厄运。旅游者带着珍贵的纪念品回家后，在他们的随笔中，讲述着生病、离婚和灾难的故事。在某些情况下，人们归还父母或配偶拿走的硅化木，希望通过他们生命中的传奇故事来改变运气。当然，一旦硅化木从原处移走，其生态和科学价值就会大打折扣。

公园还采取了其他的措施，以防止沿小径以及硅化木高度集中的地方发生盗窃行为。标识牌使用各种各样的信息来吸引不同类型的游客，从指示"不要偷硅化木"到解说为什么遵守这一规则很重要，这些信息被整合到这些地区的解说项目和远足中。公园护林员和巡回的解说员驻扎在这些地点，在财政资源允许的情况下，监测游客的行为。一个更符合成本效益的方法是将穿制服的志愿者安排在现场。此外，公园还使用真假摄像头以进一步阻止硅化木被盗窃。

研究表明，这些管理措施可以有效地解决这一问题。一项研究表明，一名穿制服的志愿者的存在、一种解说标识，以及已签署的保证书这三种干预，在降低硅化木盗窃率方面都是有效的。然而，这些装饰并没有阻止每个人去取一块有条纹的硅化木。对公园游客的采访显示，那些曾经取走一片硅化木的人为自己的行为辩解（例如可忽略一小片的重要性），尽管他们承认把取走硅化木作为一个普遍的行为是错误的。

要说服一小部分游客改变他们的行为是不可能的，这是一个令人沮丧和困惑的问题，它要求园区的创造力和创新，并没有万无一失的解决办法。**然而，通过持续广泛的宣传、教育和监督游客的努力，石化森林国家公园已经帮助确保恐龙树可以被后代所看到。**

第 20 章

在卡尔斯巴德洞窟中含有污染物

卡尔斯巴德洞窟（Carlsbad Caverns）的地下洞室被历经数千年才开发出来的自然奇观所装饰，对大多数游客来说，它们可能是原始的并受到保护的。然而，研究表明，即使是公园地下资源的最深处也可能受到与游客使用相关的外部污染物的威胁（对水的影响，对空气的影响，对景点的影响）。根据这些科学发现，在某些情况下管理者选择减少使用的影响，限制使用以保护脆弱的公园资源。该公园已经拆除、替换和安装了防止污染物渗入地下的基础设施，甚至还建立了一个年度"绒毛营地"（lint camp）以帮助清除不必要的空气垃圾（设施开发/场地设计/维护）。许多岩洞的标志性景点都有很高的使用和可达性，而通过严格的许可证制度，野外坍塌机会是有限的（规则/条例，配给/分配，分区）。

20.1 引言

在得克萨斯州瓜达卢佩山脉（the Guadalupe Mountain）和新墨西哥州的中间存在着一个非凡的洞窟群。与大多数洞窟不同，卡尔斯巴德洞窟是由强有力的"硫酸浴"形成的。从数百万年前开始，地下向上的油气层中提炼出的硫化氢向上推进，并与地下水相遇，两者的混合形成了硫酸，强烈地溶解了该地区的石灰岩基岩。随着地下水的减少和"硫酸浴"被排干，留了下来巨大的洞室。

随着过去百万年间山坡的倒塌，形成了卡尔斯巴德洞窟的自然入口（图20.1）。这个入口允许空气流动并与从上面渗出的降水混合，形成各种地下堆积物（地质特征）（图20.2）。富含矿物质的水从倾斜的天花板上流下来，形成的片状通常是褶皱的褶状物。钟乳石是由从洞顶上滴下来的富含矿物质的水形成的，在某些情况下，它们最终会形成石笋（石笋是由洞穴地面上堆积的矿物质形成的），导致整个洞穴中令人印象深刻的圆柱。细而空心的石管是从方解石的单环上长出来的，墙上形成的一束束"爆米花"揭示着过去的气流方向，并且"螺旋体"无视重力、无需解释地拱起和卷曲。这些令人肃然起敬的装饰品持续增长的关键是不受污染的水源和空气。不幸的是，游客可能携带污染物进入洞穴。

图20.1　卡尔斯巴德洞窟的自然入口不仅在形成微妙的自然奇观中发挥了作用，
而且也为无数游客提供了通道
资料来源：国家公园管理局，彼得·琼斯摄

图20.2　卡尔斯巴德洞窟中有一些脆弱的岩层，被称为"洞穴"，
如上图所描绘的苏打水钟乳石和圆柱
资料来源：国家公园管理局，彼得·琼斯摄

20.2　卡尔斯巴德洞窟国家公园

1923年，卡尔斯巴德洞窟由约翰·卡尔文·柯立芝总统（President Calvin Coolidge，1872—1933）建立为国家纪念碑。1930年，国会授予它国家公园的称号。1995年，因其罕见的洞穴景观和作为正在进行的持续地质过程的一部分而被列入世界遗产名录。也许，最著名的是它的"展示洞窟"卡尔斯巴德洞窟，包括电梯运输和大约三分之二的大房间路线（Big Room Route）是轮椅可达的。洞窟里的信息由展品、公园护林员和音频指南提供。它还包括一个地下休息区，可以进入酒吧。

公园包括119个已知的洞穴和46766英亩的地表，其中包括33000英亩指定的荒野。公园的表面生态系统包括了奇瓦瓦沙漠（Chihuahuan Desert）和海拔更高的松柏林。在地面上已经发现超过750种植物，以及一些哺乳动物、鸟类、两栖动物和爬行动物。公园里有17种蝙蝠，包括栖息在卡尔斯巴德洞窟的一群巴西无尾蝙蝠，估计有400000只。

每年大约有400000游客参观公园的洞穴、道路和小径。一条7英里长铺有路基的入口公路通向游客中心，核桃峡谷沙漠环线（the Walnut Canyon Desert Loop）提供了砾石路上崎岖不平的风景。卡尔斯巴德洞窟里没有开发的营地，但有野外露营许可证，游客可以在50英里的小洞里探险。

20.3　在卡尔斯巴德洞窟管理污染物

1996年，卡尔斯巴德洞窟的总体管理计划（Carlsbad Cavern's General Management Plan）描述了对该公园地下水渗透的研究。此外，该报告还指出，有必要"更好地理解和减轻人类在洞窟生态系统中引起的变化。"这项研究确定了洞穴中由于地表设施的污染而受到影响或可能受到影响的部分。来自公共停车场的径流、汽油和防冻剂、下水道中泄漏成为污染源。在卡尔斯巴德洞窟内，铝、锌、总有机碳和硝酸盐的浓度非正常偏高，这些来源及其对水质和人类健康的潜在影响被记录下来。

由于泄漏的威胁危及洞窟生态系统甚至公共健康，公园管理员决定采取行动。从洞窟上方移走停车场，并在该区域重新种植了原生生物的分层床，新的地面污水管道取代了地下污水泄漏的旧污水管道，并在其他停车场安装了石油和砂砾分离器来收集和处理径流。该项目获得了成功，并在2013年获得了可持续土地景观设计认证。

然而，在卡尔斯巴德洞窟中，水并不是唯一受到威胁的资源。当游客穿过公园的地下洞穴时，会脱落毛发、死皮细胞以及衣服上的微小纤维。这些物质被统称为"绒毛"，它们可以分解成足够小的颗粒，飘浮在空气中，附着在洞穴的墙壁上。虽然单个游客留下的微垃圾可能不会产生严重的影响，但考虑到在公园存在过程中的积累；自1924年以来，公园的参观人次超过了4300万。已经证明破损的绒毛可以产生酸，溶解钙离子，并支持比本土微生物种群更有竞争力的微生物，从而改变洞窟本身的性质。

1988年，公园管理人员和一群志愿者决定解决绒毛的问题。通过使用镊子、刷子和喷雾瓶，25个人在600小时内清除了25磅的绒毛。于是，第一个"绒毛营地"诞生了。这个劳动密集型的消减计划几乎每年都在公园里重复进行，估计已减少了443磅的绒毛。在洞穴小径边建起了岩壁，以帮助捕捉绒毛并防止其在空气中流动，这些痕迹每年都被抽吸，以帮助减轻影响。

积极的绒毛遏制和清理工作主要集中在高度可达的卡尔斯巴德洞窟，公园也提供了参观其他洞穴的绝佳机会。公园内的野生洞穴可凭洞穴资源办公室（the Cave Resource Office）的许可证进入，进入者可能需要垂直崩落技术和专业知识和设备。许可证以先到先得的方式发放，根据洞穴的不同，参观限制从每周三次到每月两次不等。所有的旅行将包括游客安全的最小团体人数限制为三人，而最大的团体人数允许范围为4~10人不等，以使游客造成的影响最小化。为了防止岩石上的磨损痕迹，要求使用无标记靴，并且通过标记胶带标出洞穴中的某些路线以减少对敏感地层的影响。公园积极监测野外洞穴，并指出"受粗心大意的用户影响的洞穴将会被关闭"。

有些洞穴的用途是特定的。例如，乐古拉洞穴（Lechuguilla Cave）仅限于国家公园管理局批准的科学研究和勘探。洞穴中含有罕见的洞穴珍珠、水化气球和20英尺高的石膏枝形吊灯，洞窟中的水池也被发现含有罕见的细菌，其中一些细菌已在实验室中检测过，可能在开发治疗癌症和艾滋病等人类疾病方面发挥了作用。

在发现这些池塘里的原生微生物被洞穴探险者的少量接触所破坏后，一些地区被关闭，以研究微生物种群的恢复需要多长时间。在继续进行研究和探索的地方，要求进入洞窟的探险者在掉落的布上睡觉和吃东西，这样任何掉落的材料都会被收集。当发现一个新的水塘时，科学家们会用蒂维克（Tyvek）防护服和部署的幻灯片来接近这个区域，这些幻灯片将在五年后收集，目的是在实验室的显微镜下观察细菌。

　　当卡尔斯巴德洞窟被宣布为国家纪念碑时，它被搁置了，因为"在已经探索过的宽敞的洞窟之外，还有其他未知的、巨大的洞窟存在"。**在瓜达卢佩山脉的深处仍然存在着未知。**卡尔斯巴德洞窟国家公园的管理方式将决定我们将来能从中学到多少东西。

第 21 章

卡特迈的
熊礼仪

参观卡特迈国家公园和保护区（Katmai National Park and Preserve）的游客有机会近距离观看棕熊聚集在一起享用迁徙的鲑鱼的场景。但随着对观赏机会需求的增加以及该地区发现了大量熊，导致人们担忧游客安全、平台上的拥挤（拥挤，对景点的影响）和熊的干扰（对野生动物的影响）。为了解决这些问题，公园建造了新的观景平台和高架木栈道（强化资源），在最受欢迎的观景区安装了多台网络摄像机（增加了供应），建立了一个电动栅栏营地（设施开发/场地设计/维护）。要求所有游客参加"熊礼仪"培训（减少使用的影响，信息/教育），并遵守熊的安全规则（规则/条例）。在离瀑布最近的观景平台上设置时间和使用限制（限制使用，配给/分配）。

21.1 引言

每年夏天，多达100只棕熊聚集在阿拉斯加西南部的布鲁克斯河（the Brooks River）上。这些巨大的沿海哺乳动物重达900磅，是北美最大的棕熊种群之一。它们来到此地的共同目的是把迁徙的鲑鱼从河里捞出来，当场吃掉。即使有足够幸运的鱼能躲过熊的挑战，它们产卵后尸体仍会被吃掉。每年这种仪式都是在广阔的荒野中举行，这个地方如此偏远，只有水上飞机或小船才能到达。但这些熊并不是唯一捕鱼探险的动物，多达40名游客挤在观景平台上观看这一奇观，更多的人在附近的平台上等待，渴望有机会近距离观看。这是一个复杂而富有挑战性的管理场景，如此多的人接近如此多的熊，这种现象每年夏天都在卡特迈国家公园和保护区上演。

21.2 卡特迈国家公园和保护区

卡特迈国家公园和保护区位于安克雷奇（Anchorage）西南300英里处的阿

拉斯加半岛（the Alaska Peninsula）。1912年6月，一场强大的火山喷发震动了这片区域，导致卡特迈火山的峰顶坍塌，并将附近的山谷埋在数百英尺的高温火山灰下。在此之后，国家地理探险队发现了"万烟谷"（Valley of Ten Thousand Smokes）——一个地质奇迹——成千上万的"烟"被困在地下的水蒸气并从山谷底部的通风口中逸出。该组织为保护山谷进行游说，并于1918年建立了卡特迈国家纪念碑（Katmai National Monument）。尽管火山熔岩已经冷却了很久，游客们依然可以在导游大巴上参观火山喷发的遗迹。1980年，作为阿拉斯加国家利益土地保护法（the Alaska National Interest Lands Conservation Act）的一部分，卡特迈被指定为自然保护区。今天，卡特迈保护了470万英亩的土地，是一个庞大的保护区域网络的一部分，包括阿纳克切克国家纪念碑和保护区（Aniakchak National Monument and Preserve）、阿拉克纳克河（the Alagnak Wild River），还有贝夏和阿拉斯加半岛国家野生动物避难所（Alaska Peninsula National Wildlife Refuges）。

虽然卡特迈的游客可以在广阔的荒野中探险，但大部分游客活动都集中在布鲁克斯河地区。布鲁克斯河位于布鲁克斯湖和国家公园系统中最大的湖——纳克内克湖（Naknek）之间，大约有1.5英里的路程。作为国家历史的纪念碑，这一地区具有文化意义，人类历史可以追溯到4000多年前。但在20世纪50年代建立的一个捕鱼营地为该地区的发展奠定了基础。今天，公园设施包括一个发达的露营地、护林站、游客中心和礼堂、特许住宿、冷冻鱼房、高架木栈道和观景平台。正是这些木栈道和平台把游客带到了这个地区的主要景点，享受近距离观看大量棕熊的机会（图21.1）。

到达布鲁克斯河并不是特别容易，大多数游客首先从安克雷奇（Anchorage）乘坐商业航班前往位于帝王鲑（King Salmon）的公园行政总部，然后乘坐空中浮筒式飞机飞行最后30英里到达布鲁克斯营地。尽管地处偏远，每年仍有1.0万~1.5万游客前往布鲁克斯河观赏熊，并探索该地区的其他自然和文化元素。考虑到布鲁克斯河地区的岛屿面积很小，而且每年6月初到9月中旬公园设施开放的时间只有3个半月，这种级别的游客数量是非常引人注目的。此外，观察熊的最佳时机只有两个月：7月，熊聚集在6英尺高的溪谷，捕捉逆游迁徙的鲑鱼；9月，熊们聚集在6英尺高的布鲁克斯瀑布捕捉鲑鱼。

图21.1 一年一度的棕熊聚集在卡特迈国家公园的布鲁克斯河里以鲑鱼为食是一种非凡的自然现象
资料来源：国家公园管理局，彼特·哈墨尔摄

21.3 在布鲁克斯河流域管理游客和熊

在这么小的地区，如此多的人以及如此多的熊所带来的挑战是多种多样的。在任何其他环境下，关于如何在有限的资源周围容纳大量热情的来访者都是非常困难的。但在布鲁克斯营地，有限的资源涉及几百磅的食肉动物和4英寸的爪子。由于有丰富的食物来源，通常独居的熊能够容忍人和其他的熊，但是如果被激怒，熊会以不可预知的方式行动。当然，游客安全是重中之重。反过来，公园必须考虑人们如何对熊产生影响。制定卡特迈国家公园和保护区的立法，要求保护棕熊及其栖息地。

在相对安全的环境下，适应游客观看体验的主要方法是建造高架平台和步道（图21.2）。目前，布鲁克斯河地区包括三个观熊平台、一个舞台和一个高架木栈道。两个原始的平台包括"瀑布平台"（Falls Platform），靠近布鲁克斯瀑布的"下游平台"（Lower River Platform），靠近布鲁克斯河口。前者在7月鲑鱼迁徙期间为北极熊提供最佳视角，而后者则在9月的盛宴期间提供观赏机会。然而，这两个平台上的观赏条件经常是拥挤的，游客们常常不得不等候，轮到他们才能欣赏到美景。此外，通往瀑布平台的1英里长的小径可能会造成潜在的危险。游客们分享了这条经过浓密的云杉林的熊径。

为了解决这些问题，公园建造了两个新的平台，并用高架木栈道替换了这

图21.2 国家公园管理局已经建造了观景台，允许有限数量的游客观看和拍摄棕熊
资料来源：国家公园管理局，彼特·哈墨尔摄

条小径。第一个新的观景平台名为"里弗斯平台"（Riffles Platform），位于瀑布平台下游约300英尺；第二个新的"演出"平台，位于布鲁克斯瀑布（Brooks Falls）和里弗斯平台之间，距离河流稍远。当瀑布平台达到满负荷时，这两个新的平台为等待观赏野生动物的游客提供替代性的场所——有顶的平台为游客提供了一些天气保护。

瀑布平台一次最多允许容纳40人；当达到承载瞬间容量时，游客在布鲁克斯瀑布的观看时间被限制为1小时。**为了增加瀑布平台观熊容量，公园于2009年在瀑布平台上安装了摄像头。** 安装使用的第一年，超过3000名虚拟游客在家观看，阿拉斯加的公园护林员实时解说熊的行为。从那以后，卡特迈和"探索网"（explore.org）合作，为它提供了多款网络摄像头（包括水下摄像头）。公园护林员提供在线交谈、论坛讨论、博客帖子，以保持虚拟访客更有见识，鼓励虚拟游客与现场观众在推特（Twitter）上分享他们的体验。

回到河边，三个布鲁克斯瀑布地区的平台连接着新的高架木栈道。木栈道将人们与熊分隔开来，增加了安全感并提供了额外的观看机会。然而，一些人担心这些横跨熊道和躺椅的新建筑对熊产生了什么影响。一项在新建筑之前和之后进行的研究发现，该地区的总体熊活动率没有下降。然而，熊避免在新结构下穿越，特别是在游客大量使用的时候。该研究警告说，任何额外的建筑都可能会有问题，因为熊可能不得不走得更远，才能绕过建筑。此外，有人建议，教育、拓展和游客监控工作应针对破坏性的游客行为，如噪声。

事实上，教育是在布鲁克斯河地区群熊中管理游客行为的另一个关键组成部分。**抵达布鲁克斯营地后，所有游客都要求在游客中心参加"熊礼仪"培训课程。**游客学习有关熊的安全知识，并提醒游客有关公园的法规。保护布鲁克斯河游客和熊的法规禁止在建筑物或指定的野餐区以外存放食物和饮料，禁止携带宠物，需要随时携带装备（以防止好奇的熊适应人类的物品）游客需要与熊保持50码距离。鼓励自然摄影师遵循北美自然摄影协会的伦理领域实践，要求选择留在布鲁克斯露营地的人将食物和垃圾存放在中央储藏室中，呆在防熊电子围栏内打发晚上的时间。垂钓者必须采取额外的预防措施防止熊"食物条件化"，如果在捕鱼时熊接近他们，应移除或切断钓鱼线并慢慢走开，立即冷藏他们希望保留的鱼。

沿着布鲁克斯河游客和熊的管理方法随着时间的推移而不断演变，公园正在进行持续的研究和监测，为评估和管理工作提供信息。布鲁克斯河地区发展概念性规划（the Brooks River Area Development Concept Plan）为布鲁克斯河沿岸发展提供了指导，这将有助于资源保护和改善游客体验。该规划建议将所有公园设施搬迁到布鲁克斯河的南侧，确定该地区一日游使用限制，并改进解说程序。随着时间的推移，该规划的要素得到了修改和实施。例如，作为最新规划的结果，公园将用高架桥和木栈道代替布鲁克斯河口的季节性浮桥。与现有的高架木栈道一样，这种变化将有助于将熊和人分离，预计拆除浮桥还将改善熊河沿岸的运动。经过谨慎的计划和持续的适应，或许人们和熊将继续聚集在卡特迈很多年。

第 22 章

不要在探险家国家公园 捎带水上搭便车者

探险家国家公园（Voyageurs National Park）的游客有机会在历史悠久的水路中划船、蹚水、游泳和钓鱼，这条通道被认为是"美国西北部的开放"。然而，公园内水体和较大区域之间的游客流动，可能通过引入入侵物种和鱼类疾病（对水的影响，对野生动物的影响）来破坏水生生态。为了解决这些问题，政府实施了新的条例。这些条例要求使用人工鱼饵，禁止私人船只和浮筒式飞机着陆，并由公园工作人员执行（规则/条例，执法）。此外，通过多层面的公共教育和外展计划（信息/教育），减少入侵物种传播的最佳管理措施被推广到公园内的垂钓者和船夫们。所有这些管理技术都是为了减少使用的影响而设计的。

22.1 引言

在美国五大湖地区（the Great Lakes region），外来入侵物种的扩散引起了人们的极大关注。众所周知的例子包括斑马贻贝、海生七鳃鳗、大肚鲱、千屈菜和欧亚狐尾藻。当引进的植物和动物在它们的新栖息地获得成功时，其后果将是毁灭性的，生态系统可能被显著改变，食物网被破坏，生物多样性减少。一旦一个外来入侵物种成功地在一个新的栖息地定居下来，被移走将是困难和昂贵的，这意味着最好的方法是积极的：防止入侵。这种方法正在国家公园系统中一个相对较新的单位内实施。探险家国家公园实施了一系列雄心勃勃的管理行动，帮助阻止外来物种的引进和传播到历史上意义重大的湖泊。

22.2 探险家国家公园

探险家国家公园成立于1975年，是以2个世纪前在其水域中划船的法裔加拿大毛皮商人命名的。他们携带着海狸皮和其他物品，沿着一条从蒙特利尔到加拿大西北部绵延3000多英里的水路交换货物，如与奥吉布瓦印第安人（the Ojibwe Indians）进行交易，并在现在的美国明尼苏达州北部和安大略南部的雷尼湖流域（the Rainy Lake Basin）安营扎寨。早在欧洲人发现这一地区之前，美洲原住民就在冰封的大地上捕鱼、狩猎和采集植物。在近代，土地被用于伐木、采矿、商业捕鱼以及私人度假村。如今，"探险家"是苏必利尔湖（Lake Superior）西北部一个更大的国际保护区网络的一部分，其中包括边界水域独木舟荒野地（the Boundary Waters Canoe Area Wilderness）、苏必利尔国家森林公园（Superior National Forest）和奎蒂科省立公园（Quetico Provincial Park）。

探险家国家公园包含了218054英亩的湖泊、高地森林和岩石岛海岸线（图22.1）。水是公园的主要特色，有卡贝托加马湖（Kabetogama）、纳马湖（Namakan）、雷尼湖（Rainy）和沙点湖（Sand Point），还有26个较小的内陆湖泊，覆盖了公园38%的地理区域。每年大约有25万人访问探险家国家公园。毫不奇怪，大多数游客的活动是以水为基础的，包括划船、蹚水、游泳和钓鱼。在夏季的几个月里，旅游船和独木舟旅游团从公园的两个游客中心出发。在冬天，游客们参加越野滑雪、雪地摩托和冰上钓鱼。

图22.1　探险家国家公园以一系列广泛的相互连接的水道为特色，这些水道曾在早期欧美的毛皮贸易中使用过，现在被用于户外娱乐

资料来源：国家公园管理局

22.3　管理探险家国家公园的水资源

考虑到该地区的历史、文化和水自然的重要性，保护和管理水质和水生生境是探险家国家公园的一项重要任务。现代游憩和环境利用给湖泊健康带来了挑战，而这些挑战在旅行者时代是没有的。化粪池系统的污水、摩托艇和雪地摩托的漏油，以及海岸线的侵蚀都可能威胁到公园的水质。同样地，**公园里人们的活动也会引入入侵物种，威胁到水生栖息地。**

研究表明，在探险家国家公园里具有高品质的水质，公园已经采取措施来监测和保护水质。例如，与周边社区合作的探险家国家公园清洁水项目（Voyageurs National Park Clean Water Project），专注于开发区域污水收集和处理系统。在公园里，水生生态学家和技术人员定期对湖泊进行检查，监测是否有任何问题的迹象。然而，人们仍然担心外来的水生入侵物种可能会通过游船和垂钓传播。特别令人担忧的是一种小型浮游动物，被称为多刺水跳蚤（spiny waterflea），一种来自俄亥俄河流域的攻击性小龙虾，以及一种鱼病——病毒性出血性败血症（viral hemorrhagic septicemia，以下简称VHS）。

大约0.25~0.5英寸长，带刺的多刺水跳蚤第一次从欧亚大陆通过压舱水到达五大湖。它们是敏捷的游泳者，可以抓住鱼线、锚绳、渔网、涉禽和鱼饵。渔船和渔具也能捕捉水蚤的卵，它们保持休眠状态并能存活很长一段时间。多刺水跳蚤具有游泳、无性繁殖和产生休眠卵的能力，这使得这种入侵的甲壳类动物能够成功地避开捕食者、争夺食物、繁衍后代，并传播到新的栖息地。然而，这种能力可以改变一个湖泊的食物网，因为多刺水跳蚤直接与幼鱼和小鱼争夺食物。多刺水跳蚤在旅行者的大湖泊中被发现，但还没有扩散到内陆湖泊。

像多刺水跳蚤一样，锈色小龙虾也是一个成功的竞争者，而非明尼苏达州北部的本土物种。它们是具有攻击性的生物，可以取代当地的小龙虾，并大量杀死水生植物。当小龙虾被用作捕鱼的活饵时，它们会扩散到新的湖泊。在探险家国家公园的一个大湖和公园外附近的湖泊中发现了锈色小龙虾。公园的另一个潜在问题是鱼类疾病VHS的传播。VHS通过受感染的水和鱼饵传播，对野味鱼是致命的。虽然这种疾病已经在五大湖中发现，但还没有扩散到苏必利尔湖或明尼苏达州的任何湖泊。

为了防止外来物种、入侵物种和鱼类疾病的传播，探险家国家公园在2007年采用了新的临时划船和捕鱼条例。2010年更新的三项条例是针对公园内较小的湖泊而制定的。

1. 禁止私人水上飞机（包括皮艇、独木舟、软管和充气艇）。想要在这些湖泊上划水的游客可以租独木舟和划艇（穿过内陆湖泊项目，每天10美元）；

2. 浮筒式飞机是另一个潜在的污染源，不允许降落在内陆湖泊上；

3. 只有人工鱼饵才能用于钓鱼。

在可能的范围内，这些规章是由公园工作人员执行的。例如，与从公园里租来的有标记的旧船相比，私人船只很容易脱颖而出，这些船和浮筒式飞机可能被地面上的护林员或公园飞行员发现。工作人员对违反内部湖泊规定的游客处以罚款。

除新规定外，公园还与明尼苏达州自然资源部（Department of Natural Resources，DNR）合作，为内部湖泊和公园里的四个大湖推广最佳管理方法。所有湖泊都要求游客采取措施，确保他们不会通过渔具或任何其他与湖水接触的物品转移入侵物种或鱼类疾病。这可以通过在内陆湖使用一套不同的设备来实现：通过干燥设备5天或更多，或者用热水洗1分钟或更长时间来完成。驾船夫们被要求从捕鱼设备中移除任何植物或动物材料。在四大湖上增加额外的训练，允许私人和机动的水运工具进入，要求船夫们检查船只、拖车和其他设备，清除任何水生植物、动物或淤泥，从船只和诱饵容器中排水，清洗或彻底干燥船只和渔具。被明尼苏达州自然资源部列为"受感染"的湖泊必须遵守国家入侵物种法，以及"清洁—排干—清除"的要求。

在"帮助阻止水上搭便车者"的口号下，公园开展了公共教育和推广活动，**以促进新的法规和最佳管理方法**（图22.2）。这些努力都是在码头、游客中心、公园网站、社交媒体、公园和明尼苏达州自然资源部的出版物上进行的。美国环境保护署"五大湖恢复计划"（Great Lakes Restoration Initiative）雇佣一名解说员在船只下水和航道上与游客互动，有关水生入侵者的信息也会在乘船游览中呈现出来。为了进一步强调清洁或干燥船只和设备的重要性，游客们可能会看到一些外来物种的标本，其中包括难以见到的多刺水蚤。有关入侵物种和最佳管理方法的信息被张贴在船只下水的标志上，由明尼苏达州自然资源部维护和更新，并定期进行船只检查。解说工作也延伸到公园之外。借助于一个旅游、互动信息亭，项目被呈现给学校团体、钓鱼比赛参与者和其他感兴趣的团体。

通过综合管控、执行、最佳实践和环境解说措施，探险家国家公园采取了积极的方法来解决大湖地区公园面临的问题。通过与许多游客的合作，这些努力有助于保护探险家国家公园的历史水域的生物完整性。

图22.2　美国国家公园管理局与明尼苏达州自然资源部密切合作，
教育游客如何帮助阻止入侵物种的传播

资料来源：明尼苏达州自然资源部

第23章

在约塞米蒂国家公园的 一座山上有扶手

约塞米蒂国家公园（Yosemite National Park）的游客越来越多，他们选择徒步旅行到半穹顶（Half Dome）的顶峰，这是公园的风景象征，也是世界上最具特色、最有魅力的山峰之一。徒步旅行的最后一部分通过固定的缆绳系统提升到陡峭和裸露的东坡。缆绳上的大量游客大大地减慢了缆绳上升和下降所需的时间，一些游客在缆绳外移动以避免这种拥挤（拥挤，小径的影响，对景点的影响）。这可能导致在山上发生多起事故和救援，也造成了几名徒步旅行者的死亡。基于项目的研究，限制徒步旅行者的数量可以提升每天半穹顶缆绳的运输能力（配给/分配，规则/条例），此限制是通过一个公园护林员来执行的（执法）。许可证主要通过抽签系统分配。这个管理计划是为了限制这个标志性景点的使用。

23.1 引言

1919年，约塞米蒂国家公园的游客寥寥无几。为了让公园对潜在游客更具吸引力，增加可及性，在半穹顶的陡峭东侧安装了一组缆绳，半穹顶是公园的标准性景观。这使得普通的公园游客能够从约塞米蒂山谷（Yosemite Valley）徒步一天到达山顶，这是造成半穹顶麻烦的开始。到2008年，每年有成千上万的游客（《旧金山纪事报》说："穿着网球鞋和凉鞋的徒步旅行者，城市的孩子们穿着宽松的篮球鞋，儿童、肥胖的游客和老人"）徒步16英里的旅程，在攀爬了近5000英尺之后，他们使用这些缆绳，将自己拉起并拖拽着最后400英尺的垂直高度，在海拔9000英尺的高空，四面裸露，与多达100名或更多的登山者一起争抢位置。根据一个让人屏息的网站说法："半穹顶是终极的约塞米蒂一日游徒步旅行——一个你不作就不会死的地方，一个你在作的时候最有可能死的地方。"在1～10个难度等级中，这个网站给了半穹顶"11"，而它在"精神错乱因素"上得到了"9"。该网站关于死亡部分可能是正确的，在过去的几年里，有4名徒步旅行者在登山中丧生。这种极度拥挤的状况，以及由此引发的公共安全问题，都需要由国家公园管理局进行管理。

23.2　约塞米蒂国家公园和半穹顶

约塞米蒂国家公园（图23.1）于1890年建立，是美国（及世界）最早的国家公园之一，也是美国国家公园系统的"皇冠上的宝石"之一，每年接待350万人次。传奇的环保主义者约翰·缪尔（John Muir）被认为是国家公园运动的"鼻祖"，他成年后的大部分时间都在探索公园，并为保护公园而努力。该公园占据内华达山脉的面积1200平方英里，而内华达山脉是加州和内华达州的边界。但大多数游客认为约塞米蒂山谷是公园的中心，这个山谷只有1英里宽，7英里长，但它包含了国家公园系统中最令人惊叹的自然特征的融合。高出山谷3000英尺的陡峭的花岗岩悬崖，几座世界上最高的瀑布，以及引人注目的默塞德河，蜿蜒穿过山谷底部由松树、冷杉和橡树组成的古老森林。半穹顶高耸在山谷东端，是公园中最具特色和最有名的山，高达9000英尺。

图23.1　约塞米蒂山谷的景色是美国国家公园系统中最具标志性的景色之一；
半穹顶在山谷的东端（在后台）接近1英里
资料来源：罗伯特·曼宁摄

半穹顶是攀岩界的传奇。1957年，罗伊尔·罗宾斯（Royal Robbins）等人开辟了一条路线，沿着垂直北坡进行了第一次技术攀登，这是美国的第一次六级攀登。今天，有近50条攀登路线通往山顶。然而，大多数游客还是坚持走小路。从约翰·缪尔小径（John Muir Trail）离开约塞米蒂山谷到达快乐岛（Happy Isles）的步道，然后爬上公园内最具风景和标志性的景点，包括弗纳尔和内华达瀑布（Vernal and Nevada Fall）、自由帽（Liberty Cap）和小约塞米蒂山谷（Little Yosemite Valley）。在步行大约6.5英里之后，半穹顶小径在最后2英里处分支到"亚穹顶"（假顶峰）和缆绳底部的浅鞍座。"缆绳路线"（cable route）由两股平行的编织钢缆组成，彼此相距大约2.5英尺，由固定在花岗岩上的金属支柱支撑，间隔大约10英尺。木板被固定在大多数支柱之间，为攀登者提供一系列的立足点。缆绳线路大约要走800英尺的直线才能到达最后400英尺的高度，然后到达宽阔的半穹顶（图23.2）。从最平坦的13英亩山顶环顾四周，可以看到令人震惊的景色——沿着约塞米蒂山谷往西看，穿过山谷向北至约塞米蒂瀑布，向东和向南看是广阔的高山。国家公园管理局在远足季节结束（通常是哥伦布日）后，将缆绳"放下"（取下支柱，将缆绳放平在岩石表面），并在阵亡将士纪念日的周末（下雪和天气条件允许）将缆绳"放回去"。登上半穹顶的顶部是世界上众多登山者和远足者的生命清单。

图23.2　徒步旅行者必须使用一套缆绳才能爬到最后几百英尺，
才能到达半穹顶的顶峰
资料来源：布雷特·凯瑟摄

23.3　研究和管理半穹顶的使用

　　绝大多数徒步旅行者从约塞米蒂山谷徒步旅行到山顶，在日出前开始16英里左右的往返徒步旅行，需要10~12个小时。这次徒步旅行带来了许多潜在的严峻挑战。这些年来，缆绳线路的花岗岩轨迹已经被所有徒步旅行者的靴子磨光了，尤其是在潮湿的时候。徒步旅行可能会让人精疲力竭，而这种情况会因脱水而加重。有些徒步旅行者患高原病，许多人都患有与攀爬缆绳相关的眩晕症，这可能导致在攀爬缆绳时出现"冻结反应"。最近，一位徒步旅行者说："**我身体里的一切都在颤抖，我觉得我要吐了。**"由于许多徒步旅行者没有做好充分的准备，这一切都变得更加糟糕。用约塞米蒂国家公园护林员马克·芬奇（Mark Fincher）温和而低调的话说，"许多徒步旅行者并不经常徒步旅行，对很多人而言，这是他们第一次真正接触到荒野。"一旦登上山顶，徒步旅行者可能会遇到雷暴，雷暴在下午会迅速形成，所有这些都由于缆绳的极度拥挤和上升和下降的长时间延迟而变得更加糟糕。据估计，缆绳上可能同时有200名登山者，这种缓慢步伐的挫折感，以及由于疲惫、眩晕和"峰顶狂热"（summit fever）而导致的认知能力下降，导致一些徒步旅行者走出缆绳线，绕过拥挤的区域和瓶颈，令他们在更大程度上面临坠落和严重事故的危险。

　　多年来，半穹顶上发生过多起事故，虽然大多数都是小事故，但越来越多的人需要公园护林员的帮助，其中一些事故已经变得非常严重。1985年，山顶上有5人被闪电困住，其中2人死亡。2007年，三名徒步旅行者在不同的事故中死亡。其中，两起案件涉及登山者，他们在山上的时候，缆绳没有"上升"。当然，这些事故对相关人员来说是悲惨的，对目睹这些事故的其他徒步旅行者来说感觉更是痛苦，其中一些人说自己一直做噩梦。对这些事故作出反应也会使公园护林员处于危险之中。

　　尽管半穹顶的利用非常频繁，但有一点很重要，根据1964年里程碑式的《地标荒野法案》（the Landmark Wilderness Act），约塞米蒂国家公园95%的土地被指定为荒野。该法案规定：荒野地区**"提供独处的机会，以及一种原始的、不受限制的娱乐方式。"**此外，国家公园管理局的荒野政策指出："不可接受的影响是对世界的影响……不合理地干扰和平与安宁的气氛……在荒野……"因此，国家公园管理局决定在2010年建立半穹顶强制许可证制度，以限制利用。

国家公园管理局在2009年对半穹顶进行了监测。根据这些观察结果，许可证制度在周末和假日期间环境容量为400名徒步旅行者。其中，300名一日游徒步旅行者，100名为背包客团队。工作日不需要许可证，因为监测数据显示在这段时间内使用量相对较少。政府通过网站和电话号码发放一日游徒步旅行者的许可证，每人象征性地收费1.50美元（加上每组5美元的手续费），可以提前4个月预订。在销售的第一天，许可证在32分钟内售完。一名护林员驻扎在半穹顶，在那里必须出示许可证。在未经许可的情况下，通过缆绳路线攀爬半穹顶将被处以5000美元的罚款和/或6个月的监禁。在2010年再次监测了半穹顶的使用情况，发现在周末和节假日，缆绳的拥塞情况明显减少，但工作日的拥塞情况明显增加。更具体地说，在周末和节假日（需要许可证的日子），徒步旅行者的平均人数是301人（许多许可证持有者显然没有按照原定计划徒步旅行），而在工作日，徒步旅行者的平均人数是692人。2010年的监测报告得出的结论："因此，许可证制度的一个意想不到的后果就是从周末到工作日的利用水平的互换。"基于这些发现，许可证制度被扩展到包括2011年半穹顶登山季节的所有日子。2011年5月和6月的周末许可证在5分钟内售完。半穹顶许可证开始出现在Craigslist（一个分类广告网站）上，价格高达100美元。

与此同时，美国国家公园管理局委托进行了一个研究项目，以支持对半穹顶进行游憩利用的管理。该项目的研究包括几个组成部分：

1．开发系列半穹顶利用的统计模型：（ⅰ）在缆绳上的旅行时间（测量手段用的是由游客携带的卡片，上面印的是在关键地点现场技术员的"盖章"，包括缆绳底部、山顶上，然后回到缆绳底部）；（ⅱ）一系列在缆绳上徒步旅行者的照片，以确定一次有多少徒步旅行者在缆绳路线上，以及有多少人在缆绳外攀登。在缆绳上的徒步旅行者的数量与攀登缆绳所需要的时间以及缆绳外的徒步旅行者的数量之间有统计学意义的关系。更具体地说，**当缆绳上有超过30个人的时候，缆绳上的旅行时间就会显著增加，而一些游客则会出现在缆绳之外。**

2．在徒步旅行结束后，对徒步旅行者进行了典型抽样调查。调查问题包括徒步旅行者的社会人口学特征、对半穹顶徒步旅行的评估以及对管理的态度等。主要发现：大多数半穹顶徒步旅行者感到拥挤，相信事故会发生（但主要是对其他徒步旅行者），报告说偶尔有人会走出缆绳，但看到其他人走出缆绳通常是为了应对拥挤。

3．野外技术人员沿着约2英里的半穹顶步道从约翰·缪尔小径的分叉处走到亚穹顶，记录沿途遇到的徒步旅行者的数量。在2010年的许可证日，平均遇到120名徒步旅行者，而在非许可证日，平均遇到276名徒步旅行者。这些数字对于一个荒野地区来说是非常高的，并且与《美国荒野法案》强调的独处并不相符。

4. 建立基于半穹顶游客利用的计算机仿真模型。为构建模型而收集的数据包括：从约塞米蒂山谷的快乐岛到萨比多的徒步旅行次数、从缆绳上升和下降的旅行时间，在山顶停留的时间以及在缆绳上的行为（徒步旅行者在缆绳内或缆绳外）。生成的模型估计，**每天最多允许227名徒步旅行者步行到半穹顶，而不超过上文提到的缆绳限定每次30人**（即一些游客开始走出缆绳的时间点）。当每天最大使用水平达到300名徒步旅行者时，模型估计如遇雷电或其他紧急情况时，疏散顶峰游客需要47分钟，根据2008年的许可证使用水平，疏散顶峰游客的时间估计超过1小时。出于安全原因，一些人提议要求徒步旅行者使用攀爬安全绳，并通过费拉塔（ferrata）"夹住"缆绳，这将极大地减缓攀爬速度，以至于模型估计每次不超过30人时，每天只能接待70名徒步旅行者。在每天可用的300个许可证中，75个发给背包客，225个发给一日游徒步旅行者。抽签系统用于分发许可证。

23.4　此页特意留为空白

国家公园管理局已经发布了几份报告，描述半穹顶正在进行中的研究、规划和管理工作。有时是刻板的、官僚的风格，这些文件的页码因为某些原因不包含任何的印刷符号（例如，章节之间的分隔符），被标记为"这一页是故意留下空白的。"这是一种善意的尝试，目的是向读者保证，他们并没有遗漏任何重要的东西，但它很可能是对半穹顶未来的隐喻——我们将何去何从？

美国国家公园是美国自然和文化的象征，但它们也是历史文物，是一个多世纪前决策的结果。为了在约塞米蒂国家公园的早期吸引和接待游客，国家公园管理局修建了超过100英里的风景道、豪华酒店、高尔夫球场、滑雪度假村和半穹顶的缆绳。**当这些人造的景点越界变成狂欢式的干扰时，比如约塞米蒂火瀑布和穿越巨杉的道路**，我们就把它们带到了一个当之无愧的结局。我们该如何处理半穹顶的缆绳？当然，强烈的公众舆论并不缺乏。有一个公众对现行的许可证制度的评论是这样写的："多年来，我们的团队一直在徒步半穹顶，从来没有遇到过问题，现在却无法获得许可证。这太糟糕了，不管是谁干的。"

所有这些仅仅是利用与保护问题的又一种表现形式，这是国家公园的核心问题，也是我们与环境的关系更为紧张的体现。正如本书第1章所讨论的那样，《美国国家公园管理局组织法》（1916）指出该机构是"保护风景、自然和历史文物以及其中的野生生物，并以这种方式和手段使它们不受损害，供子孙后代享用"。美国环境保护哲学家奥尔多·利奥波德（Aldo Leopold）在其《家庭智慧》（*Homey Wisdom*）一书中，将这种情况概括为"我们如何能在一块土地上生活而不破坏它?"加勒特·哈丁（Garrett Hardin）在其颇具影响力的论文《公地悲剧》（*The Tragedy of The Commons*）中，以约塞米蒂为例说明公共的财产资源避免过度使用所带来的悲剧性破坏的唯一途径是"相互强迫，相互同意"（这个问题在第1章讨论过）。约瑟夫·萨克斯（Joseph Sax）在他雄辩的著作《没有扶手的山》（*Mountains Without Handrails*）中告诫我们，不要过度开发国家公园的旅游景点（比如在半穹顶上建造扶手）。

正如我们在《半穹顶》（*Half Dome*）一书中看到的那样，科学——在这种情况下，是一个令人印象深刻的社会科学项目——可以通过提供关于当前和可能的未来状况的客观信息，帮助管理过程。但是关于半穹顶未来的决定必须考虑到我们作为一个社会对这个标志性场所的期望，以及我们愿意放弃什么来得到它。**请继续关注国家公园管理局最终决定如何管理半穹顶，最好是参与进来。**

第 24 章

锡安的
航天飞机

服务于锡安峡谷（Zion Canyon）的道路——锡安国家公园（Zion National Park）的风景中心——经常是拥挤不堪的，停车场也会溢出（对道路和停车场的影响，对景点的影响，拥挤，冲突），这使得峡谷充满噪声（对自然宁静的影响），并且沿着道路未经授权的停车导致土壤和植被的实质性退化（对土壤的影响，影响植被）。公园野生动物有时在穿越马路时受伤或死亡（对野生动物的影响）。如此多车辆的存在产生了空气污染（对空气的影响）。锡安峡谷（空间分区）在高峰使用季节（时间分区）启动了一项强制性（规则/条例）穿梭巴士系统（设施开发/场地设计/维护）。这些管理措施的目的是减少公园利用的影响和强化公园资源。

24.1 引言

老话说，国家公园里没有太多的人，却有太多的汽车。几乎所有到过黄石公园、约塞米蒂公园和大峡谷等"皇冠上的宝石"公园的游客都会驾车去国家公园，而在公园道路上自驾车是大多数游客体验这些场所标志性特征的主要方式。但是越来越多的游客（及其汽车）导致了许多问题，包括交通拥挤、长期缺乏停车位（毕竟不是国家停车服务）、因不适当的停车对土壤和植被的损害、车辆与野生动物的碰撞，以及空气污染和噪声的增加，所有这些问题最近都成为锡安国家公园的焦点。游客需要一辆有吸引力的汽车替代自己的车，特意为他们和公园的需求设计和管理，2000年建立的锡安穿梭巴士系统就是这种管理公园方式的原型。

24.2 锡安国家公园

锡安国家公园位于美国犹他州西南部，占地229平方英里。因为其令人印象

图24.1 锡安国家公园是美国风景最优美的峡谷地区之一

资料来源：罗伯特·曼宁摄

深刻的山脉、河流和陡峭的砂岩峡谷景观，该地区于1919年建立了国家公园（图24.1）。该公园是美国西南部广袤的科罗拉多高原的一部分，也是一系列令人印象深刻的国家公园景观的一部分，包括拱门（Arches）、峡谷（Canyonlands）、国会大厦（Capitol Reef）、布莱斯（Bryce）和大峡谷（the Grand Canyon）的北缘。公园的海拔高度一般在4000～9000英尺之间。"锡安"这个词取自《圣经》，指的是"希望之乡"（the promised land，上帝恩许之地）。游客从东部或西南部驶入锡安山卡梅尔高速公路（Zion-Mt Carmel Highway），一条6英里长的支路可以进入锡安山峡谷，这是该公园的主要景点。位于公园南部边界的斯普林代尔镇提供游客设施和服务，如酒店、餐馆和商店。

24.3 管理锡安国家公园车辆

大多数游客认为锡安峡谷是公园的风景中心。峡谷上部包括引人注目的、五彩斑斓的砂岩峭壁的温馨景观，以及公园里最受欢迎的徒步旅行，例如翡翠池塘（Emerald Pool）、哭泣的岩石（Weeping Rock）和充满挑战的天使着陆点（Angel's Landing）。峡谷里有一条6英里长、两车道的蜿蜒小路，尽头是锡纳瓦瓦神庙

（the Temple of Sinawava）（意指佩尤特部落印第安人的土狼神）。这条小路的尽头是锡安河狭窄的河道（the Zion River Narrows），徒步旅行者可以溯河而上（通常在齐膝深或更高的水里），穿过宽仅20英尺、垂直峭壁高达2000英尺的世界闻名的"缝隙峡谷"（slot canyon）。然而，到20世纪90年代末，每年到国家公园游玩的游客数量接近2500000人次。在锡安峡谷，公园里风景优美的车道磨损得严重。**每天多达5000辆汽车进入峡谷，争夺该地区450个停车位。**这条道路经常非常拥挤，许多沮丧的游客把车停在未经许可的地方，践踏植被，压实并侵蚀土壤。峡谷经常是一个很嘈杂的地方，甚至这个地区的空气质量也下降了，这种交通状况对野生动物造成的影响很难量化。

2000年，美国国家公园管理局大胆推出了锡安峡谷运输系统（Zion Canyon Transportation System），该系统的核心是30辆由丙烷作为动力的"双层"穿梭巴士，每辆载客66人（相当于25辆小汽车）（图24.2）。从复活节[①]到11月，锡

图24.2　国家公园管理局开发了一种强制性的以丙烷为动力的公交系统，
为前往锡安峡谷的游客提供服务，公交系统也连接到斯普林代尔的门户小镇

资料来源：国家公园管理局

---

① 复活节（Easter）：每年春分月圆之后第一个星期日，通常是在3月下旬或4月初。——译者注

安峡谷的风景道在旅游旺季禁止私人车辆通行，游客必须乘坐穿梭巴士。交通系统是与斯普林代尔门户小镇、当地企业和其他公共机构合作开发的。交通系统包括峡谷环线、城镇环线。其中，峡谷环线涉及公园主要旅游景点，共8个停靠点；城镇环线包括斯普林代尔当地的酒店、餐馆、相关设施和服务，共7站。两条环线通过新的游客中心和交通枢纽相连接。游客可以从酒店乘车，从一条小镇环线（或镇上停车场）经游客中心或交通枢纽转移到公园环线。游客中心或交通枢纽包括咨询台、书店、露天教育和解说展示，以及一个圆形剧场的护林员引导的节目。穿梭巴士每天运营时间从早上6：00至晚上11：00，间隔一段时间发车（运输线路中的"车头时距"），在每天的高峰期，发车间隔期为6分钟，乘客可以随意上下车。公园工作人员、斯普林代尔居民以及公园游客使用公交系统，公共汽车对身体残疾的人完全开放，公共汽车装有自行车架。也许最重要的是，这个系统对乘客是"免费"的，或者更坦诚地说，这个运输系统的成本包含在公园的门票里。

穿梭巴士系统的许多组成部分被设计成与公园环境保持一致。如上所述，公共汽车由丙烷提供动力以尽可能保持安静，众多窗口设计让游客更好地观看景色。穿梭巴士站的大小是基于游客利用的研究，包括自行车架、遮阳篷、场地的石砌墙和座位，建筑元素呼应了20世纪30年代民间保护组织（the Civil Conservation Corp）的历史传统，该组织在锡安和整个美国国家公园系统建造了许多建筑。

锡安峡谷运输系统的持续成功面临许多挑战，而融资可能是最重要的。大部分启动资金来自特别拨款，但长期维护和最终更换巴士将非常困难。与游客沟通穿梭巴士系统也很困难，许多第一次来公园的游客都不知道这个系统和对汽车使用的限制，还有更多的游客不知道在斯普林代尔有停车的地方，也不知道在哪里可以找到停车场。因此，更有效地使用网站、高速公路咨询广播、实时停车信息和签名是必要的。

但是锡安的穿梭巴士系统因其成功广受赞誉，而且理由充分。它通过消除汽车拥堵和停车限制，增强游客对锡安峡谷的访问权限；与此同时，它帮助恢复和保护了因不当停车而受损的公园资源。这使公园内的汽车利用量每天减少了大约50000辆，相当于每年减少了1000万英里，同时使碳排放量（二氧化碳）每天减少了大约12吨（每年减少2264吨）。**锡安峡谷比运行穿梭巴士系统之前要安静得多**，野生动物正在返回这个地区。由于路上没有汽车，越来越多的游客骑自行车进入峡谷。斯普林代尔的企业主也喜欢穿梭巴士系统，认为巴士系统减少了汽车交通，增加了客流量和销售额。

也许最重要的是，穿梭巴士系统提供了一种可持续发展的模式，这是国家公园管理局的核心任务，似乎与大多数游客产生了共鸣，改变了游客的行为——把他们从小汽车里带出来，换乘到公共交通工具上——从而减少了游客利用的影响。根据一项调查，几乎所有的游客都喜欢穿梭巴士系统。因此，自穿梭巴士系统启动以来，公园游客人数稳步增加。来自互联网上注册的游客代表性言论包括："我对穿梭巴士不再感到不安——去国家公园服务中心吧！"国家公园管理局和"更多的公园应该以这种频繁和高效的旅行模式来参观公园。"部分归功于锡安和斯普林代尔镇的领导，超过50个国家公园系统现在有了某种形式的"替代性的交通"。的确，要走的路还很长。

第 25 章

来自大峡谷上空的
嗡嗡声

空中旅行（air tour）为游客提供了进入大峡谷国家公园景区的惊险通道，但这种类型的游览会干扰地面上游客的体验，打扰野生动物，并改变公园的荒野特征（对自然宁静的影响；对野生动物的影响；对吸引地点的影响；对小径的影响；对露营地的影响；影响解说设施/项目；冲突）。通过国会的行动、联邦航空管理局和国家公园管理局之间的合作，已经采取了一些措施来实质性地恢复公园的"自然宁静"。这些努力旨在限制利用和减少利用的影响。已经建立一个特殊的飞行规定区域，还有四个自由飞行区，指定航线用于空中旅行、宵禁、每年的飞行分配，以及旅游运营商要求的报告（配给/分配，规则/条例，分区）。

25.1　引言

在科罗拉多河的上空，大峡谷国家公园的空中旅行游客可以获得完全不同、但同样令人兴奋的体验（见第14章科罗拉多河案例研究）。飞机和直升机之旅，令人兴奋的景色、引导式叙述和精心编排的音乐，对许多人来说是一大亮点。空中旅行历史大约与大峡谷国家公园一样长，第一次有记录的旅行发生于1919年大峡谷国家公园建立前几个月。第一家航空旅游公司成立于20世纪20年代。如今，游客可以选择从附近的大峡谷机场乘坐飞机或直升机旅行，或通过拉斯韦加斯或凤凰城的综合旅游团旅行，费用从150美元到数百美元不等。在一家旅游公司的网站上，热情的游客将他们的冒险描述为"一生之旅"和"物有所值"。

但在下面，风景优美、靠近文化遗址、沿着徒步小径以及再解说方案，是上述令人激动的体验的结果（图25.1）。飞机和直升机的噪声打扰了地面上游客的体验，干扰了野生动物，改变了公园的荒野特征（图25.2）。解决航空噪声的影响，同时为那些从高空俯瞰大峡谷的游客提供体验，需要在全国范围内进行多年的规划、研究、合作、协调和适应。

图25.1　大峡谷国家公园每年吸引成千上万来自世界各地的游客

资料来源：罗伯特·曼宁摄

图25.2　直升飞机提供了壮观的大峡谷美景，但它们的噪声会干扰地面上更多的传统游客

资料来源：罗伯特·曼宁摄

25.2 管理大峡谷国家公园的空中飞行

1975年公布的《大峡谷国家公园扩大法案》正式提出了飞机噪声对大峡谷自然宁静和游客体验潜在影响的担忧。该法案认识到需要保护自然宁静，并需要对飞越国家公园领空的影响进行研究。10年后，两家旅游航空公司的致命相撞事件引起了全国的关注，《国家公园飞越领空法案》得以通过。1987年，立法要求"大量恢复自然宁静"和"保护公众健康和安全"，并继续指导管理在公园内和周围飞机飞越领空。对于前者的需求，国家公园管理局将"实质性恢复自然宁静"定义为"一天或每天的75%~100%的时间，50%或公园更多的地区达到恢复自然宁静（没有飞机的声音）"。如今，这一目标是通过分区、宵禁和限制每年预定的空中旅行数量来实现，同时还有额外审查等其他措施。

在标志性的大峡谷，有无数的利益集团。《国家公园飞越领空法案》颁布后，一系列复杂的活动接踵而至。一系列的规则、法规、公开会议、环境评估和影响声明、一份国会报告、一份总统备忘录和更多的立法，已经形成了围绕飞越领空问题的管理活动。由此产生的复杂性在于协调国家公园管理局和美国联邦航空管理局两个独立的机构，要求美国国家公园管理局采取行动，大幅恢复自然宁静和体验，而美国联邦航空管理局则负责执行这些规则/条例。

分区为管理大峡谷内外的飞机噪声提供了主要机制。公园和周边区域位于一个特殊飞行规则区域内。在这个区域，海拔高度低于18000英尺的空域是受管制的。其中，包括旅游飞机的指定航线。国家公园的边界内，四个"自由飞行区"禁止飞行低于一定的高度。在大峡谷的西部，三浦（Sanup）自由飞行区禁止8000英尺以下的飞行，而在公园中部和西部的红墙/新月（Toroweap/Shinumo）、明亮的天使（Bright Angel）和沙漠景观自由飞行区中，15000英尺以下的飞行是被禁止的。在自由飞行区内，四条通用航空走廊（General Aviation）为10500英尺以上的飞机提供了飞行通道。

除了分区之外，宵禁限制了空中旅行的运营时间。在公园东端的旅游走廊内，空中旅行活动许可：5月~9月上午8点~下午6点、10月~4月上午9点~下午5点。每年允许的航空旅行数量也有所限制，允许每年分配93971次航班，这个数字反映了1997~1998年一年内的飞行总数。此外，要求航空旅行团运营商须每3个月提前申报飞行总数。根据这些管理措施，估计公园内55%的区域已恢复了自然宁静，在该公园东部的龙（Dragon）和祖尼点（Zuni Point）飞行通道下出现了大量的空中旅游噪声。

为了进一步恢复公园的自然宁静，国家公园管理局在2011年准备了一份《环境影响声明草案》。该草案综述了许多额外的战略。其中，包括一个在10年内恢复公园67%自然宁静的首选替代方案。

按照首选替代年度航班分配办法，每年航班分配将减少至65000架次（这一数字高于近年来报告的航班数量）。此外，每日还将增加最多364架次的空中旅行，并要求旅游公司报告每天的飞行情况，而不是3个月内的飞行情况。调整空中旅行宵禁，以便在日出和日落之前至少有1小时的安静时间；为了保护敏感地区，将会调整空中旅行路线；所有自由飞行区的上限将会被提高到18000英尺。最后，要求所有的旅游运营商都必须在10年内使用静音技术飞机。

然而，2012年通过的一项交通法案中增加的条款，使该公园的计划偏离了原来的轨道。经过多年的跨学科研究，投入数以百万美元计的资金、收集近3万条公开评论后，国会通过了一项让公园管理者们保持现状的法案。纳入法案的仅剩的规划程序是要求所有飞机旅行运营商在15年内使用静音技术。静音技术不仅是该公园首选替代方案的一部分，也是《国家公园空中旅行管理法案》的一个主题。

2000年通过的该法案要求为已申请商业航空旅行的国家公园单位制定《空中旅行管理计划》，超过100个国家公园服务单位属于这类，包括那些具有引人注目的自然特征的国家公园，如冰川国家公园、夏威夷火山国家公园，以及标志性的文化公园，如自由女神像国家纪念碑和拉什莫尔山国家纪念馆。空中交通管制计划可完全或部分禁止空中旅行，设置旅游路线、海拔高度、宵禁和飞行上限，要求它们推广飞机静音技术。这些计划适用于在公园边界半英里范围内进行的旅行。阿拉斯加国家公园不受法律管辖。由于总统的指示、特殊的飞行规则以及国会在20世纪90年代末采取的行动，落基山国家公园的空中旅行被完全禁止。

空中旅行提供了一种令人兴奋的方式体验一些世界上最壮观的自然和文化公园，但协调这些体验与地面影响是一个具有挑战性的、复杂的命题，需要许多团体的参与和合作。大峡谷国家公园的管理工作为以后的立法和规划要求提供了一个模式。作为一个仍在继续辩论的问题，如何管理国家公园上方的空间还须强化管理。

第 26 章

管理华盛顿国家广场的 纪念碑和纪念馆

国家广场（the National Mall）包含了一些世界上最具标志性的纪念碑和纪念物，作为国家的象征空间、公民话语的背景，以及吸引来自世界各地的游客，高强度的使用导致了挑战，可能从未被早期的规划者们所想象，包括践踏草坪（对土壤的影响，对植被的影响），退化的设施和行走路径（对景点的影响，对历史和文化资源的影响，对小径的影响），设施和服务不足（拥挤，对道路和停车的影响，对解说设施和服务的影响）和相互竞争（包括特别活动和示威游行）的用途（冲突）。为了应对这些不同的挑战，国家公园管理局采取了限制使用、增加供给、减少使用影响和强化公园资源四项基本管理战略。为了推进这些战略，国家公园管理局开发了一个计划：1. 恢复和重建公园设施（设施开发/场地设计/维护）；2. 提供信息指导游客及周边主要景点（信息/教育）；3. 禁止可能降低公园资源、游客体验或纪念物完整性的活动（规则/条例）；4. 组织活动需要许可证（配给/分配）。此外，要求特殊事件的组织应支付与这些活动相关联的安全和清理费用（执法，设施开发/场地设计/维护）。

26.1 引言

美国首都华盛顿拥有一些世界上最著名的建筑。其中，包括华盛顿纪念碑、林肯纪念堂、国会大厦和白宫。这些纪念碑、纪念馆以及华盛顿的文化遗址，位于城市公园、圆形、方形和三角形之间，反映了两个多世纪精心的规划和设计。国家广场的框架可以追溯到1791年委托城市规划师皮埃尔·朗方（Pierre L'Enfant，1755—1825）的最初设计，在20世纪之交的麦克米伦计划（McMillan plan）进一步的开发和扩张、1976年美国200周年纪念前后制定的计划、1977年的遗产扩展计划，今天这个公共空间被认为是国家重要的象征空间、国家的前院和民主的舞台。

因此，国家广场的使用非常密集，每年接待来自世界各地、超过2500万人

次的游客（相比之下，大峡谷国家公园、约塞米蒂国家公园和黄石国家公园每年仅有300万～450万的游客）。游客们来到国家广场，参观纪念碑，在战争纪念碑前反思，探索国家博物馆，散步和跑步，在潮汐湖畔（the Tidal Basin）租用脚踏船，参加节日活动，庆祝国家节日。除休闲娱乐活动外，国家广场还是全国重要的言论自由和公民参与表达中心，吸引了大批人群参加公众集会、示威、抗议和其他政治事件。

伴随众多相互竞争需求而来的一些后果，其性质和规模可能是早期城市规划者没有想到的。大量人群践踏草坪，致草死亡、压实表层土壤，并对灌溉和排水系统造成负面影响。事实证明，人行道太窄无法容纳利用水平或残疾人通道，且随着时间推移已经退化。同样，游客设施和服务的规模和数量，包括游客中心、卫生间、食物和水、休憩区都满足不了游客需求。在活动期间，临时建筑挡住了历史景观，产生了大量的垃圾。在更大程度上，国家公园管理局的职责是确保游客知情和安全，平衡一般游览和大量（可能存在冲突的）特殊事件要求，所有这些都必须以尊重国家广场历史意义的方式进行。

26.2　国家广场和纪念公园

国家广场是华盛顿国家公园管理局管理的大量绿地和文化遗址的一部分。国家广场和纪念公园内的特色是，占地1000多英亩，包括福特剧院（林肯遇刺地）、宾夕法尼亚大道国家历史公园（从美国国会大厦一直延伸到白宫）、杜邦环岛（Dupont Circle）、富兰克林广场和联合车站的草坪。广场从美国国会大厦至林肯纪念堂延伸大约2英里（图26.1）。宪法大道与北侧接壤，而独立大道和托马斯·杰弗逊纪念堂则是其南部边界。史密森学会国家博物馆就设在这里。除了文化和历史特色，这个广场是一个城市绿洲，拥有广阔的草坪、花园和成千上万棵树，包括美国榆树和世界闻名由日本赠送的樱桃树。2003年，国会宣布该遗址为"已完成的公民艺术作品"，禁止在其范围内开发新的纪念碑和纪念馆。

图26.1　国家广场是为了纪念美国历史，包括许多美国著名的景点，向前总统致敬，
向退伍军人的牺牲致敬，向国家走向自由、象征致敬
资料来源：国家公园管理局

26.3　管理国家广场

2010年，国家公园管理局发布了一项新计划，以应对国家广场面对的挑战（图26.2）。经过4年的规划，国家广场计划为广场未来半个世纪的管理提供了一个框架和目标。公园的历史意义和高到访率之间的平衡反映在计划的宗旨上，即"尊重地修复和翻新国家广场，使高水平的利用得以延续"，该计划的各项规定包括：开发灵活、多用途的设施，以容纳不同类型的事件；在食品服务区增设遮阳座位；建设高容量的卫生间；恢复和更换土壤、草种和树木；增设行人、自行车及车辆的分隔道路；安装较阔的铺装人行道；在附近建立新的服务中心，包括修复、改造以及发展教育展览设施以保持遗址的历史背景。这项计划是有代价的，初步估计费用为7亿美元。最初的资金由《美国复苏与再投资法案》提供，美国国家广场信托基金也为几个项目提供了资金支持。该基金会是国家公园管理局的非营利性合作伙伴，致力于该广场的恢复和改善。

最近，一个大规模的草坪草恢复项目在国家广场上完成。被破坏的草和土壤被移走，取而代之的是耐践踏的草和抗压工程土。一种新的排水系统更有效地将雨水从广场排出，大型地下蓄水池收集这些雨洪用于灌溉。游客使用管理是为了防止草坪进一步损坏，包括对有组织的事件所允许的结构和草坪覆盖物类型的限制。根据季节的不同和活动期间需要一定的恢复期，事件限制在某些天。部分草

图26.2　大量游客利用国家广场，踩踏造成了土壤和植被破坏
资料来源：国家公园管理局

坪为了偶然的保护利用也可以临时关闭。美国公园警察通过放置红旗向公众表明，执行场地临时关闭。

　　信息/教育用于帮助不同的游客在国家广场获得令人愉快的体验。需要有效沟通以帮助引导游客，他们中的许多人可能是第一次到访并游览主要景点。**公园网站和移动应用程序提供了详细的信息和地图。**后者可以被下载到手机或平板电脑上，并具有最新的公园新闻、行走路线、定制旅游和寻路工具。博物馆提供解说项目和展览，**与国家广场信托中心合作，提供成对的旅游证件供参观、回答问题和提供信息。**

　　为了保护公园资源、游客体验和纪念碑的完整性，某些活动是被禁止的。受限制的活动包括：爬树，将物品系于树上或其他公园构筑物上，遥控航模，放风筝（风筝上线有磨砂、不可降解）。在某些纪念碑，如越战老兵和朝鲜战争老兵纪念碑以及杰弗逊、林肯和罗斯福纪念碑，禁止慢跑、野餐、溜冰、骑滑板车、骑自行车、骑踏板车。考虑到国家广场在城市中的位置，停车位是有限的，并为每年大约800万乘公共汽车到达的游客作了精心准备，但在广场附近的7个地点已经设立了落客和取车地点，在城市其他地区的6个地点都有停车的地方。

　　每年乘公共汽车来的人们参与数以千计有组织事件的某一件，国家广场的另一项主要管理活动是平衡这些事件和一般性游览活动。想要举办游行或特殊活动的组织要求获得国家公园管理局的许可，在至少两天内获得许可证，也可以提前一年申请。特别事件是区别于游行示威的以娱乐或庆祝为主的活动。另一方面，示威活动旨在传达信息，包括演讲、守夜和纠察，我们以先到先得方式处理申请，每年约有4000~6000个申请获得批准。这意味着每天都有超过30个获批的事件在国家广场举行。

　　有组织的事件，特别是示威活动，可能引发冲突。在申请许可证的过程中，要求申请人表明他们是否希望任何团体、组织或个人破坏提议的活动。如果是，要求申请人提供这些团体或个人的联系信息。申请者还必须提供一份货币债券，以支付与活动相关的费用，包括美国公园警察的监控费和清理费用。对于总统就职典礼等大型事件，国家公园管理局可能会与美国国会警察、大都会警察和特勤局合作。特别事件也受成本回收计划的约束（如在另一个案例研究中描述的比斯坎湾国家公园，参见第10章），可能要对活动期间造成的任何损坏负责，包括对草坪的损害。对于确定为"第一修正案活动"的事件，申请费用为120美元。"通过许可程序，公园努力减少这些活动之间的冲突，并确保它们能够得到安全、适当的安置。"

　　国家广场的文化、历史和民主意义，加上密集的利用水平以及有时冲突的功能，需要采取多方面的管理方法。公园规则、信息服务和为某些目的设计的许可证制度帮助国家公园管理局适应了这些用途。正如国家广场计划中所提议的，通过设施再开发和再修复，可以让热情的现代公众得到更有效的接待，同时尊重原广场规划者的历史愿景。

第 27 章

爬向魔鬼塔的
公共场所

　　魔鬼塔（Devils Tower）对许多人来说是一种无形的诱惑。攀岩者经常挑战巨石的标志性裂缝和柱子。但是，一些在圣地进行传统仪式活动的美洲原住民（冲突）感知攀岩是不尊重传统仪式的行为。此外，攀岩者和其他游客扰乱了仪式，并拿走了祈祷物（贬低行为；对历史和文化资源的影响）。随着魔鬼塔的攀岩工作继续进行，纪念碑管理者们选择通过一个开创性的攀岩管理计划来减少利用的影响。该规划在6月（分区）实施一项自愿关闭攀岩的计划，包括一个跨文化教育项目，以提高游客对美洲原住民重要性的认识（信息/教育），并再次强调在攀岩前和攀岩后向护林员登记的重要性（规则/条例）。组建一个专门的攀岩者登记办公室，给游客更多与攀岩护林员接触的机会（设施开发/场地设计/维护）。

27.1　引言

　　1906年9月24日，随着《文物保护法案》的首次使用，西奥多·罗斯福总统宣布魔鬼塔为世界上第一个国家纪念碑。在宣布该遗址为"具有历史和重大科学价值的目标"时，他扩大了该法案的预期用途，将文化和科学意义都包括在内。这一行政行动引发了关于文化资源一直持续到今天的对话。

　　许多美洲原住民认为魔鬼塔国家纪念碑（Devils Tower National Monument）内的土地是神圣的。对于包括乌鸦部落、拉科塔部落和夏延部落在内的某些事物，这一地区被称为"熊屋"（Bear Lodge）（历史记录表明魔鬼塔源自一个错误的初始翻译），20多个部落与该遗址有文化联系。传统的仪式活动包括个人和团体的仪式，包括祈祷供品（布、捆带、丝带和旗帜）、汗居仪式、太阳舞、烟斗仪式和灵境追寻。部落的口述历史包括与该地区有关的生态和天文知识，许多仪式活动都在夏至举行。美洲原住民反对攀岩活动的原则源于在这个传统重要的时间里经历不愉快的遭遇。

魔鬼塔攀岩的历史可以追溯到一个多世纪前。1893年，威廉·罗杰斯和威廉·里普利完成了第一次有记载的石哨兵攀登。两人在魔鬼塔的裂缝中设计了一个350英尺高的木梯子，攀爬了剩下的175英尺至顶峰。同年7月4日，罗杰斯为了观众的利益，做了一次公开攀岩并在塔顶展示了一面美国国旗。罗杰斯的妻子林尼是两年后第一个使用梯子登上塔顶的女性。1937年，由弗里茨·韦斯纳领导的一个团队完成了第一次非阶梯峰会。1952年，简·考恩和简·肖卡克第一次完成了只有女性参加的攀岩。如今，"魔鬼塔"已经有超过200条命名的路线，从流行的杜兰路到诸如"哥斯拉的好货仓"和"事故受害者"等更丰富多彩的名字。魔鬼塔已成为世界一流的攀岩胜地，在国家的攀岩和高角度搜救史上均发挥了重要作用（图27.1）。

在20世纪70年代和80年代，每年攀岩者数量的激增，传统文化利用和攀岩之间的冲突可能是无法避免的。从1956年到1968年，每年有30～50个团体登上这座塔。到20世纪90年代早期，每年有超过6000多名登山者在这座纪念碑前登记。在这几十年的指数级增长中，岩钉和螺栓被打入塔的表面，攀岩者留下的其他碎片开始堆积起来，祈祷包（Prayer bundles）经常被移出该区域，仪式活动经常被攀岩伙伴之间命令的叫喊声打断。在庄严的宗教仪式上，对美洲原住民的摄影行为常常打扰了寻求乡村独处的人们。1995年，纪念碑管理者实施了一项创新的计划试图解决冲突，并在美洲原住民和攀岩社区之间达成共识。

图27.1　魔鬼塔的标志性的裂缝和柱子使这里成为世界级的攀岩目的地

资料来源：美国国家公园管理局，艾弗里·洛克利尔摄

27.2　魔鬼塔攀登管理计划

20世纪90年代早期，正值魔鬼塔的旅游高峰期，纪念碑管理者组织了一个工作小组，开始评估和解决利益相关者之间日益紧张的关系。该团体包括部落和社区领袖、攀岩团体、当地商业代表、环保团体和国家公园管理局官员。这一合作过程导致了在纪念碑建立尊重文化传统的首选方法。攀岩社区和美洲原住民（印第安人）都同意在六月自愿禁止登塔（夏至仪式发生的时间段）是规划过程中双赢的结果，在1995年，通过魔鬼塔攀岩管理计划实施自愿攀岩禁令。

这项禁令成功的关键是加强了对游客（包括登山者）教育的解说努力，让他们了解美洲原住民文化习俗和传统。改进的教育项目包括在线拓展、解说网站开发和增加与护林员联系的机会。除了现场提供宣传册的硬拷贝，公园网站还提供了与魔鬼塔有关的美国土著文化联系的信息以及与攀岩有关的法规。这些信息大部分都可以通过在线视频或音频相关信息获得。

要求游客们不要干涉美洲原住民的宗教（仪式）活动，建议游客们也不要触摸、拿走或以任何方式弄乱祈祷供品。解释宁静和独处是宗教仪式不可或缺的信息；在整个纪念地的土地上随处可见的色彩鲜艳的布条，是美国土著居民祈祷的物质象征。考虑到祈祷的文化意义，要求游客不要拍摄祈祷供品的照片。

解说场地开发包括一个名为"神圣的烟雾圈"（Circle of Sacred Smoke）的雕塑，目的是提高原住民对土地的意识（图27.2）。这座雕塑可以通过公路或小路到达，也是世界和平的象征，它象征着当地人用于祈祷的烟斗喷抽出的第一口烟。在该雕塑附近还建立了一座世界的和平极（World Peace Pole），它以拉科塔语和英语两种形式写着：愿世界和平。

作为努力增进与攀岩者教育交流的一部分，一个专门的攀岩者注册办事处于2005年成立了。要求每天所有规划攀登魔鬼塔顶的游客都要在攀登前后进行注册，这也为登山护林员提供了一个理想的机会，让他们能够对公园资源和旅游的潜在影响进行有意义的对话。注册是免费的，提高了攀爬者的安全，并为自1937年以来的历史数据库更新提供帮助。

攀岩者登记也为澄清规则与条例提供了机会。这些措施包括：6月份自愿关闭，不再使用新的锚杆、仅用许可证和锤子更换锚杆，用中性色的吊索或铁链更换吊索，要求将人类排泄物运离进场路线和塔台。特别适用于商业攀登指南的规

图27.2　安装了一尊题为"神圣的烟雾圈"的雕塑，以解说和提高
人们对土著与这片土地的联系的认识
资料来源：美国国家公园管理局提供，艾弗里·洛克利尔摄

则/条例，包括在6月期间不提供任何指引，以及在指南网站和印刷品上提供有关6月份自愿关闭的信息。

27.3　在熊屋促进相互尊重

由于六月份攀岩人数减少了80%，许多人认为魔鬼塔自愿禁止攀岩取得了巨大的成功。它是通过合作与协作而构想出来的，支持教育而非胁迫，并允许不和的政党有机会培养相互尊重。然而，这种公民努力是一场斗争，而且可能会继续下去。

在魔鬼塔攀岩管理计划公布后，围绕自愿禁令的诉讼持续了4年。直到1999年，美国第10地区上诉法院才维持了这一年度判决。此外，纪念碑管理人员已经注意到一个趋势，即遵守6月份的攀岩关闭的人正在减少。美国国家公园管理局将美洲原住民的精神价值和个人反思的机会记录为这座纪念碑的基础，"在魔鬼塔继续攀岩，可能取决于攀岩群体遵守与国家公园管理局政策和法规有关的攀岩者道德准则的意愿。"

但未来看起来很有希望。**国家公园管理局和土著人民之间的共同管理和伙伴关系的先进模式似乎正在兴起。**大峡谷国家公园的管理人员在他们的决策过程中，包括了11个传统上与之相关的部落。在德切利峡谷国家纪念碑，当地的农业仍然很活跃。在大波蒂奇（Grand Portage），纪念碑的迎新视频可以在奥杰布华语中观看，这是奥杰布华（Ojibwe）民族的语言。并于2015年正式更名为北美最高的山迪纳利（参见第13章，82页），承认了一代又一代的阿拉斯加原住民的神圣地位。

第 28 章

黄石公园
冬季奇景

冬季的黄石国家公园（Yellowstone National Park）是一个水汽、白雪和冰的地热仙境，为隆冬时节乘坐雪地摩托和冰原雪车（snowcoach）的游客提供了体验公园腹地景色的非凡机会，但这种访问并不是没有争议的。摩托化的雪地车污染了公园的空气（对空气的影响）和声景（对自然宁静的影响），干扰了野生动物（对野生动物的影响），并威胁到其他游客和雇员的健康和安全（冲突）。雪地摩托的日益流行引发了脆弱冬季景观中的拥挤状况（拥挤，对吸引地的影响，对小径的影响），一些冒险离开小径游客的行为助长了冲突（贬低行为）。黄石国家冬季利用管理主要集中在限制使用和减少使用影响的战略上。公园为雪上旅行（设施开发/场地设计/维护）开辟小径，并采取了若干措施减少雪地摩托和冰原雪车进入的影响，包括为雪地摩托和冰原雪车提供最佳技术（规则/条例），对每个季节允许进入公园的车辆的数量和类型作出限制（配给/分配），规定游客必须遵守旅行指南，实施宵禁和速度限制，估算了走出指定路线的游客高额罚款金额（执法部门）。

28.1　引言

许多国家公园以"优秀""壮观"和"壮丽"著称，游客在冬季为黄石国家公园保留了特殊的词汇。在这冰冻、严酷的景观中，在绵延的厚雪和冰之间，分布着冒着热气的间歇泉、冒着气泡的泥罐、宝石色调的热泉、冰冻的瀑布、冰拱和"幽灵树"，所有这些都需要一套更神秘的词汇——魔法、灵动、仙境、幻想世界。毫不奇怪，每年这个时候有这么多人被吸引到黄石公园，乘坐雪地摩托和冰原雪车进入黄石公园（图28.1）。但是，黄石公园在冬季机动化管理方面并不是没有争议的，冬季利用规划是在广泛研究、多重诉讼、激烈的公众评论和辩论的背景下进行的。

图28.1　黄石国家公园在冬季表现出非常不同的特点，雪地摩托非常受欢迎

资料来源：罗伯特·曼宁摄

关于如何管理黄石国家公园冬季游览的问题，早在20世纪50年代第一辆雪地摩托到达之前就有了。在公园的早期，很少有游客在冬季冒险进入公园，但到了1932年，周边社区开始要求管理者们犁出公园的道路，以保证整年车辆都能通行。在1949年，第一辆机动雪地车到达，横穿整个景观的"雪飞机"由单螺旋桨推进，就像大沼泽的水上飞艇。此后不久，庞巴迪公司（Bombardier）研制出了第一批多乘客冰原雪车，1963年第一辆现代私人雪地摩托到达。随着这些冬季活动的日益普及，修建了为积极管理雪地摩托和冰原雪车的通道（包括步道清理）。公园经理们推断，这种过雪通道比犁出来的路好。考虑到公园道路狭窄和巨大的降雪量，这种通道将极大地改变黄石国家冬季的荒野特色。

在随后的几十年中，随着冬季游览人数稳步增长，一系列新问题逐渐显现出来。老式的带有二冲程发动机的雪地摩托噪声很大，污染空气。公园的野生动物在这几个月里面临着寒冷天气、有限的食物供应以及挑战穿越深雪的旅行，显得特别脆弱，它们受到噪声和污染的影响，也受到没有经验的雪地车手的影响，因为他们不能适当地绕过它们（图28.2）。为冲突火上浇油的是，少数雪地摩托手从事寻求刺激的行为，驶出指定的路线冲上山坡。所有这些因素因公园里雪地摩

图28.2 雪地摩托可以影响包括野牛在内的野生动物，在它们已经处于压力之下

资料来源：罗伯特·曼宁摄

托的数量而加剧。到20世纪90年代末，每天有近800辆老旧、污染严重的雪地摩托进入公园，造成拥挤的状况（当时，乘坐雪地马车穿越公园的游客相对较少）。当公园工作人员戴防毒面具的图片进入媒体的时候，黄石公园的问题引起了全国的关注。

2013年，黄石实施了一项长期冬季利用计划，该计划涉及几个因素：游客和公园员工的安全和健康，游客体验质量和教育价值，对空气质量、自然宁静和野生生物的影响，以及对门户社区的经济影响。该冬季利用计划和相关的协同自适应管理计划提供了灵活性，以应对与机动车冬季游览相关的挑战。

28.2　黄石国家公园

作为世界上第一个国家公园，黄石国家公园是根据1872年国会的一项法案建立的。公园占地面积超过200万英亩，横跨怀俄明州、蒙大拿州和爱达荷州的部分地区，它以地热特征（间歇泉、温泉、泥坑和喷气孔）而闻名于世。地球上60%以上的间歇泉都分布在这里，包括最有名的老忠实泉，作为2000万英亩的大黄石生态系统的一部分，该公园拥有丰富多样的野生动物物种。其中，有野牛、狼、熊、土狼、鹿和麋鹿、鹰、大角羊和狐狸。每年有300万或更多的人游览黄石国家公园，他们中的大多数出行时间是在无雪的月份。探索公园自然特色的机会很多，在夏季可能开展的活动包括远足、钓鱼、骑马和野营。在冬季，游客们体验到地热特点与冰雪的强烈对比，在公园较低海拔地区更舒适的生存环境中观看野生动物，并入住"老忠实雪屋"（the Old Faithful Snow Lodge）。公园北面和东北面入口之间的公路对小汽车全年开放，而黄石公园的其他入口和内部目的地只能在冬季乘坐雪地车、滑雪板或雪鞋进入。

28.3　黄石国家公园冬季探视管理

黄石国家冬季利用管理意见已通过法院和技术进步的推动而形成。20世纪90年代末，环保团体的诉讼和请愿书对管理公园过雪通道的观点提出了挑战。在一场特别冰冷的冬天，一家动物基金会提起诉讼，数百头野牛尾随在公园外寻找食物，并因怀疑野牛会将布鲁氏菌病传染给牲畜而被杀。2000年，国家公园管理局发表了一份环境影响声明，允许冰原雪车通行，但禁止雪地摩托行驶，该机构受到了产业和国家利益的起诉。随后进行了一系列的环境评估和影响报告，提出了对每天进入公园的雪地摩托数量的实行限制，上限从318辆至950辆不等。经过广泛的公众评论和计划修订，公园管理重点从日常车辆上限转移到交通事件系统。

交通事件方法本质上是一个利用限制，但它为商业旅游经营者提供了一些灵活性。一个交通事件由一组雪地摩托或一辆冰原雪车组成。公园每天允许多达110个交通事件，其中50个事件可以是雪地摩托组。在这一限度内，旅游管理者可以选择是否提供雪地摩托或冰原雪车旅行，并可选择相互交换所分配的事件。虽然在一个事件中不允许超过10辆雪地摩托旅行，但运营商可以改变雪地摩托旅行规模，只要它们不超过每组7辆雪地摩托的季节平均数量。此外，如果旅游经营者超过了规定的技术标准，就有机会增加季节平均人数（达到8辆雪地摩托或1.5辆冰原雪车）。通过设置交通事件的限制，而不是个人车辆的限制，鼓励旅游经营者以较大的群体运送游客到公园，允许类似或更多的探视，但不会频繁打扰野生动物、自然宁静和其他游客。通过制定技术标准和鼓励经营者超过这些标准，减少空气和噪声污染的数量。

技术标准是黄石公园冬季机动通道管理的重要组成部分。在2002年之前，雪地摩托更脏更吵，向大气中排放的碳氢化合物为150克每千瓦时，一氧化碳为

400克每千瓦时。这些老式雪地摩托的噪声平均为78分贝。相比之下，现代雪地摩托使用四冲程发动机技术，并且更加清洁也更安静。今天，国家公园管理局要求进入公园的雪地摩托分别达到碳氢化合物和一氧化碳排放量15克每千瓦时和90克每千瓦时的标准，噪声标准是67分贝。雪上客车以前不受现有最佳技术要求的限制，现在必须符合指定的环境保护署二级（Environmental Protection Agency Tier 2）车辆标准和75分贝的噪声标准。自从技术要求和禁止空转开始实施以来，公园的空气污染和噪声水平显著下降。公园的科学家们继续监测噪声和污染水平，所以新标准和交通事件的影响还有待观察。

公园还执行了一些附加的规则和要求，以进一步使机动化冬季游憩活动相关影响降至最低。最新的冬季计划为非商业性的私人旅行安排了五项交通活动。然而，所有的旅行，无论是商务旅行还是私人旅行，都必须有导游。非商业导游必须完成公园涉及规则与条例、安全和环境保护方面的认证课程。通过要求游客有向导，雪地车排成一列进入公园，减少了野生动物受到的干扰、交通违章事故和罚单数量。雪地摩托限速每小时35英里，冰原雪车限速每小时25英里，进一步提高游客的安全。**禁止在指定路线以外驾驶雪地摩托的规定得到严格执行，对于那些偏离既定路线的人，罚款5000美元。**此外，机动的雪地车只允许早上7点到晚上9点之间运行，这一规定限制了声景影响持续时间。

黄石公园长期冬季使用计划的采用是公众参与、研究和修订的扩展过程的高潮，但这并不是这个过程的结束。园区已经制定了一个适应性的指导未来的管理计划。6个工作小组专注于野生动物、空气质量、人体尺寸、操作和技术以及非商业进入，他们为该计划贡献了自己的知识。游览黄石公园的冬季仙境可能会成为公众多年持续关注和争论的话题。

第29章

大提顿的
另类交通

　　大提顿国家公园（Grand Teton National Park）的公路是为了方便游客乘坐汽车而设计，大多数游客都是以这种方式游览公园。但由于路肩狭窄或根本不存在，道路对那些希望以其他方式穿越公园的人来说是一个挑战。为了增加非机动交通的机会，减少与车辆交通有关的影响（道路及停车场挤塞、被践踏的植物、压实的泥土、空气污染）（对道路的影响，拥挤，对植被的影响，对土壤的影响，对空气的影响），公园为行人、骑自行车的人、溜冰者建造了8英里的多用途小路（设施开发/场地设计/维护），为游客提供通往著名的南珍妮湖地区（South Jenny Lake area）的替代性路线，并在沿途和景点设置了自行车架（设施开发/场地设计/维护）。为确保游客的安全及减少多用途小路利用量对野生动物的影响，公园制订了若干规则及法规（规则/条例，信息/教育，影响野生动物）。这种混合的管理方法使用了四种基本管理策略中的三种：增加机会的供给，减少利用的影响，强化资源和体验。自适应性管理将为公园未来多用途小路扩展网络建设提供指导。

29.1　引言

　　国家公园的许多旅行走廊开发都将汽车旅游者放在心上。在大提顿国家公园，三条主要道路——提顿公园路（the Teton Park Road）、外高速公路（Outer Highway）和北公园路（North Park Road）——以及几条较小的道路提供了通往公园景点的通道。后者包括游客中心、露营地和驼鹿头（trailheads in the Moose）、珍妮湖（Jenny Lake）、柯尔特湾（Colter Bay）地区和劳伦斯·S. 洛克菲勒保护区（Laurance S. Rockefeller）。从杰克逊霍尔山谷（Jackson Hole Valley）可以看到提顿山脉的景色，以及观赏野生动物的机会。每年夏天，都会有成千上万的游客乘坐私家车行驶在这些公路上。然而，对于那些希望通过步行或骑自行车的替代方式来公园游览的游客来说，这些道路的设计并不合理。狭窄或没有路肩使行人和骑自行车的人靠近机动车辆，包括大型休旅车。除了引起人们对安全的担忧外，特别是当有幼童和经验不足骑行者的家庭骑自行车时，这种情况会减少机动和非机动旅行者的体验。

　　鉴于汽车旅行的环境和社会影响，譬如拥堵、车满为患的停车场、被践踏植被和压实的土壤，未经授权的停车和退化的空气质量，**鼓励替代的旅行方式意味着成为国家公园服务的一个重要目标**。在大提顿，多用途小路被认为是实现这一目标的一种途径。在2009年，一条8英里长的非机动通道在提顿公园路的一段附近开通，从驼鹿公园总部前往人气颇高的珍妮湖南区，允许游客步行、踩踏板或滑冰。这条小路是公园"健康家庭"计划的一部分，也是连接公园和周边社区多用途小路的第一步。通过野生动物相关影响研究提供的自适应管理计划，最终可能在公园内修建长达42英里的小径。

29.2　大提顿国家公园

　　大提顿国家公园占地面积310000英亩，是环绕落基山脉的最年轻山脉。**提顿山脉高耸的山峰—其中八个超过12000英尺—从下面的谷底陡然升起**（图29.1）。形成这种对比的原因是，大地上一条40英里长的裂隙发生了剧烈的移

图29.1　在大提顿国家公园，提顿山脉突然从周围的平原上升起

资料来源：国家公园管理局，E. Himmel 摄

动，把提顿峰（the Teton peak）挤向了天空，同时把谷底提升到了平均海拔6800英尺的高度。在这个由冰川雕刻而成的戏剧性环境中，景观类型从高山冻原到灌木蒿平原。湿地、草地、森林、湖泊为丰富多样的野生动物提供了栖息地，包括大型食肉动物、蹄类动物（麋鹿、叉角羚、驼鹿、黑尾鹿）、猛禽，以及生活在近乎完整的大黄石生态系统多种小型动物等物种。

大提顿国家公园最初成立于1929年，1950年扩大时，与毗邻的杰克逊霍尔国家纪念碑合并。公园位于黄石国家公园和邻近的小约翰·洛克菲勒纪念公园路南面，周围有瓦恩加洞（Winegar Hole）、杰迪戴亚·史密斯（Jedediah Smith）和提顿荒野（Teton Wilderness），塔吉（Targhee）和布里奇特顿国家森林（Bridger Teton National Forests），还有国家麋鹿避难所（the National Elk Refuge）。每年约有250万人到大提顿观光，出行时间大多数都是在夏季。游客来到大提顿是为了观赏山景和野生动物、徒步旅行、露营、登山，以及在斯内克河上漂流。许多人在公园游览时会骑自行车。

29.3 在大提顿推广另类旅游

大提顿的多用途小路是2000年交通规划努力的结果（图29.2）。通过初步研究，确定了下列管理办法：

1. 增加游客在公园里走动的方式；
2. 更好地兼顾机动和非机动车旅行；
3. 减少热门地区的交通堵塞；
4. 增加与游客交通相关信息的交流。

在2007年完成的最终运输计划中，要求在现有道路走廊之外和内部建立一个多用途小路系统，作为实现这些目标的一项主要战略。小路将允许游客无需在公园道路上行驶就能到达公园景点；在汽车和其他机动车争夺停车位时，他们可以把交通工具放到自行车架上。该计划的其他要素包括：研究为公园开发运输系统的可行性，改善道路标识及有关交通情况和交通选择的游客资料，以及增设行人过路标识。也许该计划更重要的组成部分之一是专注于自适应管理，这意味着分阶段构建多用途小路，在构建前、构建中、构建后进行研究，并将研究结果整

图29.2　国家公园管理局在大提顿国家公园开发了一条绿道，作为"替代交通"的一种形式
资料来源：国家公园管理局

合到后续道路开发阶段。

　　管理人员特别关注新的多用途小径可能对野生动物产生的潜在影响，反过来，野生动物（尤其是大型哺乳动物）可能以新的方式对景观中穿行游客产生的影响。虽然小路建造在距提顿公园路不到50英尺的地方，但一个野生动物生活了几十年的地方，动物与步行或骑自行车的人的互动方式不同于与开车人的互动方式。几十年来，野生动物一直生活在提顿公园路上。为了尽可能减少对野生动物的影响，促进游客与公园动物之间的安全互动，为小路利用量制定了一些规则。只允许在白天使用小路，禁止宠物（导盲犬除外）。与公园的其他地方一样，要求游客与大型动物保持至少300英尺的距离，不得投喂或以其他方式骚扰野生动物，必须随时注意食物和背包。为了进一步提高安全性，公园建议走小路时尽可能结伴而行，随身携带并知道如何使用熊喷雾剂。对鸟类和有蹄类动物与小径及其利用量的相互作用进行的研究证实了一些栖息地的丧失，但没有显示出对这些物种的其他主要影响。然而，最近的一项研究发现，由于这条小路一直处于使用的状况，黑熊中午在旅行通道附近的活动有所减少，而在早上和晚上有所增加。该研究还记录了黑熊在夜间穿越小路的次数增加了20%～40%。这一可靠的科学有助于充实该通道夜间限制的理论基础。

　　除野生动物外，还制定了一些规则和建议，以处理促进安全和减少小路使用率之间的冲突。首先，只有非机动车形式的交通工具才允许在铺设的多用途小路上行驶（残疾人使用电动或电池驱动的交通工具除外）。要求骑自行车和滑冰的人以适当的速度行驶，以适应其他利用量的数量，并在经过时提醒其他人。其次，在公园道路上旅行时，自行车必须遵守与汽车相同的规则，而且必须排成单行，并向机动车辆谦让。建议戴头盔，穿鲜艳的衣服，戴上反光镜以提高可视性。公园要求只能在公路骑山地车，在小径上是严格禁止的。有关自行车道、新的多用途小路和相关规则的信息在标牌、游客中心和公园网站上向游客提供。

关于骑自行车和其他形式的"替代性交通"的规则/条例对保护游客和野生动物都很重要，但与首先修建一条新的步道的重要性相比，它们是次要的。在国家公园内布局新的设施、相关的规划、建设和维护成本、影响部分自然环境的决策，是一个具有挑战性的命题。但就像锡安国家公园的穿梭巴士系统一样（在另一个案例研究中讨论，见第24章），大提顿的管理者们已经采用大胆的方法解决了一个大问题。随着公园设施的改变，以反映现代交通的担忧，传统的汽车游客可能会成为许多类型的国家公园游客之一。

第 30 章

糟糕的
冰川旅行

冰川国家公园（Glacier National Park）被称为"背包客的天堂"，在公园的大部分历史中，对野外露营几乎没有什么法规。但随着进入公园内部原始荒野人数的增多，人们越来越关心在保护荒野资源的同时安全地适应这种利用（对植被的影响，对土壤的影响，对野生动物的影响，对水的影响）。今天，野外露营主要是通过限制使用的策略来进行管理，减少使用的影响，强化资源和体验，许可证制度用于限制整个边远地区的使用（配给/分配）。要求游客在指定的野营地露营（设施发展/场地设计/维修），并通过野外露营录影带、野外导游及公园网站（规则/条例），知悉有关规则及安全事宜（信息/教育）。此外，野外护林员帮助确保游客意识到这些问题，并在必要时执行公园规则（执法）。最后，提供了一系列露营机会——从大型露营地到徒步旅行小屋——以适应不同类型的野外体验（分区）。

30.1　引言

20世纪初，人们骑马到冰川公园野外旅行。游客们住在由北方铁路公司（the Great Northern Railway Company）建造和维护的小木屋和露营地里。在随后的几十年里，很少有法规指导公园内野外露营活动。游客们在崎岖山峰的阴影下，在他们想去的地方和想去的时间安营扎寨，如高山草甸、针叶林和大草原，还有冰川、湖泊和公园里丰富的野生动物。**但是，到20世纪60年代，随着游览次数的增加和对这种游览影响认识的增加，需要更积极地对过夜利用加以管理。**最初，要求获得营火许可证，到十年结束时，开始建立一个更全面的野外露营许可证制度。这一改变是在公园头两起熊袭人死亡事件发生后，即1967年的"灰熊之夜"事件。如今，一个复杂的预约和上门客申请许可证制度已经就位，以管理公园65个原始露营地的使用。一些规则/条例保护公园资源和游客的露营体验。

30.2　冰川国家公园

1910年,"大陆之冠"(Crown of the Continent)冰川被审批为美国第十个国家公园,1932年成为第一个国际和平公园(International Peace Park)的一部分(瓦特顿冰川)。冰川公园位于蒙大拿州落基山脉北部,**以其锯齿状、白雪覆盖的山峰、丰富的生物多样性和冰川雕刻的山谷而闻名于世**。虽然在气候变暖的情况下冰川在缩小,但仍有25个冰川存在,包括黑脚(Blackfoot)(最大的)、格林内尔(Grinnell)、杰克逊(Jackson)、斯佩里(Sperry)和彩虹(Rainbow)。在冰川国家公园100万英亩的土地上,发现了近2000种植物,275多种鸟类,68种动物。其中,有著名的大型哺乳动物——灰熊、山羊、和大角羊、金刚狼、猞猁和美洲狮。冰川公园与它北边的公园一起,被全球公认为国际生物圈保护区(1974)和世界遗产地(1995)。

标志性的"走向太阳之路"(Going-to-the-Sun Road)于1932年竣工,是在冰川公园最壮观的景色中开辟出来的一条道路,它通往麦克唐纳湖(Lake McDonald)、广受欢迎的雪崩湖(Avalanche Lake)徒步旅行区、洛根山口(Logan Pass)和圣玛丽湖(St. Mary Lake)。其中,分布有原始的红色旅游汽车和一些历史小屋的复制品、麦克唐纳湖畔小屋、许多冰川酒店、冰川公园小屋,提醒人们公园的游览时间。但对今天的许多人来说,如果不去偏远地区,去冰川旅行就是不完整的。**冰川被称为"背包客的天堂"**,其长达750英里的小径将游客带离公路,导入公园内部(图30.1)。

图30.1　冰川国家公园以冰的形成以及野花草甸和数百英里的小径为特色

资料来源:罗伯特·曼宁摄

30.3 管理冰川公园野外露营

从表面上看，冰川公园的野外露营政策很简单：要求所有背包客都获得并携带许可证；（除了尼亚克和煤溪露营区）到指定的露营地点露营。这是一种集中使用和防止广泛生态影响的方法。在管理许可证项目时，需要解决问题的多样性带来的复杂性。夏季背包旅行的季节很短，露营地的积雪覆盖一直持续到6月或7月。因此，露营地的开放日期和具有挑战性的步道条件（如水害）是不能完全预测的。在短暂的季节里，对热门露营地点的需求很大。此外，背包客的体能和兴趣各不相同，需要得到照顾。还有一个问题导致了一个正式许可证制度的开发——公园里存在着大型的、潜在危险的野生动物物种，尤其是灰熊。

野外露营指南连同公园的野外露营网站页面，为潜在的背包客提供获得许可证的详细说明。需要采取的步骤取决于旅行提出的时间，以及远足计划要提前多久，冬季露营者（试图在11月中旬至4月底之间露营）只需在旅行前7天提出申请许可。夏令营有两种选择：

1. 在网上申请预订；
2. 在预定行程的24小时内检查是否有空房。

公园内208个营地中，大约一半是为每一种需求预留的。

3月开始接受提前预约服务申请，先到先得。在申请表格中，要求旅游领队注明参加行程的营员人数、建议的行程，以及多达3个可供选择的行程，包括建议的日期和最多14晚的露营区。鼓励申请人说明他们是否会接受其他选择（不同的出发和结束日期、不同的露营地、相反的路线、较短的行程），或选择完全不同于他们要求的路线。每个露营地每次旅行有3个晚上的时间限制。此外，一些受欢迎的露营地在7月、8月和9月每次旅行只能申请1~2晚。这些努力是为了适应高需求，并指导露营者在热门路线达到通行能力时，挑选可供选择的方案。**为了帮助露营者更好地了解潜在的替代方案，公园强调"在冰川中没有糟糕的旅行！"**

当考虑到营地条件的不可预测性时，出现了进一步的挑战。每个露营地都有一个预定的开放日期，也就是预计雪会在营地融化的那天，只有在那个日期之后才能做预定（在开放日期之前，进入露营地在线预订系统中将其添加为可选项）。此外，突如其来的雪道危险（如雪崩造成的积雪覆盖）可能导致最后一分钟雪道关闭。在这种情况发生时，乡村护林员会与露营者在小径上会面，调整行程。该公园在其网站上提供详细信息，帮助露营者识别潜在的并发症。每日小道状态报告和一个野外博客提供关于小道和营地条件的详细信息。一个在线图表也可以通过提供仍然可用的营地列表帮助游客制订计划。每个营地都提供了GPS坐标，以帮助那些希望将这项技术应用到旅行中的人。

　　让露营者得到许可证和在可用的露营地分散出来只是冰川公园管理户外利用的一个步骤。几个规则/条例已经就位，以使露营者对自然环境和对他人体验的影响最小化。这些规则包含了不留痕迹（LNT）的原则（参照阿卡迪亚国家公园案例研究，第6章）。考虑到大型团体的相关影响，公园鼓励团体规模小型化，12人是团体的最大规模，每晚只允许5个这样的大型团体。团体必须符合营地的设计限制，最多可容纳两个帐篷和四个人。在营地中，要求游客使用已有的烹饪区、营火坑和坑厕。只有倒木可收集用于薪柴，在营区内禁止高声交谈，只有徒步穿越熊的栖息地时，为了尽可能避免与熊遭遇，才鼓励交谈和拍掌。

　　在小径上，要求远足者将尿排在岩石上（减少动物挖洞寻找盐分的影响），将固体排泄物埋在远离水源的地方。鼓励游客单个徒步旅行，在抗逆性强的地方休息，捡拾他们沿途看见的废弃物，禁止走捷径、收集从公园任何自然或文化物品（个人消费的浆果和鱼除外）。只允许导盲犬出现在野外小径上，甚至它们也会因为与野生动物的潜在互动而受到阻止。

　　要求特别关注露营地以减少与野生动物负面互动的可能性。食物必须小心地处理，在帐篷区不允许准备和储藏食物，所有食物及有异味的物品必须存放在指定的容器内或者吊在动物够不着的袋子里。要求露营者必须随身携带绳索和吊袋，食物残渣必须收集在过滤器中，并与其他垃圾一起进行带出。鼓励背包客携带防熊喷雾剂（防御性胡椒喷雾），告诉他们如果遭遇灰熊时，如何使用的建议。有关遭遇熊的细节以及其他规则和要求显示在15分钟的视频里，露营者可以在线或者是在野外露营办公室观看，野外护林员在小径和营地与游客互动，必要时强制执行许可证和露营规则。

　　虽然规则与条例保护公园资源，不同类型的露营机会提供不同类型的游客偏好和能力。虽然大多数露营地仅限于指定的原始露营地，但位于公园西南侧的尼亚克/煤溪露营区（the Nyack/Coal Creek Camping Zone）为在这个崎岖不平、人迹罕至的地区进行大型露营提供了机会。只有最有经验的户外游客才被鼓励参加此类露营，而且他们仍然需要获得许可证才能这样做。另一种是登山小屋，为游客提供床、坚实的住宿结构、厨房设施和餐饮服务（图30.2）。在斯佩里小木屋，游客可以用骡子把他们的装备送到山顶，同时带着一天的背包徒步旅行6英里，或者他们也可以自己安排骑马。公园允许为想徒步旅行和露营的游客提供当地专

图30.2　花岗岩公园小屋为徒步旅行者提供庇护，是冰川国家公园内许多类型的徒步旅行体验中的一种

资料来源：罗伯特·曼宁摄

家的向导服务。

　　冰川的野外管理和露营许可证制度是为了保护国际公认的荒野，同时也为许多渴望冒险进入冰川内部的游客提供住宿。它是使用多种管理策略和实践来平衡这两个经常竞争目标的典范。虽然可供选择的营地数量有限，但通过在线预订和上门客许可证制度相结合提供可供选择的行程范围，也有助于扩大可供游客选择的数量。通过集中使用指定的营地，强化资源，影响传播最小化，通过制定和实施法则和法规，减少对自然环境和其他游客的影响，游客的安全感得到加强。

第三部分

结论

第31章

经验学习

在本书中，我们有很多理由看到公园和户外游憩对社会的重要性。户外游憩是数以百万计的国民每年享受和欣赏国家公园和相关地区的方式，这有助于为公园建立强大的支持者。但是，公园的双重使命使得户外游憩管理变得复杂起来：提供公众享受，但要保护公园资源和游客体验质量。这个双重使命是美国国家公园系统的核心，并体现在世界各地相关公园和户外游憩机构与组织的目标中。

这一挑战还体现在公园和户外游憩领域的许多长期的概念框架中，例如公园作为共同财产资源、承载力和可接受改变的极限。公园是公共财产资源，需要主动管理，加勒特·哈丁（Garrett Hardin）称之为"相互强迫、相互同意"的方式。承载力表明，过多或不当的公园及相关地区游憩使用，会使公园资源和游客体验质量下降至不可接受的程度，而公园必须按照其承载力进行管理。可接受改变的极限的概念承认户外游憩将导致公园资源和游客体验质量的变化，但要求必须对可接受的变化量进行界定。

这些概念产生了若干管理框架，包括可接受改变的极限（Stankey et al.，1985）、游客体验和资源保护（国家公园管理局，1997；Manning，2001）和游客利用管理（Interagency Visitor Use Management Council，2016）。尽管这些框架有时使用不同的术语并包括其他细微差别，但它们的相似性多于不同性（Manning，2004）。这些框架要求：

1. 制定管理目标、相关质量指标和质量标准；
2. 质量指标的监测；
3. 采取管理措施确保质量标准得以维持。

此外，还应考虑为公园和户外游憩三重框架（资源、体验和管理）的每个组成部分构建质量指标和质量标准。最后，按照游憩机会谱（ROS）的建议，以系统的方式排列质量指标和质量标准，以确保公园和户外游憩机会的多元化系统，满足社会的广泛需求。

本书还描述了户外游憩影响公园资源（土壤、植被、水、野生动物、空气、自然宁静、自然黑暗和历史/文化资源）以及游客体验质量（拥挤、冲突和不友好行为）的方式。这些影响通常集中于游客设施和服务，包括景点、小径、露营地/野营地、道路和停车场，以及解说设施和服务。这些影响共同构成了管理问题的16种基本类型。个别游客的影响通常很小，但当乘以每年数以百万的游客并累计数十年的利用量时，这些影响可能是巨大的，威胁到公园资源的完整性、游客体验质量、公园和户外游憩机构的管理能力。

幸运的是，许多管理实践可以用于解决这些问题，研究表明这些管理实践能有效地减少户外游憩活动的影响。这些管理实践可分为4个基本策略：

- 限制利用；
- 增加供给；
- 减少利用的影响；
- 强化资源和游客体验

管理方法分为6个基本类别：

- 信息/教育；
- 使用配给/分配；
- 规则/条例；
- 执法；
- 分区；
- 设施开发/场地设计/维护。

利用本书中确定和描述的16个管理问题、4个管理策略和6种管理方法，构建了4个矩阵（见第5章）。这些矩阵对于系统地、全面地和创造性地思考可能用于管理户外游憩活动的技术范围是有用的。可能适用于每个问题的管理方法都在本书中给出，读者们面临的挑战是创造性地思考其他可能适用的管理技术。

最后，本书第二部分中提出的25个案例研究说明了如何在美国国家公园系统的不同单位成功地使用本书中概述的管理策略和方法。这些案例研究涵盖了与户外活动有关的所有16个问题、所有4个管理策略和6类可能用于解决这些问题的管理方法。

31.1　户外游憩管理原则

从本书前两部分介绍的科学、专业文献调查以及25个案例研究中可以学到什么教训？这些材料的集成和综合提出了一系列的原则，这些游憩已经出现在各种各样的环境中。本章将介绍并简要讨论这些原则，通过案例研究中的例子解释说明这些原则。

原则1：公园和相关的户外游憩区必须以既提供户外游憩机会，又保护公园资源和游客体验质量的方式进行管理

户外游憩产业中公园的双重使命要求公园可以用于户外游憩，但游憩活动的管理任务是保护重要的公园资源和游客体验质量。1916年出台的《美国国家公园管理局组织法》（*Organic Act of the US National Park Service*）是这一双重使命的重要体现。公园作为公共的财产资源，公园的承载力和可接受变化的极限是紧密相关的概念，解决了公园和相关的户外游憩区的双重使命。公园是"公地"的好例子，必须由一个代表"相互强迫，相互同意"概念的管理计划来保护。同样，承载力表明，公园内可容纳的游憩活动数量是有限的，不能产生不可接受的影响。承载力概念中隐含的内涵是，游憩活动将不可避免地导致公园和有关地区的变化，但必须建立和尊重"可接受改变的极限"。户外游憩管理必须兼顾公园和相关区域的双重使命。

本书第二部分介绍的所有案例研究都代表了如何体现公园和户外游憩区利用和保护之间固有的张力，例如：阿卡迪亚的徒步旅行者践踏脆弱的土壤和植被，在比斯坎的驾船者破坏了珊瑚礁，半穹顶的极度拥挤，在石化森林盗窃文物，游客打扰了大烟山萤火虫的栖息地，停车场地表径流威胁卡尔斯巴德洞窟，锡安的交通堵塞，梅萨维德的解说之旅游客负担过重，雪地摩托污染了黄石公园的空气和声景。

它们还包括管理人员处理这一问题的创新性方法，包括：在德纳利（Denali）建立公交系统，以限制公园游客和野生动物之间的冲突；在阿巴拉契亚小径上，设计更具抵抗力的野营地；在国家广场，利用志愿者进行解说性漫步；在约翰·缪尔森林，让游客对人为噪声敏感；对大峡谷上空旅行静音技术的潜在需求；在大提顿，为骑单车者及行人开发一条绿道；要求游客必须由穿着制服的护林员陪同，以尽可能降低他们对猛犸洞穴的影响。

原则2：户外游憩管理应以目标管理框架为指导

公园与游憩管理是复杂的，甚至是有争议的。例如，在原则1中所描述的利用和保护之间取得适当的平衡可能是困难的，因为它经常涉及关于公共土地利用

的决策：在相互竞争的需求之间分配游憩机会；调解游客之间的潜在冲突；施加管理限制，有时包括对公众使用的限制。一个结构化的框架应该用于帮助指导这些管理决策。在公园和户外游憩文献中已经有了几个这样的框架研发出来，包括可接受改变的极限、游客体验和资源保护，以及游客使用管理。这些框架依赖于以下核心要素：

    1. 制定管理目标和相关质量指标与质量标准；

    2. 质量指标的监测；

    3. 采取管理措施维护质量标准（如图1.4所示）。

这构成了一个合理、透明、可追踪的户外游憩管理框架。

本书第二部分中的一些案例研究很好地说明了这些框架。例如，为精致拱门（Delicate Arch）（以及其他体验和资源相关的质量指标、拱门国家公园其他地点的质量标准）制定了每次最大人数的质量标准，公园监测这些指标并采取管理行动（例如在精致拱门入口外停车的数量），以确保质量标准得以维持。在科罗拉多河，同样为资源和社会条件制定了质量标准（例如，野营地退化，每天在河上看到的成队游船数量），并监测这些条件以确保质量标准得到维持。德纳利（麦金利山）的荒野管理计划采用了野营地条件和每天遇到团体数量的质量标准，并且使用强制许可制度来帮助维持这些标准。随着本书中所描述的影响和相关问题变得日益紧迫，并且随着这种管理方法更深入地嵌入到行业中，将来很可能会有更多的公园和户外游憩区采用这种管理方法。

原则3：户外游憩管理是一个迭代的、适应性的过程

原则2所概述、图1.4所图示的当代公园和户外游憩领域的目标管理框架是一种迭代方法，它依赖于长期的监测和自适应管理计划。如第1章和原则2所述，公园和户外游憩管理包括三个主要步骤：

    1. 制定管理目标和相关质量指标和质量标准；

    2. 质量指标的监测；

    3. 采取管理措施维护质量标准。

因此，监测是一个定期而执行的过程，以确定质量标准是否得到维持，管理技术是否得到成功应用。这种户外游憩管理方法要求长期致力于监测，监测计划的结果被用于确定管理的有效性：如果维持了质量标准，可能不需要修改目前的管理。然而，如果违反了质量标准，或者监测数据的趋势表明质量标准有被违反的危险，那么应该考虑其他替代的管理技术。通过这种方式，管理者从管理行为的成功或失败中学习，并相应地调整他们的管理项目。拱门、科罗拉多河和德纳

利（如上原则2所述）的监测和管理项目就是这种管理方法的好例子，而大提顿的替代交通管理明确依赖于自适应管理。同样，协同自适应管理现在指导黄石公园的冬季使用。

原则4：户外游憩应该在关注的三重关系框架中进行管理：资源、体验和管理

户外游憩活动对公园资源和游客体验质量具有潜在影响，这些影响主要发生在各种管理设施和服务方面（如图1.2所示）。公园和户外游憩的三个组成部分——资源、体验和管理——在设计和实施管理项目时都应该得到明确的关注。此外，户外游憩的这三个组成部分之间也可能存在重要的相互关系。例如，对公园资源的影响也可能降低游憩体验的质量，并要求实施管理行动。公园和户外游憩的三个组成部分都没有得到明确的关注，它们之间的潜在相互作用可能会导致户外游憩在一些重要组成部分得不到管理。这个三重框架是一种以综合的、多学科的方式考虑并分析户外游憩的有用方式。本书第二部分介绍的案例研究涉及表5.1所示的户外游憩的所有三个组成部分：所有八类资源影响，以及所有三类体验影响，以及所有五类公园设施和服务影响。

原则5：利用游憩机会谱确保户外游憩机会的多样性

游憩机会谱（ROS）是使用潜在指标和质量标准的范围来帮助定义户外游憩机会的多样化系统（如图1.3所示）。为了满足社会日益多样化的需求，需要各种游憩机会。游憩机会谱可以在多个方面成为有用的管理框架，它包括对一个公园或者一组公园及相关地区的游憩机会进行清查，为一个公园或一组公园及相关地区可能短缺的游憩机会种类，以及对所选户外游憩机会最适合的质量指标和标准类型提供建议。

本书第二部分中的案例研究代表了在游憩机会谱框架中，可以找到的许多类型的公园和游憩机会。这些机会范围从国家广场这样的城市公园到卡特迈这样的荒野公园，从约塞米蒂这样的"皇冠上的宝石"公园到探险家国家公园这样不太为人所知的地方，从比斯坎湾这样的水上公园到惠特尼山这样的山脉，从大峡谷

这样的自然区域到查科这样的历史文化区，从像缪尔森林这样的小地方到像德纳利这样巨大的自然保护区。所有这些公园都在更大范围为美国的户外游憩机会作出了重要贡献，即使是在单独的公园层面，也可以而且应该找到许多类型的户外游憩体验。冰川国家公园的野外分区系统就是一个很好的例子，在这里游憩机会从小木屋到大型露营都有。类似的，卡尔斯巴德洞窟广泛的洞穴系统为大多数初次到访游客提供了高容量的观赏机会，同时也限制了进入低容量的野外或更"荒凉"洞穴的机会。

原则6：户外游憩以多种方式影响公园及相关地区，包括公园资源、游客体验、设施及服务

第2章概述了户外游憩活动如何影响公园和相关区域。原则4概述的公园及户外游憩活动的三重框架会影响公园资源、游客体验质量，并且进一步影响一系列公园设施及服务。就本书而言，对公园资源的影响分为8类：土壤、植被、水、野生动物、空气、自然宁静、自然黑暗和历史/文化资源。对游客体验的影响分为三类：拥挤、冲突和不友好行为。这些资源和社会影响可能发生在五类管理设施和服务中：景点、步道、露营地/野营地、道路和停车场，以及解说设施和服务。就本书而言，这些影响可能以16种基本方式或地点发生。

第二部分中的案例研究代表了所有这些影响和问题，如表5.1所示。总之，25个案例研究涵盖了所有8种类型的公园资源，尽管对土壤、植被、野生动物和历史/文化资源的影响是最常见的。对水和空气的影响不那么普遍，可能是因为它们往往是短暂性的。对自然宁静和自然黑暗的影响不太常见，但这些只是在公众和职业良知中逐渐显现出来，成为日益稀缺但重要的"资源"。

"拥挤"是一种几乎无处不在的社会影响，尽管它以许多不同的方式表现出来：在通往惠特尼山和半穹顶山顶的小径上与其他群体相遇，通往锡安峡谷的道路交通拥堵，科罗拉多河野营地竞争，或者在卡特迈，观熊平台的站立室。公园使用者之间的冲突也很常见：科罗拉多河上的机动和非机动划船者，大峡谷的"飞行观光"之旅和荒野远足者，大提顿的汽车和自行车，国家广场不同政治信仰的示威者，还有在魔鬼塔的登山者和美国土著。游客的不友好行为不太常见，但其影响也同样重要：徒步旅行者在阿卡迪亚的小径上干预堆石标，在比斯坎湾的粗心的船只搁浅，在石化森林中偷窃硅化木碎片。

当然，在旅游景点，如标志性的自然景观、观景点、历史文化遗址、河流湖泊和山峰，经常出现所有这些影响和相关问题，在步道和解说设施和项目上的影响也很常见。对道路和停车场的影响，以及对露营地/野营地的影响则较少。当

然，第二部分中提出的25个案例研究并不一定代表美国国家公园系统400多个单元的庞大和多样化系统，与游憩利用相关的影响同公园本身一样多种多样。

原则7：户外游憩可以使用四种基本策略进行管理

策略是管理实践的基本方法；它们描述了管理者解决问题可能采取的基本手段。可以用四种基本策略管理户外游憩（如图3.1所示）：限制利用；增加供给；减少利用影响；强化资源和游客体验。例如，在游憩场地，管理土壤和植被的过度影响可能通过以下方式：

1. 减少利用量（例如，通过许可证制度）；
2. 增加游憩机会以分散使用（例如，建造一条新的小径）；
3. 减少利用的影响（例如鼓励游客采取不留痕迹的行为）；
4. 强化资源（例如铺路）或游客体验（例如创造现实的访问体验）。

这四种策略方针是完全不同的，各有其潜在的优点和缺点。

如表5.1所示，本书第二部分的案例研究提供了所有这四种管理策略的例子。

减少利用量。通过调整路口的停车场规模来限制精致拱门的使用，以确保每次不超过30人；德纳利每年的巴士旅行次数是有限的，使对野生动物干扰最小化；崖宫解说之旅的游客人数有限，以确保所有的游客都能听到护林员的声音并咨询问题；冰川国家公园的野外露营者人数有限，以防止过度践踏脆弱的土壤和植被；半穹顶缆绳上的每日徒步旅行者数量有限，以防止极度拥挤和相关的安全问题。

增加游憩机会。虽然增加游憩机会的供应更具挑战性，但是通过在卡特迈建立更多的观熊平台已成功实现；在石化森林的纪念品商店，提供一些硅化木碎片（在公园外收集）；在大提顿开发一条非机动绿道；冬季，在阿波斯特群岛开辟公园道路和开放游客中心，让训练有素的志愿者在国家广场上进行引导游览。

减少利用的影响。因其固有的吸引力，普遍接受减少利用影响而不减少公众访问。在阿卡迪亚的小径上，徒步旅行者要学习不留痕迹（LNT）原理；在比斯坎，驾船者必须学习如何避免环境破坏性的搁浅（以及当搁浅发生时如何移走船）；游客对缪尔森林的自然宁静价值较为敏感，如何降低人为噪声；在惠特尼山上，要求徒步旅行者带走他们自己的固体排泄物；在大烟山，要求参观同步萤火虫现象的游客学习"光秀礼仪"（light show etiquette），使用手电筒时减少对萤火虫和其他游客观看萤火虫能力的影响；在探险家国家公园，钓鱼者学会如何清洁船只和其他设备，使外来物种扩散降至最低。

强化资源或游客体验。至少在第二部分包含的案例研究中，强化公园资源和游客体验使用较少，但这可能是一种有效的策略。阿巴拉契亚小径的野营地设计限制了野营地扩建的潜力；告知游客如何准备观看阿波斯尔群岛的冰洞，包括可能遇到的大量游客；通过重建和加固梅萨维德的古代遗址，以抵御游客的干扰；在锡安，穿梭巴士取代了每天数千辆私家车在公园道路和停车场上的使用。所有这四项基本策略都可用于解决和尽可能减少户外游憩的潜在影响。

原则8：户外游憩可以使用六种基本的管理战术和方法进行管理

如第3章所述，有许多管理技术或管理方法可以用来管理户外游憩，这些管理方法分为六个基本类别：

1. 信息/教育（例如描述不留痕迹方案七项原则的网站）；
2. 使用配给/分配（例如有固定数量许可证的强制性许可证制度）；
3. 规则/条例（例如在林线以上禁止营火）；
4. 执法（例如穿制服的护林员有权发出传票）；
5. 分区（例如，为徒步旅行者指定一条小径，为骑自行车者指定另一条小径）；
6. 设施开发/场地设计/维护（例如开发木制帐篷垫）。

这六种管理方法是完全不同的，每一种都有潜在的优点和缺点。第4章概述的这六类管理方法的成效在科学和专业文献中已有记载。

如表5.1所示，本书第二部分的案例研究提供了所有这些管理方法的实例。

信息/教育。鉴于其间接、灵巧的方法，几乎所有这些案例研究都使用信息/教育就不足为奇了：在拱门，告知徒步旅行者离开受维护的步道会对脆弱的土壤和植被造成损害；教导德纳利公园路的巴士乘客如何避免骚扰野生动物；教育查科的露营者关于自然黑暗和夜空观赏的重要性，以及如何减少人为引入的光；在探险家国家公园，教导船夫们如何使外来入侵植物和动物传播的机会降至最低。

使用配给经常出现在个案研究中，并有许多不同的形式：到半穹顶徒步旅行者可以在网上预订许可证；大峡谷科罗拉多河上的非商业划船者们参与一个抽签系统；精致拱门有限泊车位先到先得；在旅游旺季，到梅萨维德的游客每天只能购买公园最受欢迎的两种旅游线路之一的门票。

当然，规则/条例在案例研究中几乎无处不在，需要为日益增长的户外游憩需求维持秩序。在拱门处不允许有溢流停车；在大峡谷的科罗拉多河上，团体的规模是受限制的；在大峡谷，空中旅行必须遵循的规定的航线；黄石公园的雪地摩托司机必须使用配备了低污染、低噪声技术的机器。规则和规章必须最终得到执行。

执法贯穿于整个的案例研究：一名看守人驻扎在阿巴拉契亚小径上广受欢迎的安纳波利斯岩石露营区；护林员在卡尔斯巴德洞窟的入口巡逻，这些洞穴已经对公众关闭；在梅萨维德，公园护林员驻扎在所有对公众开放的悬崖民居；公园护林员在游客离开石化森林时，询问他们是否捡拾了硅化木；在半穹顶、德纳利、惠特尼山和科罗拉多河上，护林员检查必需的徒步旅行和露营许可证。

分区也是公园和户外游憩管理的主要内容。科罗拉多河在空间和时间上都划分了区域，为游客提供一系列的游憩机会；德纳利路被划为允许私家车通行和只允许公园巴士通行的路段；缪尔森林包括一个安静区；魔鬼塔采用时间分区；广阔的冰川公园荒野被划分为一系列的户外游憩体验区域；大峡谷的上空被划为允许航空旅行的区域和禁止航空旅行的区域。

最后，设施开发/场地设计/维护被广泛用于解决户外游憩活动的潜在影响：服务于精致拱门的停车场已调整大小，以避免过分拥挤；锡安的穿梭巴士减少了私家车的影响；在查科安装了向下照明的灯；卡特迈的木栈道和观景台尽量减少对熊的干扰；设计国家广场上的新人行道、草坪草面板和地下蓄水池，使对土壤和植被的破坏降至最低。

原则9：户外游憩管理问题可以通过一种以上的管理策略或方法来解决

大多数与户外游憩相关的影响和问题可以通过不止一种管理策略和方法来解决。如，可以通过限制使用的策略（例如，提高费用或使用许可证抽签的措施）来解决拥挤问题，增加游憩机会供给（例如，利用告知游客关于替代游憩机会的措施或开发附加设施，如小径），并且减少使用的影响（例如，使用不留痕迹原则的教育实践或对手机的约束来限制游客引起的噪声，这可能会导致感知拥挤）。

本书第二部分介绍的案例研究描述了如何使用一系列游憩管理策略和方法，解决各种与游憩相关的影响和相关问题。例如，利用信息/教育的管理方法解决拱门拥挤的问题（向在游客中心查询的游客推荐较少使用的地点和时间），配给/分配（在精致拱门的路口限制停车位的数量），规则/条例（禁止溢流停车），执法（在需要的时间和地点强制禁止超员停车）。

原则10：户外游憩管理策略和方法可以解决多个问题

原则9表明，游憩管理问题可以通过一个以上的管理策略和方法来解决。反之亦然：游憩管理策略和方法可以解决多重问题。例如，减少利用影响的策略以及相关的信息/教育方法可用于解决对许多公园资源的影响，包括土壤、植被、水、野生动物和空气；不留痕迹方案是特意为此目的设计的。信息/教育也可以通过分散使用到其他景点或公园减少拥挤，通过建议适当的游客行为最小化冲突，通过解说为什么乱丢垃圾和涂鸦是不合适的来限制不友好行为，以及通过帮助形成关于公园条件的现实预期"强化"游客体验以应对游客遇到的影响。

所有四种管理策略和所有六类游憩管理方法都可以用来解决与户外游憩相关的许多影响和问题，第二部分的案例研究提供了许多示例。例如，在德纳利，减少利用影响和相关的信息/教育方法用于最小化巴士乘客和野生动物之间的冲突（通过游客行为的适当交流），最小化荒野露营者对土壤和植被的影响（通过沟通LNT指南）。同样，在锡安峡谷禁止使用私家车条例使对野生动物的影响降至最低（通过减少汽车伤害或杀死动物的可能性），使拥挤、交通拥堵和游客之间的冲突最小化（通过减少停车空间的竞争和道路上同时有汽车和自行车的危险）。

原则11：户外游憩管理方法可用于推进一种以上的管理策略

本书建议管理户外游憩有四个基本策略和六种基本类别的管理方法。六种类别管理方法之一均能够提高四个管理策略中的一种以上，并有效扩大管理选项。例如，以下是在原则8中讨论的，信息/教育管理方法可以用于减少景点或公园的问题（例如，在景点或公园通知游客正在经历的问题或告知他们其他景点或园区的优势），或者减少使用的影响（通过教育游客关于不留痕迹的行为）。以推进为解决管理问题而选择策略的方式，设计和应用管理方法很重要，利用一种管理方法推进多种管理策略的方式也很重要。

案例研究说明管理方法可以用于推进多种管理策略的方式。例如，信息/教育管理方法被用于支持在一些公园减少使用影响的管理策略，包括在阿卡迪亚徒步旅行和在比斯坎划船；但是，信息/教育也被用于交流和解说在一些公园限制使用管理策略的基本原理，包括半穹顶徒步旅行和在科罗拉多河上的漂流。

原则12：户外游憩管理策略可以通过一个以上的管理方法来推进

原则11建议，管理方法可以用于推广一个以上的管理策略。反之亦然：管理策略可以通过不止一种管理方法来推进。例如，限制利用的管理策略可以通过告知游客其他户外游憩机会，通过许可证系统定量使用以及实施限制团体规模的规则来推进。减少使用影响的管理策略可以通过教育游客有关不留痕迹的措施、通过许可证制度定量使用、实施在树线以上禁止使用营火的规则，以及开发帐篷垫来强化脆弱的土壤和植被等方式来提出。

案例研究说明了这一原则。例如，在阿巴拉契亚小径沿线露营地减少使用影响的策略是通过采用对空间扩张更具"抵抗力"的露营地的新设计，以及在附近设立护林员来教育露营者并执行规章来实现的。在德纳利的荒野，减少游客对野生动物的影响是通过限制使用和教育游客采取正确的行为和食物储存来完成的。

原则13：在可能的情况下，应采用户外游憩管理方法的强化方案

可以使用一套管理方法来强化彼此，最大限度地提高成功解决管理问题的可能性。例如，荒野地区的营火可能会产生生态影响，包括土壤消毒、移除倒木以及由寻找木柴的游客产生的社会痕迹。它们还会造成美学影响，在木柴稀少的高海拔地区，这些影响尤其明显。

解决这一问题的协调，强化管理的计划可能包括：

1. 关于营火影响的信息/教育活动，要求游客携带和使用手提式炉灶；
2. 在树线以上禁止营火的条例；
3. 偶尔巡视小径和野营地，以便在需要时执行条例。

本书第二部分的案例研究包括强化管理方案的一些例子。在拱门，为公园内最具标志性景点服务的停车场规模，是为了防止不可接受的拥挤程度，已采纳了禁止溢流停车的规定，并通过公园游客中心、公园报纸和公园标志传达给游客，

必要时由公园护林员执行。在科罗拉多河上，通过公园的网站告知游客传达最小化露营行为，教育划船者影响最小化资源和社会影响。该教育方案通过与商业河道指南的合同安排在河上延伸，限制每天船只下水的次数，采用时间分区制度规定不允许机动船只下水的时间，并且通过定期的巡逻来实施条例。

原则14：管理者应系统、全面和创造性地思考可用于管理户外游憩的方法范围

鉴于户外游憩潜在影响范围以及可用的各种管理策略和方法需要协同努力，以系统、全面和创造性的方式思考管理。在第5章中开发的矩阵和附录A1~A4所示的矩阵，提供了一种可以支持这种思考的方法。这些矩阵罗列了户外游憩对现有管理策略和管理方法的影响，并要求管理者思考每个管理备选方案在解决每个影响或管理问题时可能有用的方式。

第5章描述了使用或"输入"矩阵和相关附录的替代方法：所遇到问题的类型、问题的位置或背景、所考虑的管理策略和管理方法的类型、四个矩阵中，每个矩阵中包含96个单元（图5.1~图5.4），或附录A1~A4中包含的管理技术更详细的列表。如表5.1所示，书中第二部分的案例研究展示了一些方法。其中，创造性地采用四种管理策略和六种管理方法，解决在多样性公园环境中，户外游憩所产生的影响。

原则15：不应仅仅因为熟悉或行政上方便而采用户外游憩管理方法

第5章开发的管理矩阵及其相关附录表明，有许多潜在的管理选项解决户外游憩相关的影响和问题。管理者应该创造性地考虑替代的管理备选方案，并抵制依赖于熟悉的、管理上容易或常用的管理方法的诱惑。例如，当管理人员看到公园资源退化、游客体验质量下降时，通常会实施限制使用，但这些问题可能是由不适当的使用类型或行为引起的，在这些情况下，限制使用可能不如改变冒犯行为的管理努力有效。此外，在这些情况下限制使用可能对公众不利，因为它没有找到解决问题的根源，也没必要禁止公众进入公园和相关区域。

本书第二部分的许多案例研究体现了这种创造性、创新性的管理方法。例如，在锡安峡谷公园没有限制使用，而是设立了强制性的穿梭巴士系统，该系统消除或大幅度减少了资源和体验的影响，同时保证了游客的进入。在布鲁克斯营地，卡特迈增加了几个网络摄像头，允许"虚拟"进入这个标志性的自然景观。

惠特尼山的徒步旅行者携带并使用废物分配和胶凝袋（WAG），尽可能降低对脆弱土壤和植被的影响，最大限度地增加公众的接触。在卡尔斯巴德洞窟公园，工作人员和志愿者在一年一度的"绒毛营"中把公园游客不知不觉地带到洞壁上的绒毛移走。

原则16：识别及避免户外游憩管理方法的潜在意外及不良后果

运用游憩管理方法解决所选择的问题可能会产生意想不到的副作用。例如，在选定的地点或公园实行定量配给可能会导致其他地点或公园出现类似的问题。例如，在本书第二部分案例研究中所描述的约塞米蒂国家公园半穹顶的利用量大幅减少，可能导致公园其他地点利用的增加，管理者应该确保其他地点或公园为这种利用的增加做好准备。另一个例子是在荒野地区为背包客指定固定的旅行日程（要求背包客在他们旅行的每个夜晚驻扎在指定地点），可以大大减少营地邂逅和有关的拥挤，但同时也限制了对荒野使用者来说很重要的自由和自发性的感觉。正如另一个案例研究中描述的那样，将野营地分配给在大峡谷国家公园中漂流科罗拉多河的团体，将允许增加河流的使用，而不会同时增加野营地的拥挤程度，但这种管理措施并没有得到应用。因为研究发现，游客看重的是根据体验到的情况和其他考虑因素调整行程的机会。在选择和应用游憩管理手段时，应考虑管理行动的潜在副作用和非预期后果。

原则17：有效管理户外游憩需要良好的信息

户外游憩管理应尽可能多地了解几种类型的信息。首先，正如本书的第一部分所说的，有大量的关于户外游憩的研究，包括影响类型和与此活动相关的问题，并且这一知识体系在第2章中进行了概述。这些信息可以帮助管理者预测潜在的问题，并理解这些影响是如何发生的，以及它们产生的问题。其次，关于管理方法的广泛性（包括其潜在的有效性），有越来越多的专业文献，这些知识体系在第3章和第4章中概述。这种类型的信息可以激发关于管理方法的系统性和创造性思考。最后，需要考虑相关地区的具体情况。一些公园资源比其他的更脆弱：例如，细纹理土壤（例如黏土）比大颗粒土壤（例如沙子）更容易被压实；

阔叶植物（例如蕨类）比窄叶植物（例如草）更容易受到践踏。游客也可以完全不同，有些人是为了结识新朋友，而另一些人则是为了寻求独处。公园也可能大不相同；一些位置靠近人口中心的可以用密集的方式利用，而另一些位置偏远的可能更适合作为荒野管理。所有这些问题的信息将有助于确保户外游憩的管理尽可能有效。

本书第二部分介绍的许多案例研究，是信息用于设计和实现有见识的户外游憩管理方法特别好的例子。例如，在缪尔森林国家纪念碑的格罗夫大教堂指定一个安静区，至少部分基于一项关于游客支持这种管理行动的研究计划，以及确认游客对这种管理实践恰当的反应。一项关于拥挤与游客安全之间关系的实质性研究计划，有助于设计和实施前往半穹顶顶峰的许可证制度。一项关于划船在科罗拉多河上的生态和社会影响的研究计划，帮助指导新的河流管理计划的开发。

原则18：户外游憩的管理应通过理解影响或问题的原因变得更加明智

户外游憩带来的影响和相关问题有许多潜在的原因。例如，过度的小径侵蚀可能是由于游客使用过多造成的，然而它也可能由不适当的游客行为（例如，游客走出受维护的部分小径）、小径不明智的选址（例如，在太陡的斜坡上）或维护不当（例如，未能定期清理水坝，从而导致水积聚在小道上）。如果不充分了解问题的原因，管理就不可能有效。例如，如果问题的原因（例如水土流失）是不明智的选址，那么减少游客的使用可能对解决问题没有什么效果。

在阿帕拉契小径上露营的案例研究为这一原则提供了一个很好的例子。对安纳波利斯岩石露营地最初的影响很大程度上是由于它位于一个平坦开阔的地区，而不是利用量或阿巴拉契亚徒步旅行者的数量。这使得露营区在空间上得到了极大的扩展，并产生了诸如践踏土壤和植被等相关影响。露营区的重新选址和采用新的山坡露营地设计大大减少了对土壤和植被的影响量，这个结果是不能用简单的露营者人数上限来达到的。

原则19：应在更大尺度的地理背景下，考虑户外游憩管理决策

公园和相关的户外游憩区由许多场地组成，公园本身是一个更大的户外游憩机会系统的一部分。制定公园和户外游憩管理目标、相关的质量指标和质量标准，以及用于维持质量标准的管理措施，应考虑每个场地和公园对更大的户外游憩机会系统的潜在贡献。这与游憩机会谱（ROS）的目标是一致的，而游憩机会

谱是帮助设计各种游憩机会的有用工具（参见原则5）。与户外游憩的三重框架一致（见原则4），管理技术是户外游憩机会的重要组成部分，这表明应该选择、设计和应用管理技术，为公园、区域甚至国家和国际层面的游憩机会增加所需的多样性。

本书第二部分的几个案例研究从一个大的地理角度反映了管理方面的考虑。例如，科罗拉多河在大峡谷国家公园中有近300英里的河流，河流被划分为三个空间区域，每个区域提供不同类型的游憩机会，每个区域以不同的方式进行管理。在拱门处，由于对标志性的精致拱门的高要求，设计了一个相对宽松与拥挤相关的质量标准，但在公园的其他地方，质量标准更强调独处。此外，拱门是犹他州南部公园和公共用地系统的一大部分，人们考虑了拱门在这个公园和户外游憩机会的区域组合中可能扮演的最合适的角色。

原则20：户外游憩管理应注重游憩利用的影响，而不是游憩利用本身

本书中描述问题的根源并不一定是游憩利用，而是这种使用的影响：土壤压实和侵蚀、野生动物干扰、拥挤，以及其他经常与户外游憩相关的问题。这表明管理层应该聚焦于限制户外游憩的影响上，而不必限制游憩利用本身。事实上，限制使用量与大多数公园用于游憩的规定背道而驰。此外，在某些环境下，限制使用量在减少使用影响方面可能不如旨在鼓励游客低影响行为的信息/教育项目那么有效。有许多管理技术旨在限制户外游憩的影响，这是管理工作的焦点。当然，限制游憩使用是管理户外游憩影响的有效方法（它是四种基本的户外游憩管理策略之一，并且有许多管理技术可以用于限制或定量使用）。但是，它应该只在限制游憩的影响的背景下使用。

第二部分几乎所有的案例研究都说明，在不限制游憩使用量的情况下可以减少游憩影响。阿卡迪亚的护林员教育徒步旅行者待在受维护小径上的重要性。教会比斯坎的驾船者如何"阅读"水情，避免破坏环境的搁浅。要求参观猛犸洞穴的游客，必须更换曾在其他洞穴穿过的衣服，作为努力的一部分以阻止疾病在蝙蝠中的传播。要求缪尔森林的徒步旅行者减少他们在大教堂里制造的噪声。要求探险家国家公园的游客清洁他们的船只和渔具，以减少入侵物种的潜在传播。所有这些案例研究都是在公共游览最大化的同时，游客利用影响最小化方式的实例。

原则21：限制利用通常是户外游憩的最后一个管理选择

如原则1中所讨论的，大多数公园和相关区域至少部分地是为了提供户外游憩机会而建立的。这一点在《美国国家公园管理局组织法》（第1章概述）和大多数其他公园、户外游憩管理机构和组织所体现的双重使命声明中是显而易见的。因此，管理机构在选择定量利用之前，应充分考虑无限制利用的管理措施。

作为第二部分案例研究的一个例子，锡安国家公园的穿梭巴士系统不限制游览锡安峡谷，但它减少了由于使用私人汽车所带来的许多影响，包括道路及停车场的挤塞、违规停车对资源造成的影响、与车辆相撞对野生动物造成的伤害，以及机动车辆发出的噪声。同样，缪尔森林的教育计划不限制游客的数量产生的人为噪声。然而，在某些情况下，需要限制游憩的数量，并构成有效和适当的管理方法。例如，在德纳利国家公园的荒野地区，太多的背包客可能干扰敏感的野生动物，并将荒野体验的质量降低到不可接受的程度。在这种情况下，必须限制游客的利用。

原则22：限制或限量户外游憩使用需要考虑如何分配有限的使用机会

根据定义，对公园或相关区域的使用量进行限制，可以适应实施一种分配可用的户外游憩机会需要的机制。因为大多数公园和相关区域都建在公共土地上，户外游憩管理者必须特别考虑如何以公平和公正的方式分配稀缺的游憩机会。如第4章所讨论的，有五种基本的管理实务可以用于分配户外游憩：

- 预约系统；
- 抽签；
- 先到先得或排队；
- 定价；
- 绩效。

这些管理实务各有利弊，在开发和实施使用配给系统时必须考虑到这些利弊。

第二部分的案例研究表明，使用配给是在国家公园管理户外游憩的一个重要部分。例子包括在半穹顶日间的徒步旅行者数量、科罗拉多河上的船只数量、德纳利的巴士和过夜的荒野游客量、梅萨维德解说性旅游的数量和规模、在卡特迈观看观景台的游客数量、惠特尼山上徒步旅行者数量、大雾山同步萤火虫观赏人数、精致拱门一次游客人数、大峡谷的空中旅行人数、在冰川过夜徒步旅行者的数量，还有黄石的雪地摩托和雪橇"交通事件"的数量。在每个案例中，都开发并实现了分配系统，其中一些系统非常复杂，使用预约、先到先得、抽签（加权和非加权）、网站、免费预订数量、费用和这些系统的组合。预订和先到先得系统是最常见的，偶尔使用抽签、定价和绩效很少使用。尽管使用许可证经常要收费，这些费用通常是象征性的，因为人们担心根据收入区别对待游客。值得注意的是，如果判断绩效是基于低影响户外游憩用途的知识和实践，绩效系统使用会越来越多，因为它们具有潜在的优势，不仅可以限制使用量，还可以限制使用的影响。

原则23：户外游憩间接管理方法一般优于直接管理方法

第3章建议管理行为可以分为直接或间接（如图3.2所示）。如术语所建议的，间接管理行为旨在通过信息/教育等方式影响游客的行为。直接管理行为不允许游客自由选择，包括规则/条例和执法等方式。间接管理方法通常受到青睐，因为它们与传统上与户外娱乐有关的自由保持一致。但是当需要达到管理目标时，直接管理方法是正当的。可以用互补的方式将间接管理方法和直接管理方法结合起来，以实现最大的有效性。例如，如果没有向游客传达和证明，法规就不太可能有效。在诸如利用水平高、脆弱或稀缺的自然和文化资源，以及游客行为可能对公园资源和游客体验质量造成重大影响的许多情况下，可能更经常地需要直接管理方法。原则34进一步讨论了直接和间接管理方法的主题。

本书第二部分的案例研究反映了这些想法。如表5.1所示，由于其对游客和管理者的吸引力，信息/教育的间接管理方法而几乎普遍被采用。然而，配给/分配、规则/条例和执法的直接管理方法也被普遍使用，建议管理者在必要的时间和地点使用这些方法。

原则24：户外游憩利用通常需要强化管理

过去几十年来，国家公园和相关地区的游客数量急剧增加，现在每个公园的访问量常常达到数百万，甚至全美国国家公园系统的访问量也达到数亿。此外，大部分利用集中在高峰期和已开发的设施，包括景点、小径、露营地/野营地、道路和停车场，以及解说性设施和服务。这种集约利用会对公园资源和游客体验质量产生重大的影响。这表明为了履行公园管理保护公园资源和游客体验质量的职责，也需要集约管理。

本书第二部分中的所有案例研究描述了户外游憩管理的集约计划，这些计划带来了本书中概述的许多管理策略和实践。例如，在德纳利河（锡安山）已经设计和实施的比较大规模的公共交通项目。一个复杂的加权抽签系统给科罗拉多河上的非商业划船者分配许可证。在冰川国家公园，野外的许可证包括预订和上门客两个组成部分。沿着阿巴拉契亚山脉受欢迎的露营区，设计和建造一个新的野营地系统。大峡谷上空的空域由联邦航空管理局和国家公园管理局密切管制。猛犸洞穴中的一些洞窟由于其特别脆弱的特性而被封闭。随着户外游憩活动的日益普及，需要日益集约和复杂的管理计划。

原则25：在必要的时间和地点，在游客抵达公园和户外游憩区之前，为游客定制户外游憩管理

如果游客在抵达公园很久之前就能感知到他们到达时可能遇到的情况，那么许多管理方法可以得到更有效的运用。示例包括一些更常见的管理方法，包括信息/教育、规则/条例以及使用配给/分配。例如，根据定义，一个解决树线上方篝火影响的教育计划，如果游客在家里获悉此信息则会更有效，从而让他们有机会携带一个便携式炉子。如果游客在到达公园之前意识到并为此需求作好了准备，那么限制宠物进入敏感的野生动物区域的规章将更有效；如果游客熟悉配给程序，并以战略方式调整他们的使用，他们就更有可能成功应对。幸运的是，电子媒体为管理者们提供了前所未有的选择，让他们能在潜在的游客到来之前接触到他们。

本书第二部分的几个案例研究说明了公园与潜在游客接触的方式，而电子媒体是一种广受欢迎的方法。美国国家公园系统的所有单位都有相对复杂的网站，包括针对潜在游客的信息/教育。阿波斯尔群岛使用专用电话线（"冰线"）告知游客冰洞穴何时开放，以及如何准备访问它们。一些公园正在使用尖端媒体：拱门使用脸书（Facebook）和推特（Twitter）帮助准备潜在的游客，大峡谷已经为科罗拉多河上的潜在划船者开发了视频播客，以及专门为非商业划船者设计的DVD。

原则26：持续更新和拓展需要考虑的户外游憩活动和其他公园用途清单

公园和相关区域的户外游憩包括传统活动，如徒步旅行、露营和风景驾驶。然而，近年来，活动清单迅速拓展，包括许多非常规用途，如越野游乐车和喷气

式滑雪、跑步和极限运动。新的游憩活动可能带来新型的游憩影响和相关问题，管理者需要跟上这些趋势并预见在哪些地方需要管理关注。

第二部分提出的几个案例研究提供了这些相对较新的游憩和相关活动的例子，包括黄石公园的雪地摩托、大峡谷上空的空中旅行和国家广场的公众示威游行。

原则27：持续更新和拓展需要保护的公园和户外游憩"资源"清单

所有的公园都是为了保护那些对社会有价值的资源而建立起来的。例如，一般认为1872年建立的黄石公园是世界上第一个国家公园，建立目的是重点保护该地区的自然"奇观""古迹"和"装饰物"。这个术语反映了对具有巨大美学和游憩吸引力的静态对象的关注，并且仅仅反映了对当代生态学的初步认识。直至1947年大沼泽地国家公园（Everglades National Park）成立，国家公园管理才开始认识到公园更加现代和动态的价值。1906年的《文物保护法案》（The Antiquities Act）将公众的关注从自然资源扩展到历史文化资源。1916年《美国国家公园管理局组织法》指导国家公园管理局保护国家公园中已发现的"自然和历史物品及其野生动物"时，包括自然和文化资源。传统上，自然资源包括土壤、植被、水、野生动物和空气等传统景观的组成成分。

最近，可能受到过多或不适当的户外游憩方式威胁的重要的公园资源清单，已经扩展到包括自然宁静和自然黑暗——听、看的能力，以及如我们的祖先一样欣赏自然声音、天然环境。自然宁静和自然黑暗开始被认为是公园需要保护和管理的、越来越稀缺和重要的资源。缪尔森林国家纪念碑（处理自然宁静）和查科文化国家历史公园（处理自然黑暗）的案例研究，是美国国家公园系统内不同单位处理这些新兴资源方式的典型例子。随着我们对生态和文化更加了解，公园资源列表似乎将继续拓展。例如，一起构成生态系统环境的组成部分之间的相互作用，以及景观和全球层面的过程（如气候稳定性和变化），可能是未来公园最重要的资源。公园管理者必须对这些变化敏感，并相应地调整他们的管理方式。

原则28：持续更新和拓展户外游憩管理技术

研究、新技术和管理创新继续促进游憩管理技术的更新和扩展。管理者必须通过网络和专业文献跟上这些变化。本书第二部分提出的案例研究突出了管理技术的几项创新。例如，在阿帕拉契小径的安纳波利斯岩位置中，使用露营地设计尽量减少露营对土壤和植被的影响。在德纳利、锡安和大提顿，开发了"替代性交通"系统。生态和社会科学研究帮助公园管理者制定质量指标和质量标准，开发监测规程，并在拱门、德纳利、半穹顶和科罗拉多河测试管理技术的潜在可接受性。游客利用的计算机仿真建模帮助了解拱门、科罗拉多河的管理技术。最后，几个案例研究已经开发并使用复杂的网站（拱门）、播客（科罗拉多河）、应用程序（国家广场）和其他电子媒体，作为当游客计划旅行时提供信息/教育的手段。

原则29：户外游憩管理既能正面也能负面影响游客体验质量

游憩管理方法通常旨在维持或提高户外游憩的质量。例如，建造小径和野营地以使游客能够使用公园和相关区域；信息/教育，特别是解说形式，用于提高对公园和相关领域的认识。但矛盾的是，管理行动有时会降低户外游憩的质量（这个问题是在原则16的讨论过，但是作为其自身的原则需要更充分地对待）。在某些情况下，这是显而易见的：基于环境或其他考虑因素（例如，由于敏感的文化资源，关闭了梅萨维德的偏远地区），如果游憩活动受到很大限制，就削弱了这些地区的游憩价值，但在其他情况下，这个问题可能不太清楚。

例如，当使用偏远地区或荒野地区仅限于帮助确保独处的机会时，管理者应该有证据表明游客（或某些游客）至少重视独处的机会，因为他们重视所考虑的地区的准入和使用。否则，限制利用的管理行为可能比正面更负面，至少因为它适用于户外游憩体验的质量。在原则16中描述用于荒野利用的固定行程的内在效率与自由和自发性值的案例，是另一个如何表现这个问题的例子。在研发科罗拉多河管理计划时发现，（通过使用计算机模拟模型）要求划船者在其旅行的每个夜晚在指定的海滩露营，将允许更多团体使用河流，同时保持理想水平的野营地独处。然而，这种管理选择并没有受到划船者的青睐，因为它会大大减少那些与科罗拉多河之旅密切相连的自由感。在这种情况下，大多数划船者宁愿放弃一些进入河流的通道，以确保河流旅行符合他们的期望。因此，固定路线管理系统未被采纳为管理计划的一部分。

原则30：将分散游客作为户外游憩管理手段时应谨慎使用

分散游憩利用是解决资源和体验下降问题的内在吸引力的管理做法。它是限制利用基本管理策略的一种形式，但不一定限制利用量；相反，它将游憩利用扩展到未充分利用（或至少利用较少）的地区或时间。分散利用可能是有效的，但也会引起一些意想不到的副作用（见原则16）。管理者应注意使用分散的地方和时间确实未得到利用，并且它们能够适应不断增加的利用而不会产生重大的不良后果。此外，重要的是，更大的公园和户外游憩区系统包括被明确地定义为低利用和相关影响的场地和体验。这个概念是游憩机会谱（ROS）概念的核心（参见原则5），并且反对相对同质的公园和户外游憩机会系统。

原则31：公园、相关的户外游憩管理机构及其他团体和实体之间的合作有助于管理户外游憩

公园和相关区域不是孤立的实体，而是嵌入在地方、区域，甚至国家和国际背景中。这意味着公园和户外游憩管理者应该与广泛的利益相关者合作，包括门户社区、游憩用户协会、设备制造商和零售商、户外作家、环境组织和友好团体。与这些利益相关者建立强有力的伙伴关系可以互惠互利，并扩大公园管理的范围。

本书第二部分提出的案例研究提供了一些这种伙伴关系的创新例子。锡安国家公园的穿梭巴士系统是与犹他州斯普林代尔门户社区合作设计的，由此产生的巴士系统为公园游客提供了一个无缝的交通网络，让公园和当地企业都受益。

梅萨维德国家公园博物馆协会帮助游客组织了特别旅游。阿卡迪亚的朋友们资助了阿卡迪亚国家公园的护林员计划。明尼苏达州自然资源部为探险家国家公园的船夫们提供关于防止水生入侵物种传播的信息。在阿波斯尔群岛，一个当地城镇提供雪犁服务，允许游客在冬天使用。国家公园管理局和美国林务局以合作和协调的方式管理惠特尼山的游憩利用。魔鬼塔和大峡谷的工作人员直接与当地的美洲原住民部落合作，帮助确定适当的和可接受的公园用途。查科文化国家历史公园和其他西南公园成功地游说，通过了《新墨西哥夜空保护法》，该法禁止在该州销售汞蒸气灯。这些类型的合作伙伴关系正在扩大公园和户外游憩管理的有效性，并且在未来可能变得更加重要。

原则32：管理户外游憩的责任应由管理者和研究者共同分担

原则31讨论了建立伙伴关系的必要性，以此作为扩大公园和户外游憩管理范围和功效的一种方式。其中，最重要和最有力的潜在伙伴关系之一是管理者和研究人员之间的伙伴关系，这种关系是可以互利的：管理者为研究人员提供他们渴望的应用研究机会，研究人员为管理人员提供他们作出有见识的管理决策所需的信息，但是这种关系并不总是如此顺利。管理人员有时认为研究太过于基础（而不是应用），太受抽象的学科理论和难以理解的统计方法的驱使，通过对主题的狭窄限制来定义，面向纯学术同事和出版物，并根据学年计划的时间线实施。

另一方面，研究人员可能觉得管理者的需求太过迫切，以至于不能采取全面考虑的科学方法，定义过于宽泛以至于无法集中注意力，并且过于面向管理者控制的变量（而不是那些具有统计学意义的变量）。显然，管理者和研究者之间需要沟通、协作和妥协。管理者必须为研究提供有意义的激励，包括让研究人员有机会帮助定义正在考虑的主题、后勤现场支持，当然还有以资金或服务的形式提供的援助。研究人员必须理解管理者的管理要求，充分发挥研究的管理意义，在可行的时间和地点追求更直接面向管理的研究类型，包括回顾和综合现有文献、制定监测方案，以及测试管理手段的有效性。

第二部分中的一些案例研究暗示管理者和研究者之间有意义的关系。如原则17所述，研究在告知和制定管理计划中发挥了重要作用，包括帮助定义拱门拥挤的质量标准、科罗拉多河最大可接受利用水平、缪尔森林最大可接受游客噪声水平。研究也有助于告知防止外来物种在探险家国家公园的传播的最有效方法，以及发展教育计划以使德纳利和卡特迈的人类与野生动物冲突最小化。扩大管理者和研究人员之间合作工作机会，将推广更有见识和有效的户外游憩管理。

原则33：户外游憩的质量最恰当的定义是游憩机会达到管理目标的程度

传统的趋势是基于游客满意度来管理公园的体验维度。然而，这种简单工作可能是欺骗性的，不利于健全公园和户外游憩管理。问题是人们对各种户外游憩体验的需求很大，但有些种类的用途并不兼容。例如，机动和非机动的游憩活动之间的不兼容由来已久，包括摩托艇手和皮划艇运动员、雪地摩托手和越野滑雪者、汽车司机和骑自行车的人。此外，这些类型的冲突通常是不对称的；也就是说，一组（以上几组中的后者）反对另一组的存在，但反过来不一定是对的。在这些情况下，如果没有适当的管理，一组游客很可能会把另一组人赶走。因此，如果管理者单纯依靠游客的满意度，他们很可能会继续找到满意的机动游客群体，但是非机动用户可能不会在那里登记他们的不满。在科学和专业文献中，这个过程通常被称为"移位"（Manning，2011）。

　　一个更有学问的管理方法是采用如第1章和第2章概述的户外游憩现代目标管理框架，包括通过确定管理目标体系、相关质量指标和质量标准，定义户外游憩机会的类型，然后通过监测质量指标，来衡量这些管理目标的实现程度。以这种方式，户外游憩的质量不是简单地由游客的满意度来定义的，而是游憩机会达到设计目标的程度。如原则2所述，拱门和大峡谷（科罗拉多河和空中旅行）的个案研究提供了使用质量指标和标准作为定义、测量和管理户外游憩质量主要机制的良好实例。

原则34：应主动进行而不是被动实行户外游憩管理

　　第1章、原则2中概述，并在图1.4中说明的目标管理框架可能被解释为被动的，因为它表明只有在监测发现质量标准存在被违反的危险时才需要采取管理行动。然而，这并不意味着在此过程中不应早一点运用管理措施，这可以从两方面阐述：

　　1. 在第3章和原则23中指出管理方法可以被分为间接的或直接的。使用间接管理方法来保持高质量标准是最合适的，即使在监测表明质量标准没有受到侵犯的危险时。这样管理方法本身就不可能降低游客体验质量。当监测表明质量标准有被违反的危险时，那么直接的管理方法也可能是必要的。

　　2. 有人提出了这种方法的一种变体，这就提出了"黄灯"和"红灯"的质量标准（Whittaker et al., 2010）。"黄灯"标准表明，质量标准正在下降，应采用间接管理措施；"红灯"标准表明，质量标准即将面临被侵犯的危险，应根据需要使用间接和直接的管理方法。

　　第二部分的案例研究提供了这个问题很好的例子。在其中一些案例中（例如在阿卡迪亚的小径管理，缪尔森林的自然宁静管理），管理人员主要依靠间接管理方法（主要是信息/教育），因为游客利用影响尚未达到不可接受的程度，或者还未存在违反质量标准的风险。

这些间接管理方法是前瞻性的努力，旨在最小化游客的影响，但不是以牺牲游客游览或游客体验质量的其他期望要素为代价。在其他案例中（徒步到半穹顶顶峰，在科罗拉多河上划船，徒步到精致拱门），管理人员依赖直接管理方法（利用限制，规则/条例，执法），因为游客使用的影响已达到（或不久将达到）不可接受的水平，或即将面临违反质量标准的危险。这些直接管理方法是为了尽量减少对游客的影响，必须加以实施，尽管它对公共访问或游客体验质量的其他期望要素具有潜在影响。

原则35：管理者必须在户外游憩管理中运用自己的专业判断能力

原则17建议游憩管理应该尽可能地明智，但是任何时候我们的知识库都存在固有的局限性。在试图真诚地作出合理努力、告知自己公园和户外游憩区面临的问题以及他们工作的环境之后，公园和游憩管理人员必须最终作出他们的专业判断。不幸的是，关于公园中存在问题类型及其严重性、问题起因以及替代管理手段的有效性，很少有完备的知识。

然而，管理者从他们对新兴科学和专业的知识、已经出现的概念和管理框架，公园和户外娱乐管理的固有适应性中寻找勇气，对他们受托的责任有所了解。基于科学和专业知识的监测和进步，重新审视和修订管理方案。当然，管理层的判断应尽可能明智地通过科学和相关考虑（Manning和Lawson，2002）。本书第二部分中的所有案例研究都是国家公园管理者在不同领域管理决策的体现。

原则36：一个强有力的管理计划对于保持公园和户外游憩的质量至关重要

第1章中描述并在原则2、图1.4中引用的当代目标管理框架，依赖于强有力的管理计划的开发和实施。实际上，管理构成了这个目标管理框架的最后一个组成部分（尽管该框架也可以被视为原则3中描述的迭代和自适应框架，依赖于正在进行的监控计划，以及相应的管理修订和改进）。管理（公园资源，游客和公园设施和服务）提供了有远见的管理目标、相关质量指标与质量标准之间的必要联系，它们是在目标管理框架基础上制定的，并且最终保护公园资源和游客体验质量。管理层必须公园资源和游客体验质量的定期监测数据做出反应。由于所有这些原因，管理对于保护公园资源和游客体验质量至关重要。第二部分中的案例研究提供了在国家公园中设计和实施强有力的管理计划的良好范例。

31.2　结论

公园和户外游憩管理是一个比较新的研究领域。第二次世界大战后，国家公园及相关地区的户外游憩需求开始急剧扩大，20世纪60年代开始认真开展户外游憩的研究。该领域在识别和理解户外游憩影响以及相关的问题、开发和测试的一系列管理方法方面，取得了实质性进展。

本书回顾和综合了这一领域科学和专业文献，并将其应用于以系统的、全面的和创造性的方式帮助指导管理实践。在专业文献中已经开发了一些帮助指导户外游憩管理的概念框架，并在第1章中进行了概述。第2章对户外游憩的影响和相关问题进行了分类和描述。第3章和第4章概述了可用于管理户外游憩活动的策略和方法的范围，并回顾了它们的有效性。第5章将关于管理问题和技术的信息组织成一系列矩阵，帮助指导系统的、全面的和创造性的管理思维。本书第二部分的章节提供了一系列案例研究，说明美国国家公园系统的不同单元如何成功地解决了广泛的管理问题。这些案例研究使用了广泛的管理技术。最后，本章以本书的前两部分为基础，提出了可能有助于指导公园和户外游憩管理的一系列原则。

本书既有帮助又充满希望。虽然关于户外游憩的知识远非完美（并且永远不可能接近这个纯粹的理论观点），但知识已经传播给管理者，尽可能与利益相关者和研究人员合作——直接管理公园和相关的户外游憩区。只有这样，才有可能为当代和子孙后代保护公园资源和游憩体验质量。户外游憩活动应该由设计来管理，而不是默认的，也许这是管理户外游憩活动最重要的原则。本书第二部分的案例研究是公园和户外游憩行业很好的范例。

附

录

附录 A

附录 B

附录A 管理手段

附录A1 限制利用的管理技术

问题：对土壤的影响
策略：限制利用

信息/教育

1a：鼓励利用其他的场地（例如，在公园内、其他公园）

1b：鼓励其他时间利用场地/公园（例如，土壤不湿润的季节）

1c：告知游客场地/公园当前的影响/状况（例如，土壤压实、侵蚀）

配给/分配

2a：设置容量（用于场地、公园）并通过预订系统分配访问权限

2b：设置容量（用于场地、公园）并通过排队系统分配访问权限

2c：设置容量（用于场地、公园）并通过收费系统分配访问权限

2d：设置容量（用于场地、公园）并通过抽签系统分配访问权限

2e：设置容量（用于场地、公园）并通过绩效系统分配访问权限

2f：实行差额收费制度（如临时收费、空间收费）

规则/条例

3a：设置容量并要求使用许可证

3b：要求预订才能进入/使用

3c：要求付费才能进入/使用

3d：要求特殊的知识/技能才能进入/使用

3e：规定最长停留时间

3f：限制群体规模

3g：关闭场地/公园（例如，临时的、季节性的、永久性的）

执法

4a：建立一支穿制服的护林员队伍

4b：要求游客出示使用许可证

4c：对未经授权使用的游客进行制裁（如罚款）

分区

5a：对低利用率的场地/公园进行分区

5b：对未利用的场地/公园进行分区

设施开发/场地设计/维护

6a：设置容量（用于场地、公园）、设计游客设施（例如路口的停车场）以及相应的服务

6b：使进入场地/公园的道路变得更加困难（例如，较低标准的道路、小径、交通工具）

6c：改善通往其他场地/公园的道路（例如，更高标准的道路、小径、交通工具）

问题：对植被的影响
策略：限制利用

信息/教育

7a：鼓励其他场地（例如，在公园内、其他公园）

7b：鼓励其他时间利用场地/公园（例如不同季节）

7c：告知游客场地/公园当前的影响/状况（例如被践踏的植被）

配给/分配

8a：设置容量（用于场地、公园）并通过预订系统分配访问权限

8b：设置容量（用于场地、公园）并通过排队系统分配访问权限

8c：设置容量（用于场地、公园）并通过收费系统分配访问权限

8d：设置容量（用于场地、公园）并通过抽签系统分配访问权限

8e：设置容量（用于场地、公园）并通过绩效系统分配访问权限

8f：实行差额收费制度（例如不同季节）

规则/条例

9a：设置容量（用于场地、公园）并要求使

用许可证

9b：要求预订才能进入/使用

9c：要求付费才能进入/使用

9d：要求特殊的知识/技能才能进入/使用

9e：规定最长停留时间

9f：限制团体规模

执法

10a：建立一支穿制服的护林员队伍

10b：要求游客出示使用许可证

10c：对未经授权使用的游客进行制裁（例如
罚款）

分区

11a：对低利用率的场地/公园进行分区

11b：对未利用的场地/公园进行分区

设施开发/场地设计/维护

12a：设置容量（用于场地、公园）、设计游
客设施（例如停车场）以及相应的服务

12b：使进入场地/公园的道路变得更加困难
（例如，较低标准的道路、小径、交通工具）

12c：改善通往其他场地/公园的道路（例如，
更高标准的道路、小径、交通工具）

问题：对水资源的影响
策略：限制利用

信息/教育

13a：鼓励其他场地（例如，在公园内、其他
公园）

13b：鼓励其他时间利用场地/公园（例如不同
季节）

13c：告知游客场地/公园当前的影响/状况（例
如被践踏的植被）

配给/分配

14a：设置容量（用于场地、公园）并通过预
订系统分配访问权限

14b：设置容量（用于场地、公园）并通过排
队系统分配访问权限

14c：设置容量（用于场地、公园）并通过收
费系统分配访问权限

14d：设置容量（用于场地、公园）并通过抽

签系统分配访问权限

14e：设置容量（用于场地、公园）并通过绩
效系统分配访问权限

14f：实行差额收费制度（例如，在时间和空
间上）

规则/条例

15a：设置容量（用于场地、公园）并要求使
用许可证

15b：要求预订才能进入/使用

15c：要求付费才能进入/使用

15d：要求特殊的知识/技能才能进入/使用

15e：规定最长停留时间

15f：限制团体规模

15g：关闭场地/公园（例如，临时的、季节性
的、永久性的）

执法

16a：建立一支穿制服的护林员队伍

16b：要求游客出示使用许可证

16c：对未经授权使用的游客进行制裁（如罚款）

分区

17a：对低利用率的场地/公园进行分区

17b：对示利用的场地/公园进行分区

设施开发/场地设计/维护

18a：设置容量（用于场地、公园）、设计游
客设施（例如，停车场）以及相应的服务

18b：使进入场地/公园的道路变得更加困难
（例如，较低标准的道路、小径、交通工具）

18c：改善通往其他场地/公园的道路（例如，
更高标准的道路、小径、交通工具）

问题：对野生动物的影响
策略：限制利用

信息/教育

19a：推荐其他场地（例如，在公园内、其他
公园）

19b：鼓励其他时间利用场地/公园（例如，几
小时、几天、几个季节）

19c：告知游客场地/公园当前的影响/状况（例
如，受到威胁/濒危物种、驯化）

配给/分配

20a：设置容量（用于场地、公园）并通过预订系统分配访问权限

20b：设置容量（用于场地、公园）并通过排队系统分配访问权限

20c：设置容量（用于场地、公园）并通过收费系统分配访问权限

20d：设置容量（用于场地、公园）并通过抽签系统分配访问权限

20e：设置容量（用于场地、公园）并通过绩效系统分配访问权限

20f：实行差额收费制度（例如，在时间和空间上）

规则/条例

21a：设置容量（用于场地、公园）并要求使用许可证

21b：要求预订才能进入/使用

21c：要求付费才能进入/使用

21d：要求特殊的知识/技能才能进入/使用

21e：规定最长停留时间

21f：限制团体规模

21g：禁止对野生动物有重大影响的游憩活动/利用（如机动用途）

21h：关闭场地/公园（例如，临时的、季节性的、永久性的）

执法

22a：要求游客出示使用许可证

22b：对未经授权使用的游客进行制裁（如罚款）

分区

23a：对低利用率的场地/公园进行分区

23b：对未利用的场地/公园进行分区

设施开发/场地设计/维护

24a：设置容量（用于场地、公园）、设计游客设施（例如停车场）以及相应的服务

24b：使进入场地/公园的道路变得更加困难（例如，较低标准的道路、小径、交通工具）

24c：改善通往其他场地/公园的道路（例如，更高标准的道路、小径、交通工具）

24d：消除问题场地/公园内的景点/设施/服务

24e：在其他的场地（例如，在公园内、其他公园）提供景点/设施/服务

问题：对空气的影响
策略：限制利用

信息/教育

25a：鼓励利用其他的场地（例如，在公园内、其他公园）

25b：鼓励其他时间利用场地/公园（例如不同季节）

25c：告知游客场地/公园当前的影响/状况（例如被污染的空气）

配给/分配

26a：设置容量（用于场地、公园）并通过预订系统分配访问权限

26b：设置容量（用于场地、公园）并通过排队系统分配访问权限

26c：设置容量（用于场地、公园）并通过收费系统分配访问权限

26d：设置容量（用于场地、公园）并通过抽签系统分配访问权限

26e：设置容量（用于场地、公园）并通过绩效系统分配访问权限

26f：实行差额收费制度（例如，在时间和空间上）

规则/条例

27a：设置容量（用于场地、公园）并要求使用许可证

27b：要求预订才能进入/使用

27c：要求付费才能进入/使用

27d：要求特殊的知识/技能才能进入/使用

27e：规定最长停留时间

27f：限制团体规模

27g：关闭场地/公园（例如，临时的、季节性的、永久性的）

执法

28a：建立一支穿制服的护林员队伍

28b：要求游客出示使用许可证

28c：对未经授权使用的游客进行制裁（如罚款）

分区

29a：对低利用率的场地/公园进行分区

29b：对未利用的场地/公园进行分区

设施开发/场地设计/维护

30a：设置容量（用于场地、公园）、设计游客设施（例如停车场）以及相应的服务

30b：使进入场地/公园的道路变得更加困难（例如，较低标准的道路、小径、交通工具）

30c：改善通往其他场地/公园的道路（例如，更高标准的道路、小径、交通工具）

问题：对自然宁静的影响
策略：限制利用

信息/教育

31a：鼓励利用其他的场地（例如，在公园内、其他公园）

31b：鼓励其他时间利用场地/公园（例如，小时、天、季节）

31c：告知游客场地/公园当前的影响/状况（例如，普遍存在的人为噪声）

配给/分配

32a：设置容量并通过预订系统分配访问权限

32b：设置容量并通过排队系统分配访问权限

32c：设置容量并通过收费系统分配访问权限

32d：设置容量并通过抽签系统分配访问权限

32e：设置容量并通过绩效系统分配访问权限

32f：实行差额收费制度（例如，在时间和空间上）

规则/条例

33a：设置容量并要求使用许可证

33b：要求预订才能进入/使用

33c：要求付费才能进入/使用

33d：要求特殊的知识/技能才能进入/使用

33e：规定最长停留时间

33f：关闭一定的区域（例如，临时的、季节性的、永久性的）

执法

34a：建立一支穿制服的护林员队伍

34b：要求游客出示使用许可证

34c：对未经授权使用的游客进行制裁（如罚款）

分区

35a：对低利用率的场地/公园进行分区

35b：对未利用的场地/公园进行分区

设施开发/场地设计/维护

36a：设置容量（用于场地、公园）、设计游客设施（例如，停车场位于路口）以及相应的服务

36b：使进入场地/公园的道路变得更加困难（例如，较低标准的道路、小径、交通工具）

36c：改善通往其他场地/公园的道路（例如，更高标准的道路、小径、交通工具）

问题：对自然黑暗的影响
策略：限制利用

信息/教育

37a：鼓励利用其他的场地（例如，在公园内、其他公园）

37b：鼓励其他时间利用场地（例如，天、季节）

37c：告知游客场地/公园当前的影响/状况（例如，光污染/星星的能见度降低）

配给/分配

38a：设置容量（用于场地、公园）并通过预订系统分配访问权限

38b：设置容量（用于场地、公园）并通过排队系统分配访问权限

38c：设置容量（用于场地、公园）并通过收费系统分配访问权限

38d：设置容量（用于场地、公园）并通过抽签系统分配访问权限

38e：设置容量（用于场地、公园）并通过绩效系统分配访问权限

38f：实行差额收费制度（例如，在时间和空间上）

规则/条例

39a：设置容量（用于场地、公园）并要求使用许可证

39b：要求预订才能进入/使用

39c：要求付费才能进入/使用

39d：要求特殊的知识/技能才能进入/使用

39e：规定最长停留时间

39f：限制团体规模

39g：关闭场地/公园（例如，临时的、季节性的、永久性的）

执法

40a：建立一支穿制服的护林员队伍

40b：要求游客出示使用许可证

40c：对未经授权使用的游客进行制裁（如罚款）

分区

41a：对低利用率的场地/公园进行分区

41b：对未使用的场地/公园进行分区

设施开发/场地设计/维护

42a：设置容量（用于场地、公园）、设计游客设施（例如停车场）以及相应的服务

42b：使进入场地/公园的道路变得更加困难（例如，较低标准的道路、小径、交通工具）

42c：改善通往其他场地/公园的道路（例如，更高标准的道路、小径、交通工具）

问题：对历史/文化资源的影响
策略：限制利用

信息/教育

43a：推荐其他的场地（例如，在公园内、其他公园）

43b：推荐其他时间利用场地/公园（例如，几小时、几天、几个季节）

43c：告知游客场地/公园当前的影响/状况（例如，历史建筑的退化，文物的流失）

配给/分配

44a：设置容量（用于场地、公园）并通过预订系统分配访问权限

44b：设置容量（用于场地、公园）并通过排队系统分配访问权限

44c：设置容量（用于场地、公园）并通过收费系统分配访问权限

44d：设置容量（用于场地、公园）并通过抽签系统分配访问权限

44e：设置容量（用于场地、公园）并通过绩效系统分配访问权限

44f：实行差额收费制度（例如，在时间和空间上）

规则/条例

45a：设置容量（用于场地、公园）并要求使用许可证

45b：要求预订才能进入/使用

45c：要求付费才能进入/使用

45d：要求特殊的知识/技能才能进入/使用

45e：规定最长停留时间

45f：限制团体规模

45g：关闭场地/公园（例如，暂时的、永久的）

执法

46a：建立一支穿制服的护林员队伍

46b：要求游客出示使用许可证

46c：对未经授权使用的游客进行制裁（如罚款）

分区

47a：对低利用率的场地/公园进行分区

47b：对未利用的场地/公园进行分区

设施开发/场地设计/维护

48a：设置容量（用于场地、公园）、设计游客设施（例如停车场）以及相应的服务

48b：使进入场地/公园的道路变得更加困难（例如，较低标准的道路、小径、交通工具）

48c：改善通往其他场地（例如，在公园内、其他公园）的道路（例如，更高标准的道路、小径、交通工具）

问题：拥挤
策略：限制利用

信息/教育

49a：鼓励利用其他的场地（例如，在公园内、其他公园）

49b：鼓励其他时间利用场地/公园（例如，几小时、几天、几个季节）

49c：告知游客场地/公园当前的影响/状况（例如拥挤）

配给/分配

50a：设置容量（用于场地、公园）并通过预订系统分配访问权限

50b：设置容量（用于场地、公园）并通过排队系统分配访问权限

50c：设置容量（用于场地、公园）并通过收费系统分配访问权限

50d：设置容量（用于场地、公园）并通过抽签系统分配访问权限

50e：设置容量（用于场地、公园）并通过绩效系统分配访问权限

50f：实行差额收费制度（例如，在时间和空间上）

规则/条例

51a：设置容量（用于场地、公园）并要求使用许可证

51b：要求预订才能进入/使用

51c：要求付费才能进入/使用

51d：要求特殊的知识/技能才能进入/使用

51e：规定最长停留时间

51f：限制团体规模

51g：禁止选择性活动/使用（例如，具有高资源和/或社会影响的活动/使用）

51h：关闭场地/公园（例如，临时的、季节性的、永久性的）

执法

52a：建立一支穿制服的护林员队伍

52b：要求游客出示使用许可证

52c：对未经授权使用的游客进行制裁（如罚款）

分区

53a：对低利用率的场地/公园进行分区

53b：对未利用的场地/公园进行分区

设施开发/场地设计/维护

54a：设置容量（用于场地、公园）、设计游客设施（例如停车场）以及相应的服务

54b：使进入场地/公园的道路变得更加困难（例如，较低标准的道路、小径、交通工具）

54c：改善通往其他场地（例如，在公园内、其他公园）的道路（例如，更高标准的道路、小径、交通工具）

54d：清除问题场地/公园内的景点/设施/服务

54e：在其他场地（例如，在公园内、其他公园）提供景点/设施/服务

问题：冲突
策略：限制利用

信息/教育

55a：鼓励利用其他的场地（例如，在公园内、其他公园）

55b：鼓励其他时间利用场地/公园（例如，几小时、几天、几个季节）

55c：告知游客当前的影响/状况（例如，团体与利用之间的冲突）

配给/分配

56a：设置容量（用于场地、公园）并通过预订系统分配访问权限

56b：设置容量（用于场地、公园）并通过排队系统分配访问权限

56c：设置容量（用于场地、公园）并通过收费系统分配访问权限

56d：设置容量（用于场地、公园）并通过抽签系统分配访问权限

56e：设置容量（用于场地、公园）并通过绩效系统分配访问权限

56f：实行差额收费制度（例如，在时间和空间上）

规则/条例

57a：设置容量（用于场地、公园）并要求使用许可证

57b：要求预订才能进入/使用

57c：要求付费才能进入/使用

57d：要求特殊的知识/技能才能进入/使用

57e：规定最长停留时间

57f：限制团体规模

57g：禁止选择性活动/使用（例如，具有高资源和/或社会影响的活动/用途）

57h：关闭场地/公园（例如，临时的、季节性的、永久性的）

执法

58a：建立一支穿制服的护林员队伍

58b：要求游客出示使用许可证

58c：对未经授权使用的游客进行制裁（如罚款）

分区

59a：对低利用率的场地/公园进行分区

59b：对未利用的场地/公园进行分区

设施开发/场地设计/维护

60a：为场地、公园设置容量、设计游客设施（例如停车场）和相应的服务

60b：使进入场地/公园的道路变得更加困难（例如，较低标准的道路、小径、交通工具）

60c：改善通往可供其他场地/公园的道路（例如，更高标准的道路、小径、交通工具）

60d：清除问题场地内的景点/设施/服务

60e：在其他场地（例如，在公园内、备选公园）提供景点/设施/服务

问题：不友好行为
策略：限制利用

信息/教育

61a：鼓励利用其他的场地（例如，在公园内、其他公园）

61b：鼓励其他时间利用场地/公园（例如，几小时、几天、几个季节）

61c：告知游客场地/公园当前的影响/状况（例如，乱丢垃圾、故意破坏等）

配给/分配

62a：设置容量（用于场地、公园）并通过预订系统分配访问权限

62b：设置容量（用于场地、公园）并通过排队系统分配访问权限

62c：设置容量（用于场地、公园）并通过收费系统分配访问权限

62d：设置容量（用于场地、公园）并通过抽签系统分配访问权限

62e：设置容量（用于场地、公园）并通过绩效系统分配访问权限

62f：实行差额收费制度（例如，在时间和空间上）

规则/条例

63a：设置容量（用于场地、公园）并要求使用许可证

63b：要求预订才能进入/使用

63c：要求付费才能进入/使用

63d：要求特殊的知识/技能才能进入/使用

63e：要求游客出示使用许可证

63f：规定最长停留时间

63g：限制集体规模

63h：关闭场地/公园（例如，临时的、季节性的、永久性的）

执法

64a：建立一支穿制服的护林员队伍

64b：要求游客出示使用许可证

64c：对未经授权使用的游客进行制裁（如罚款）

分区

65a：对低利用率的场地/公园进行分区

65b：对未利用的场地/公园进行分区

设施开发/场地设计/维护

66a：设置容量（用于场地、公园）、设计游客设施（例如停车场）以及相应的服务

66b：使进入场地/公园的道路变得更加困难（例如，较低标准的道路、小径、交通工具）

66c：改善通往其他场地（例如，在公园内、其他公园）的道路（例如，更高标准的道路、小径、交通工具）

问题：对景点的影响
策略：限制利用

信息/教育

67a：鼓励利用其他的景点（例如，在公园内、其他公园）

67b：鼓励其他时间游览景点/公园（例如，几小时、几天、几个季节）

67c：告知游客景点当前的影响/状况（例如，对资源的影响，拥挤）

配给/分配

68a：设置容量（用于景点、公园）并通过预订系统分配访问通道

68b：设置容量（用于景点、公园）并通过排队系统分配访问通道

68c：设置容量（用于景点、公园）并通过收费系统分配访问通道

68d：设置容量（用于景点、公园）并通过抽

签系统分配访问通道

68e：设置容量（用于景点、公园）并通过绩效系统分配访问通道

68f：实行差额收费制度（例如，在时间和空间上）

规则/条例

69a：设置容量（用于景点，公园）并要求使用许可证

69b：要求预订才能进入/使用

69c：要求付费才能进入/使用

69d：要求特殊的知识/技能才能进入/使用

69e：规定最长停留时间

69f：限制团体规模

69g：禁止选择性活动/用途（例如，具有高资源和/或社会影响的活动/用途）

69h：关闭景点/公园（例如，临时的、季节性的、永久性的）

执法

70a：建立一支穿制服的护林员队伍

70b：要求游客出示使用许可证

70c：对未经授权使用的游客进行制裁（如罚款）

分区

71a：对低利用率的景点/公园进行分区

71b：对未利用的景点/公园进行分区

设施开发/场地设计/维护

72a：设置容量（用于景点，公园）、设计游客设施（例如停车场）以及相应的服务

72b：使进入场地/公园的道路变得更加困难（例如，较低标准的道路、小径、交通工具）

72c：改善通往其他场地/公园的通道（例如，更高标准的道路、小径、交通工具）

72d：清除问题场地/公园内的景点/设施/服务

72e：在其他场地（例如，在公园内、其他公园）提供景点/设施/服务

问题：对小径的影响
策略：限制利用

信息/教育

73a：鼓励利用其他的小径（例如，在公园

内、其他公园）

73b：鼓励其他时间利用小径（例如，几小时、几天、几个季节）

73c：告知游客小径当前的影响/状况（例如，土壤侵蚀、拥挤）

配给/分配

74a：设置容量（用于小径、小径系统）并通过预订系统分配访问通道

74b：设置容量（用于小径、小径系统）并通过排队系统分配访问通道

74c：设置容量（用于小径、小径系统）并通过收费系统分配访问通道

74d：设置容量（用于小径、小径系统）并通过抽签系统分配访问通道

74e：设置容量（用于小径、小径系统）并通过绩效系统分配访问通道

74f：实行差额收费制度（例如，在时间和空间上）

规则/条例

75a：设置容量（用于小径、小径系统）并要求使用许可证

75b：要求预订才能进入/使用

75c：要求付费才能进入/使用

75d：要求特殊的知识/技能才能进入/使用

75e：规定最长停留时间

75f：关闭小径/小径系统（例如，临时的、季节性的、永久性的）

执法

76a：建立一支穿制服的护林员队伍

76b：要求游客出示使用许可证

76c：对未经授权使用的游客进行制裁（如罚款）

分区

77a：对低利用率的小径/小径系统进行分区

77b：对未利用的小径/小径系统进行分区

设施开发/场地设计/维护

78a：设置容量（用于小径，小径系统）、设计游客设施（例如，在小径的起点设置停车场）以及相应的服务

78b：使进入小径/小径系统变得更加困难（例如，较低标准的道路、小径、交通工具）

78c：改善通往其他小径/小径系统（例如，在公园内、其他公园）的道路（例如，更高标准的道路、小径、交通工具）

问题：对露营地/野营地的影响
策略：限制利用

信息/教育

79a：鼓励利用其他的露营地/野营地（例如，在公园内、其他公园）

79b：鼓励其他时间利用露营地/野营地（例如，天、四季）

79c：告知游客露营地/野营地当前的影响/状况（例如，资源退化，拥挤）

配给/分配

80a：设置容量（用于露营地/野营地）并通过预订系统分配访问通道

80b：设置容量（用于露营地/野营地）并通过排队系统分配访问通道

80c：设置容量（用于露营地/野营地）并通过收费系统分配访问通道

80d：设置容量（用于露营地/野营地）并通过抽签系统分配访问通道

80e：设置容量（用于露营地/野营地）并通过绩效系统分配访问通道

80f：实行差额收费制度（例如，在时间和空间上）

规则/条例

81a：设置容量（用于露营地/野营地）并要求使用许可证

81b：要求预订才能进使用

81c：要求付费才能使用

81d：要求特殊的知识/技能才能使用

81e：规定最长停留时间

81f：限制团体规模

81g：关闭区域（例如，临时的、季节性的、永久性的）

执法

82a：建立一支穿制服的护林员队伍

82b：要求游客出示使用许可证

82c：对未经授权使用的游客进行制裁（如罚款）

分区

83a：对低利用率的露营地/野营地进行分区

83b：对未利用的露营地/野营地进行分区

设施开发/场地设计/维护

84a：设置容量（用于露营地/野营地）、设计游客设施（例如停车场）以及相应的服务

84b：使进入露营地/野营地的道路变得更加困难（例如，较低标准的道路、小径、交通工具）

84c：改善通往其他露营地/野营地（例如，在公园内、其他公园）的道路（例如，更高标准的道路、小径、交通工具）

问题：对道路/停车场的影响
策略：限制利用

信息/教育

85a：鼓励利用其他的道路/停车场（例如，在公园内、其他公园）

85b：鼓励其他时间利用使用道路/停车场（例如，几小时、几天、几个季节）

85c：告知游客道路/停车场当前的影响/状况（例如，交通拥挤、缺少停车位置）

配给/分配

86a：设置容量（用于道路，停车场）并通过预订系统分配访问通道

86b：设置容量（用于道路，停车场）并通过排队系统分配访问通道

86c：设置容量（用于道路，停车场）并通过收费系统分配访问通道

86d：设置容量（用于道路，停车场）并通过抽签系统分配访问通道

86e：设置容量（用于道路，停车场）并通过绩效系统分配访问通道

86f：实行差额收费制度（例如，在时间和空间上）

规则/条例

87a：设置容量（用于道路，停车场）并要求使用许可证

87b：要求预订才能进入/使用

87c：要求付费才能进入/使用

87d：要求特殊的知识/技能才能进入/使用

87e：规定最长停留时间

87f：限制团体规模

87g：关闭道路/停车场（例如，临时的、季节性的、永久性的）

执法

88a：建立一支穿制服的护林员队伍

88b：要求游客出示使用许可证

88c：对未经授权使用的游客进行制裁（如罚款）

分区

89a：对低利用率的道路/停车场进行分区

89b：对未利用的道路/停车场进行分区

设施开发/场地设计/维护

90a：设置容量（用于道路/停车场）、设计游客设施（例如停车场）以及相应的服务

90b：使进入道路/停车场的道路变得更加困难（例如，较低标准的道路、小径、交通工具）

90c：改善通往其他道路/停车场（例如，在公园内、其他公园）的通路（例如，更高标准的道路、小径、交通工具）

问题：对解说设施/项目的影响
策略：限制利用

信息/教育

91a：鼓励利用其他的解说设施/项目（例如，在公园内、其他公园）

91b：鼓励其他时间参与解说设施/项目（例如，几小时、几天、几个季节）

91c：告知游客解说设施/项目当前的影响/状况（例如，拥挤，缺票）

配给/分配

92a：设置容量（用于解说设施/项目）并通过预订系统分配访问通道

92b：设置容量（用于解说设施/项目）并通过排队系统分配访问通道

92c：设置容量（用于解说设施/项目）并通过收费系统分配访问通道

92d：设置容量（用于解说设施/项目）并通过抽签系统分配访问通道

92e：设置容量（用于解说设施/项目）并通过绩效系统分配访问通道

92f：实行差额收费制度（例如，在时间和空间上）

规则/条例

93a：设置解说设施/项目的容量，并要求使用许可证/票

93b：要求对解说设施/项目预订

93c：要求对解说设施/项目收费

93d：要求解说设施/项目具备特殊的知识/技能

93e：规定最长停留时间

93f：限制团体规模

93g：关闭解说设施/项目（例如，临时的、季节性的、永久性的）

执法

94a：建立一支穿制服的护林员队伍

94b：要求游客出示使用许可证/票

94c：对未经授权使用的游客进行制裁（如罚款）

分区

95：对低利用率的解说设施/项目进行分区

设施开发/场地设计/维护

96a：设置解说设施/项目的容量，并设计游客设施（例如停车场）以及相应的服务（解说护林员）

96b：使进入解说设施/项目的道路变得更加困难（例如，较低标准的道路、小径、交通工具）

96c：改善通往其他解说设施/项目（例如，在公园内，其他公园）的道路（例如，更高标准的道路、小径、交通工具）

附录A2　增加供给的管理技术

问题：对土壤的影响
策略：增加供给

信息/教育

1a：告知游客游憩区的范围和可利用的机会

1b：支持使用低利用区域

配给/分配

2：不适用

规则/条例

3：延长该区域供游客利用的开放时间（小时、日、季）

执法

4：不适用

分区

5：对更高用途的替代区域进行分区

设施开发/场地设计/维护

6a：改善替代区域的景点、设施和服务

6b：在新区域开发景点、设施和服务

6c：改善通往新的/替代区域的道路

问题：对植被的影响
策略：增加供给

信息/教育

7a：告知游客游憩区的范围和可利用的机会

7b：支持使用低利用区

配给/分配

8：不适用

规则/条例

9：延长该区域对游客开放的时间（几小时、几天、几个季节）

执法

10：不适用

分区

11：对更高用途的替代区域进行分区

设施开发/场地设计/维护

12a：改善替代区域的景点、设施和服务

12b：在新区域开发景点、设施和服务

12c：改善通往新的/替代区域的道路

问题：对水资源的影响
策略：增加供给

信息/教育

13a：告知游客游憩区的范围和可利用的机会

13b：支持使用低利用区

配给/分配

14：不适用

规则/条例

15：延长该区域对游客开放的时间（几小时、几天、几个季节）

执法

16：不适用

分区

17：对更高用途的替代区域进行分区

设施开发/场地设计/维护

18a：改善替代区域的景点、设施和服务

18b：在新区域开发景点、设施和服务

18c：改善通往新的/替代区域的道路

问题：对野生动物的影响
策略：增加供给

信息/教育

19a：告知游客游憩区的范围和可利用的机会

19b：支持使用低利用区域

19c：鼓励增加野生动物数量的游客行为（例如不要太接近野生动物）

配给/分配

20：不适用

规则/条例

21a：延长该区域供游客利用的开放时间（小时、日、季）

21b：要求游客采取会增加野生动物数量的行为（例如不要太接近野生动物）

执法

22a：建立一支穿制服的护林员队伍

22b：对违反规则的游客（例如过于接近野生动物）进行制裁（如罚款）

分区

23：对更高用途的替代区域进行分区

设施开发/场地设计/维护

24a：改善替代区域的景点、设施和服务

24b：在新区域开发景点、设施和服务

24c：改善通往新的/替代区域的道路

24d：设计鼓励更多的野生动物出现的设施（例如观察野生动物的百叶窗）

问题：对空气的影响
策略：增加供给

信息/教育

25a：告知游客游憩区的范围和可利用的机会

25b：支持使用低利用区域

配给/分配

26：不适用

规则/条例

27：延长该区域对游客开放的时间（几小时、几天、几个季节）

执法

28：不适用

分区

29：对更高用途的替代区域进行分区

设施开发/场地设计/维护

30a：改善替代区域的景点、设施和服务

30b：在新区域开发景点、设施和服务

30c：改善通往新的/替代区域的道路

问题：对自然宁静的影响
策略：增加供给

信息/教育

31a：告知游客游憩区的范围和可利用的机会

31b：支持使用低用途区域

31c：教育游客有关自然宁静的知识

31d：鼓励减少游客噪声的行为

配给/分配

32：不适用

规则/条例

33a：延长该区域供游客利用的开放时间（小时、日、季）

33b：要求游客减少噪声

执法

34a：建立一支穿制服的护林员队伍

34b：对制造不可接受噪声的游客进行制裁（如罚款）

分区

35a：对更高用途的替代区域进行分区

35b：对自然宁静进行分区

设施开发/场地设计/维护

36a：改善替代区域的景点、设施和服务

36b：在新区域开发景点、设施和服务

36c：改善通往新的/替代区域的道路

36d：设计减少游客噪声的设施（例如利用植物过滤）

问题：对自然黑暗的影响
策略：增加供给

信息/教育

37a：告知游客游憩区的范围和可利用的机会

37b：支持使用低利用区域

37c：教育游客有关夜空的重要性

37d：鼓励保护夜空观赏的游客行为（例如晚上10:00以后禁止灯光）

配给/分配

38：不适用

规则/条例

39a：延长该区域开放供游客利用的时间（小时、日、季）

39b：要求游客采取保护夜空的观赏性行为（例如晚上10:00以后禁止灯光）

执法

40a：建立一支穿制服的护林员队伍

40b：对降低夜空观赏性行为（例如晚上10:00以后禁止灯光）的游客进行制裁（例如罚款）

分区

41a：对更高用途的替代区域进行分区

41b：对夜空观赏进行分区

设施开发/场地设计/维护

42a：改善替代区域的景点、设施和服务

42b：在新区域开发景点、设施和服务

42c：改善通往新的/替代区域的道路

42d：设计减少光污染的设施和服务（例如使用最小化眩光的照明）

问题：对历史/文化资源的影响
策略：增加供给

信息/教育

43a：告知游客游憩区的范围和可利用的机会

43b：支持使用低用途区域

配给/分配

44：不适用

规则/条例

45：延长该区域对游客开放的时间（几小时、几天、几个季节）

执法

46：不适用

分区

47：对更高用途的替代区域进行分区

设施开发/场地设计/维护

48a：改善替代区域的景点、设施和服务

48b：在新区域开发景点、设施和服务

48c：改善通往新的/替代区域的道路

问题：拥挤
策略：增加供给

信息/教育

49a：告知游客游憩区的范围和可利用的机会

49b：支持使用低用途区域

配给/分配

50：不适用

规则/条例

51：延长该区域对游客开放的时间（几小时、几天、几个季节）

执法

52：不适用

分区

53：对更高用途的替代区域进行分区

设施开发/场地设计/维护

54a：改善替代区域的景点、设施和服务

54b：在新区域开发景点、设施和服务

54c：改善通往新的/替代区域的道路

问题：冲突
策略：增加供给

信息/教育

55a：告知游客游憩区的范围和可利用的机会

55b：支持使用低用途区域

55c：教育游客有关潜在的冲突

55d：支持减少冲突的行为（例如，教育游客可能引起冲突的行为）

配给/分配

56：不适用

规则/条例

57a. 延长该区域对游客开放的时间（几小时、几天、几个季节）

57b：禁止引起冲突的活动/行为（例如喧闹的行为）

执法

58a：建立一支穿制服的护林员队伍

58b：对造成冲突行为（例如喧闹的行为）的游客进行制裁（如罚款）

分区

59a：对更高用途的替代区域进行分区

59b：区分用途冲突的区域

设施开发/场地设计/维护

60a：改善替代区域的景点、设施和服务

60b：在新区域开发景点、设施和服务

60c：改善通往新的/替代区域的道路

问题：不友好行为
策略：增加供给

信息/教育

61a：告知游客游憩区的范围和可利用的机会

61b：支持使用低用途区域

61c：教育游客关于不适当的活动/行为（例如清除所有垃圾）

61d：鼓励适当的游客行为（例如带走所有垃圾）

配给/分配

62：不适用

规则/条例

63a：延长该区域供游客利用的开放时间（小时、日、季）

63b：要求游客杜绝不友好行为（例如不要乱丢垃圾）

执法

64a：建立一支穿制服的护林员队伍

64b：对有不友好行为（例如乱丢垃圾）的游客进行制裁（如罚款）

分区

65：对更高用途的替代区域进行分区

设施开发/场地设计/维护

66a：改善替代区域的景点、设施和服务

66b：在新区域开发景点、设施和服务

66c：改善通往新的/替代区域的道路

66d：设计抵制不友好行为的设施（例如使用抗涂鸦的表面）

66e：保持区域状况良好（例如清除涂鸦）

问题：对景点的影响
策略：增加供给

信息/教育

67a：告知游客游憩区的范围和可利用的机会

67b：支持使用低用途区域

配给/分配

68：不适用

规则/条例

69：延长该区域对游客开放的时间（几小时、几天、几个季节）

执法

70：不适用

分区

71：对更高用途的替代区域进行分区

设施开发/场地设计/维护

72a：改善替代区域的景点、设施和服务

72b：在新区域开发景点、设施和服务

72c：改善通往新的/替代区域的道路

问题：小径
策略：增加供给

信息/教育

73a：告知游客游憩区的范围和可利用的机会

73b：支持使用低用途区域

配给/分配

74：不适用

规则/条例

75：延长该区域对游客开放的时间（几小时、几天、几个季节）

执法

76：不适用

分区

77：对更高用途的替代区域进行分区

设施开发/场地设计/维护

78a：改善替代区域的景点、设施和服务

78b：在新区域开发景点、设施和服务

78c：改善通往新的/替代区域的道路

问题：露营地/野营地
策略：增加供给

信息/教育
79a：告知游客游憩区的范围和可利用的机会
79b：支持使用低用途区域

配给/分配
80：不适用

规则/条例
81：延长该区域对游客开放的时间（几小时、几天、几个季节）

执法
82：不适用

分区
83：对更高用途的替代区域进行分区

设施开发/场地设计/维护
84a：改善替代区域的景点、设施和服务
84b：在新区域开发景点、设施和服务
84c：改善通往新的/替代区域的道路

问题：对道路/停车场的影响
策略：增加供给

信息/教育
85a：告知游客游憩区的范围和可利用的机会
85b：支持使用低用途区域

配给/分配
86：不适用

规则/条例
87：延长该区域对游客开放的时间（几小时、

几天、几个季节）

执法
88：不适用

分区
89：对更高用途的替代区域进行分区

设施开发/场地设计/维护
90a：改善替代区域的景点、设施和服务
90b：在新区域开发景点、设施和服务
90c：改善通往新的/替代区域的道路

问题：对解说设施/项目的影响
策略：增加供给

信息/教育
91a：告知游客游憩区的范围和可利用的机会
91b：支持使用低用途区域

配给/分配
92：不适用

规则/条例
93：延长该区域对游客开放的时间（几小时、几天、几个季节）

执法
94：不适用

分区
95：对更高用途的替代区域进行分区

设施开发/场地设计/维护
96a：改善替代区域的景点、设施和服务
96b：在新区域开发景点、设施和服务
96c：改善通往新的/替代区域的道路

附录A3　减少利用影响的管理技术

问题：对土壤的影响
策略：减少利用的影响

信息/教育
1a：鼓励利用其他的场地（例如，在公园内、

其他公园），以分散使用
1b：鼓励其他时间利用场地（例如，在土壤干燥的季节）
1c：鼓励集中使用耐磨/硬化场地
1d：告知游客可接受和不可接受的游憩活动

（例如，仅供行人使用，禁止机动车使用）

1e：告知游客可接受和不可接受的行为（例如，不留痕迹项目，待在指定的小径上）

1f：教育游客为什么选择的行为是不可接受的（例如，离开小径会压实脆弱的土壤）

配给/分配

2：不适用

规则/条例

3a：禁止高影响利用（例如，禁止机动化的活动）

3b：禁止高影响行为（例如，禁止离开小径）

3c：限制团体规模

执法

4a：建立一支穿制服的护林员队伍

4b：对不适当的利用/行为（如离开小径）的游客进行制裁（例如，警告、罚款）

分区

5：只对用于低影响用途的区域进行分区（例如仅供行人使用）

设施开发/场地设计/维护

6a：仅只为低影响利用提供设施/服务（例如仅供行人使用）

6b：将设施和服务设置/集中于抗冲击的土壤上

6c：设计设施和服务将影响降至最低（例如沿小径安装拦水坝）

6d：维护设施将影响降至最低（例如定期清理拦水坝）

问题：对植被的影响
策略：减少利用的影响

信息/教育

7a：鼓励利用其他的场地（例如，在公园内、其他公园），以分散使用

7b：鼓励其他时间利用场地（例如，在植被不那么脆弱的季节）

7c：鼓励有抗性/硬化的场地集中使用

7d：告知游客可接受和不可接受的游憩活动（例如，仅供行人使用，禁止机动车使用）

7e：告知游客可接受和不可接受的行为（例如，不留痕迹项目，待在指定的小径上）

7f：教育游客为什么选择的行为是不可接受的（例如，离开小径会践踏脆弱的植被）

配给/分配

8：不适用

规则/条例

9a：禁止高影响利用（例如禁止机动化活动）

9b：禁止高影响行为（例如禁止离开小径）

9c：限制团体规模

执法

10a：建立一支穿制服的护林员队伍

10b：对不适当的利用/行为（如离开小径）的游客进行制裁（例如，警告、罚款）

分区

11：只对低影响利用的区域进行分区（例如仅供行人使用）

设施开发/场地设计/维护

12a：仅为低影响利用提供设施/服务（例如仅供行人使用）

12b：将设施和服务设置/集中于抗冲击的植被上

12c：设计设施和服务将影响降至最低（例如沿小径边缘安装护栏）

12d：维护设施将影响降至最低（例如定期清理水管）

问题：对水资源的影响
策略：减少利用的影响

信息/教育

13a：鼓励利用其他场地（例如，在公园内、其他公园），以分散使用

13b：鼓励其他时间利用场地（例如在水位较低的季节）

13c：鼓励有抗性/硬化的场地集中使用

13d：告知游客可接受和不可接受的游憩活动（例如禁止使用机动车）

13e：告知游客可接受和不可接受的行为（例如，不留痕迹项目，禁止在离湖边100英尺以

内的地方露营）

13f：教育游客为什么选择的行为是不可接受的（例如，在靠近湖泊的地方露营会导致泥沙淤积和富营养化）

配给/分配

14：不适用

规则/条例

15a：禁止高影响利用（例如禁止机动化活动）

15b：禁止高影响行为（例如太靠近湖泊洗衣）

15c：限制团体规模

执法

16a：建立一支穿制服的护林员队伍

16b：对不适当的利用/行为（例如，离湖边太近露营）的游客进行制裁（例如，警告、罚款）

分区

17：只对低影响利用的区域进行分区（例如禁止使用机动车）

设施开发/场地设计/维护

18a：仅为低影响利用提供设施/服务（例如，独木舟/皮艇登陆）

18b：将设施和服务设置/集中于远离脆弱水体的地方

18c：设计设施和服务以尽量减少冲击（例如，在距离溪流和湖泊至少200英尺的地方安置营地）

18d：维护设施以尽量减少冲击（例如定期清理小径沿途的水管）

问题：对野生动物的影响
策略：减少利用的影响

信息/教育

19a：鼓励利用其他的场地（例如，在公园内、其他公园），以分散使用

19b：鼓励其他时间利用场地（例如野生动物不繁殖的季节）

19c：鼓励有抗性/硬化的场地集中使用

19d：告知游客可接受和不可接受的游憩活动（例如禁止使用机动车）

19e：告知游客可接受和不可接受的行为（例

如，不留痕迹项目，禁止喂食野生动物）

19f：教育游客为什么选择的行为是不可接受的（例如给野生动物喂食会导致习惯化）

配给/分配

20：不适用

规则/条例

21a：禁止高影响利用（例如禁止机动化活动）

21b：禁止高影响行为（例如，禁止喂养野生动物，禁止穿过筑巢区域）

21c：限制团体规模

执法

22a：建立一支穿制服的护林员队伍

22b：对不适当的利用/行为（如喂食野生动物）的游客进行制裁（例如，喂养野生动物）

分区

23：只对低影响利用的区域进行分区（例如禁止使用机动车）

设施开发/场地设计/维护

24a：仅为低影响利用提供设施/服务（例如为观看野生动物而建造百叶窗）

24b：将设施和服务设置/集中于远离野生动物栖息地的地方

24c：设计设施和服务以尽量减少冲击（例如提供抗野生动物的垃圾桶）

24d：维护设施以尽量减少冲击（例如维护野生动物围栏）

问题：对空气的影响
策略：减少利用的影响

信息/教育

25a：鼓励利用其他的场地（例如，在公园内、其他公园），以分散使用

25b：鼓励其他时间利用场地（当大气倒转的可能性较低时）

25c：鼓励集中使用耐磨/硬化场地（例如受大气倒转影响较小的场所）

25d：告知游客可接受和不可接受的游憩活动（例如禁止机动车使用）

25e：告知游客可接受和不可接受的行为（例

如禁止营火）

25f：教育游客为什么选择的行为是不可接受的（例如营火会造成空气污染）

配给/分配

26：不适用

规则/条例

27a：禁止高影响利用（例如禁止机动活动）

27b：禁止高影响行为（例如禁止营火）

27c：限制团体规模

执法

28a：建立一支穿制服的护林员队伍

28b：对不恰当的使用/行为（例如禁止营火时）的游客进行制裁（例如，警告、罚款）

分区

29：只对低影响利用的区域进行分区（例如禁止使用机动车）

设施开发/场地设计/维护

30a：仅为低影响利用提供设施/服务（例如仅供行人使用）

30b：将设施和服务设置/集中于远离易受空气污染的地方

30c：设计设施和服务以尽量减少冲击（例如露营地禁止提供火炉）

30d：维护设施以尽量减少冲击（例如清除露营地的下层木材以阻止营火）

问题：对自然宁静的影响
策略：减少利用的影响

信息/教育

31a：鼓励利用其他的场地（例如，在公园内、其他公园），以分散使用

31b：鼓励其他时间利用场地（例如，几小时，几天，几个季节）

31c：鼓励集中使用选定的场地

31d：告知游客可接受和不可接受的游憩活动（例如禁止机动车使用）

31e：告知游客可接受和不可接受的行为（例如禁止喧闹的活动）

31f：教育游客为什么选择的行为是不可接受

的（例如，人为引起的噪声会干扰野生动物，并减少游客听到大自然声音的机会）

配给/分配

32：不适用

规则/条例

33a：禁止高影响利用（例如禁止机动化活动）

33b：禁止高影响行为（例如收音机、手机）

33c：限制团体规模

执法

34a：建立一支穿制服的护林员队伍

34b：对不适当的利用/行为（如喧闹的活动）的游客进行制裁（例如，警告、罚款）

分区

35a：作为"安静区"的区域

35b：只对低影响利用的区域进行分区（例如无机动用途）

设施开发/场地设计/维护

36a：仅为低影响利用提供设施/服务（例如只供步行的小径）

36b：将设施和服务设置/集中于远离敏感地区的地方（例如原始森林）

36c：设计设施和服务将影响降至最低（例如，仅使用静音技术进行公园管理）

问题：对自然黑暗的影响
策略：减少利用的影响

信息/教育

37a：鼓励利用其他的场地（例如，在公园内、其他公园），以分散使用

37b：鼓励其他时间利用场地（例如，几天、几个季节）

37c：鼓励集中使用选定的场地

37d：告知游客可接受和不可接受的游憩活动（例如禁止无需照明的机动用途）

37e：告知游客可接受和不可接受的行为（例如尽量减少用灯光）

37f：教育游客为什么选择的行为是不可接受的（例如一些游客喜欢观看夜晚）

配给/分配

38：不适用

规则/条例

39a：禁止高影响利用（例如，在黑暗之后不需要使用机动化的照明）

39b：禁止高影响行为（例如不必要的灯光使用）

39c：要求"熄灯"时间

39d：限制团体规模

执法

40a：建立一支穿制服的护林员队伍

40b：对游客的不当使用/行为（例如，在"熄灯"时间后使用灯光）进行制裁（例如，警告、罚款）

分区

41a：对黑暗的天空进行分区

41b：只对低影响利用区域进行分区（例如禁止篝火）

设施开发/场地设计/维护

42a：仅为低影响利用提供设施/服务（例如禁止营火解说项目）

42b：将设施和服务设置/集中于敏感地区以外的地方（例如受欢迎的/指定的夜空观赏区）

42c：设计设施和服务将影响降至最低（例如使用低光晕的灯）

42d：维护设施将影响降至最低（例如保持车灯向下照明）

问题：对历史/文化资源的影响
策略：减少利用的影响

信息/教育

43a：鼓励利用其他的场地（例如，在公园内、其他公园），以分散使用

43b：鼓励其他时间利用场地（例如，几小时，几天，几个季节）

43c：鼓励集中使用选定的场地

43d：告知游客可接受和不可接受的游憩活动（例如，禁止带走历史文物，禁止拍摄敏感的艺术品）

43e：告知游客可接受和不可接受的行为（例如，不要破坏/移动文物）

43f：教育游客为什么选择的行为是不可接受的（文物对考古学家很重要，游客喜欢看文物）

配给/分配

44：不适用

规则/条例

45a：禁止高影响利用（例如不拓印象形文字）

45b：禁止高影响行为（例如不破坏文物）

45c：限制团体规模

执法

46a：建立一支穿制服的护林员队伍

46b：对不适当的利用/行为（例如移除文物）的游客进行制裁（例如，警告、罚款）

分区

47：只对低影响利用的区域进行分区（例如禁止很大的团体）

设施开发/场地设计/维护

48a：仅为低影响利用提供设施/服务（例如设置最大的团体规模）

48b：将设施和服务设置/集中于远离敏感地区的地方（例如考古遗址）

48c：设计设施和服务将影响降至最低（例如将文化资源置于保护箱内）

48d：维护设施将影响降至最低（例如，保持障碍的完整性，以防止游客远离敏感资源）

问题：拥挤
策略：减少利用的影响

信息/教育

49a：鼓励利用其他的场地（例如在公园内及其他公园），以分散使用

49b：鼓励其他时间利用场地（例如，几小时、几天、几个季节），以分散使用

49c：支持旨在容纳大量游客的场地（如景点）

49d：告知游客可接受和不可接受的游憩活动（例如，禁止机动化利用，禁止库存使用，禁止宠物，禁止大型团体）

49e：告知游客可接受和不可接受的行为（例如，禁止喧闹的行为，必须拴着狗）

49f：教育游客为什么选择的行为是不可接受的（例如，有些游客在寻找独处时，大型团体会增加拥挤感）

49g：向游客告知存在的冲击/环境条件（如拥挤）

配给/分配
50：不适用

规则/条例
51a：禁止游憩活动以尽可能减少拥挤（例如商业旅游）

51b：禁止可能加剧拥挤的行为（如喧闹）

51c：限制团体规模

51d：规定最长停留时间

执法
52a：建立一支穿制服的护林员队伍

52b：对不适当的利用/行为（如喧闹行为）的游客进行制裁（例如，警告、罚款）

分区
53：尽量减少拥挤的游憩活动区（例如行人活动）

设施开发/场地设计/维护
54a：仅为游憩活动提供设施/服务，有助于减少拥挤（如行人活动）

54b：将设施和服务设置/集中于远离旨在提供独处机会的地区（例如荒野地区）

54c：设计设施和服务以尽量减少拥挤（如提供足够的洗手间）

54d：维护设施以尽量减少拥挤（例如定期清除垃圾）

问题：冲突
策略：减少利用的影响

信息/教育
55a：鼓励利用其他的场地（例如，在公园内、其他公园），以区分相互冲突的利用

55b：鼓励其他时间利用场地（例如，几小时，几天，几个季节），以区分相互冲突的利用

55c：向游客告知可接受的和不可接受的游憩活动（例如，禁止机动化利用，禁止库存使用，禁止宠物，禁止大型团体）

55d：告知游客可接受和不可接受的行为（例如，禁止喧闹的行为，必须拴住狗）

55e：对游客进行教育，了解为什么选择的行为是不可接受的（例如，狗会吓跑野生动物，一些游客希望听到大自然的声音）

配给/分配
56：不适用

规则/条例
57a：禁止可能引起冲突的游憩活动（如机动化用途）

57b：禁止高影响行为（如喧闹的行为）

57c：限制团体规模

执法
58a：建立一支穿制服的护林员队伍

58b：对造成冲突的行为（如机动化使用以及喧闹的行为）的游客进行制裁（如罚款）

分区
59a：按空间分区将相互冲突的活动分开（例如，一个机动使用活动的场地和一个不同的非机动活动的场地）

59b：按时间分区将相互冲突的活动分开（几小时、几天、几个季节）（例如，一个地点在一个季节被划分为机动活动，另一个季节被划分为非机动活动）

59c：为不易引起冲突的休憩活动分区（例如行人活动）

设施开发/场地设计/维护
60a：只为不引起冲突的游憩活动提供设施/服务（如行人活动）

60b：为游憩活动设置/集中设施和服务，它们往往会因远离其他游憩活动设施和服务而引起冲突（例如机动活动）

60c：设计设施和服务以尽量减少冲突（例如，为徒步旅行者和骑自行车者提供单独的小径）

问题：不友好行为
策略：减少利用的影响

信息/教育

61a：向游客告知可接受的和不可接受的游憩活动（例如，禁止机动化利用）

61b：告知游客可接受和不可接受的行为（例如不要扔垃圾）

61c：对游客进行教育，了解为什么选择的行为是不可接受的（例如，垃圾很不雅观，也会伤害野生动物）

配给/分配

62：不适用

规则/条例

63：禁止不友好行为（例如，乱丢垃圾以及涂鸦）

执法

64a：建立一支穿制服的护林员队伍

64b：对不适当的利用/行为（如乱丢垃圾以及涂鸦）的游客进行制裁（例如，警告、罚款）

分区

65：不适用

设施开发/场地设计/维护

66a：设计设施以尽量减少不友好行为（例如，提供废物处理，使用不利于涂鸦的建筑材料）

66b：维持设施以尽可能减少不友好行为（例如，清除垃圾、涂鸦）

问题：对景点的影响
策略：减少利用的影响

信息/教育

67a：鼓励利用其他的场地（例如，在公园内、其他公园），分散使用

67b：鼓励其他时间利用场地（例如，几小时，几天，几个季节），以分散使用

67c：鼓励集中使用耐磨/硬化场地

67d：告知游客当前的影响/状况（例如，资源影响、拥挤）

67e：告知游客可接受和不可接受的游憩活动（例如，禁止攀爬有特色的景点）

67f：告知游客可接受和不可接受的行为（例如，在已开发的设施上停留）

67g：教育游客为什么选择的行为是不可接受的（例如，离开已开发的设施会破坏脆弱的植被）

配给/分配

68：不适用

规则/条例

69a：禁止高影响利用（例如禁止机动化活动）

69b：禁止高影响行为（例如禁止离开已开发的设施）

69c：限制团体规模

69d：规定最长停留时间

执法

70a：建立一支穿制服的护林员队伍

70b：对不适当的利用/行为（如走出已开发的设施）的游客进行制裁（例如，警告、罚款）

分区

71：只对用于低影响利用的区域进行分区（例如仅供行人使用）

设施开发/场地设计/维护

72a：为低影响利用提供设施/服务（例如仅供行人使用）

72b：在抗冲击性的场地上设置/集中设施和服务（例如，抗冲击土壤和植被，远离敏感的野生动物栖息地）

72c：设计设施和服务将影响降至最低（例如在潮湿地区铺设木栈道）

72d：维护设施以最大限度地减少影响（例如在观察点保持围栏的完整性）

问题：对小径的影响
策略：减少利用的影响

信息/教育

73a：鼓励利用其他的场地（例如，在公园内、其他公园），分散使用

73b：鼓励其他时间利用场地（例如，几小时，几天，几个季节），以分散使用

73c：鼓励集中使用耐磨/硬化场地

73d：告知游客当前的影响/状况（例如，资源影响、拥挤）

73e：告知游客可接受和不可接受的游憩活动（例如禁止山地自行车）

73f：告知游客可接受和不可接受的行为（例如不要走出小径）

73g：教育游客为什么选择的行为是不可接受的（例如，走出小径会破坏脆弱的植被）

配给/分配

74：不适用

规则/条例

75a：禁止高影响利用（例如无包装存库）

75b：禁止高影响行为（例如禁止离开小径）

75c：限制团体规模

75d：规定最长停留时间

执法

76a：建立一支穿制服的护林员队伍

76b：对不适当的利用/行为（如离开小径）的游客进行制裁（例如，警告、罚款）

分区

77a：只对低影响利用的区域进行分区（例如仅供行人使用）

77b：按空间分区划分相互冲突的活动（例如，一条用于机动活动的小径，一条用于非机动活动的不同小径）

77c：按时间分区划分相互冲突的活动（几小时、几日、几个季节）（例如，一条小径被划分为一个季节的机动活动和另一个季节的非机动活动）

设施开发/场地设计/维护

78a：为低影响利用提供设施/服务（例如仅供行人使用）

78b：在抗冲击的场地上设置/集中设施和服务（例如，抗冲击土壤和植被，远离敏感的野生动物栖息地）

78c：设计小径将影响降至最低（例如，在陡峭的斜坡上使用急转弯，沿小径建造水槽，指定小径边缘）

78d：维护设施以最大限度地减少影响（例如定期清理水闸）

问题：对露营地/野营地的影响
策略：减少利用的影响

信息/教育

79a：鼓励利用其他的场地（例如，在公园内、其他公园），分散使用

79b：鼓励其他时间利用场地（例如，几小时、几天、几个季节），以分散使用

79c：鼓励集中使用耐磨/硬化场地

79d：告知游客当前的影响/状况（例如，资源影响、冲突）

79e：告知游客可接受和不可接受的游憩活动（例如，禁止游憩车辆）

79f：告知游客可接受和不可接受的行为（例如，妥善储存食物，尊重安静的时间，禁止篝火，携带熊罐）

79g：教育游客为什么选择的行为是不可接受的（例如，无人照料的食物会吸引动物）

配给/分配

80：不适用

规则/条例

81a：禁止高影响利用（例如禁止游憩车辆）

81b：禁止高影响行为（例如，禁止营火/收集木材、禁止喧闹行为）

81c：限制团体规模

81d：规定最长停留时间

81e：只允许在指定的营地露营

执法

82a：建立一支穿制服的护林员队伍

82b：对不适当的利用/行为（如无人照料的食物，喧闹的行为）的游客进行制裁（例如，警告、罚款）

分区

83a：只对低影响利用的区域进行分区（例如仅对野营地的上门客）

83b：按空间分区划分相互冲突的活动（例如，一个露营区用于游憩车辆，另一个不同

的营地用于帐篷露营）

83c：按时间分区划分相互冲突的活动（几小时、几日、几个季节）（例如，一个露营地/野营地某一季被划分为游憩车辆区，另一个季节为帐篷露营区）

设施开发/场地设计/维护

84a：为低影响利用提供设施/服务（例如无电以及淋浴）

84b：在抗冲击性场地上设置露营地（例如，抗冲击土壤和植被，远离敏感的野生动物栖息地）

84c：提供木柴

84d：设计露营地以尽量减少冲击（例如，安装帐篷平台，指定营地的边缘，提供熊箱、壁炉架）

84e：维护设施以最大限度地减少冲击（例如，保持营地周围围栏的完整性）

问题：对道路/停车场的影响
策略：减少利用的影响

信息/教育

85a：推广（例如智能交通系统，ITS）其他的道路/停车场（例如，在公园内、其他公园）以分散使用

85b：推广（例如ITS）其他时间利用道路/停车场（例如，几小时、几天、几个季节）以分散使用

85c：鼓励（例如ITS）集中使用耐磨/硬化场地

85d：告知游客（例如ITS）当前的影响/条件（例如资源影响、拥挤以及缺乏可用的停车场）

85e：告知游客（例如ITS）可接受和不可接受的游憩活动（例如禁止超大型车辆）

85f：告知游客（例如ITS）可接受和不可接受的行为（例如，遵守车速限制，禁止擅自停车）

85g：教育游客为什么选择的行为是不可接受的（例如，超大型车辆造成过度拥堵，超速

危害野生动物，未经许可停车破坏脆弱的土壤和植被）

85h：推广（例如ITS）可供选择的交通工具/公共交通（例如，骑自行车、坐穿梭巴士）

85i：教育游客替代交通/公共交通的优点（例如更少拥挤、对环境影响更低、更加方便）

配给/分配

86：不适用

规则/条例

87a：禁止高影响利用（例如，超大型车辆、私家车）

87b：禁止高影响行为（例如，禁止超速行驶，禁止擅自停车）

87c：在停车场设置最长停留时间

执法

88a：建立一支穿制服的护林员队伍

88b：对不适当的利用/行为（例如，超大型车辆、超速、擅自停车）的游客进行制裁（例如，警告、罚款）

分区

89：不适用

设施开发/场地设计/维护

90a：只对低影响利用的区域进行分区（例如，仅限客车、公共交通）

90b：按空间分区划分相互冲突的活动（例如自行车专用道）

90c：按时间分区划分相互冲突的活动（几小时、几日、几个季节）（例如，道路对私家车关闭，在选定时间对骑自行车开放）

90d：仅为低影响利用提供设施/服务（例如公共交通）

90e：将道路/停车场设置于抗冲击场地（例如，抗冲击土壤和植被，远离敏感的野生动物栖息地）

90f：设计道路/停车场将影响降至最低（例如在非敏感资源区域设置道路）

90g：维护道路/停车场，将影响降至最低（例如保持停车场周围围栏的完整性）

问题：对解说设施/项目的影响
策略：减少利用的影响

信息/教育

91a：推广可供选择的解说设施/项目（例如，在公园内、其他公园）以分散使用

91b：推广解说设施/项目的替代时间（例如，几小时、几天、几个季节）以分散使用

91c：告知游客当前的影响/状况（例如，资源影响、拥挤）

91d：告知游客可接受和不可接受的活动/行为（例如，禁止解说设施中的喧闹行为）

91e：教育游客为什么选择的行为是不可接受的（例如，喧闹的行为会干扰其他游客）

配给/分配

92：不适用

规则/条例

93a：禁止高影响利用（例如，禁止大规模团体）

93b：禁止高影响行为（例如，禁止喧闹的行为）

93c：限制团体规模

93d：规定最长停留时间

执法

94a：建立一支穿制服的护林员队伍

94b：对不适当的利用/行为（如破坏解说标志）的游客进行制裁（例如，警告、罚款）

分区

95：仅用于低影响利用的区域分区（例如，禁止商业团体）

设施开发/场地设计/维护

96a：只为低影响利用提供设施/服务（例如禁止学校团体）

96b：在抗冲击场地设置/集中设施/项目（例如，抗冲击土壤和植被，远离敏感的野生动物栖息地）

96c：设计设施/项目将影响降至最低（例如设置最大团体规模）

96d：维护设施将影响降至最低（例如维护视听设备）

附录A4　强化资源和游客体验的管理技术

问题：对土壤的影响
策略：强化资源/游客体验

信息/教育

1a：告知访游客当前情况（即土壤压实、侵蚀）

配给/分配

2：不适用

规则/条例

3：不适用

执法

4：不适用

分区

5：不适用

设施开发/场地设计/维护

6a：在耐用的土壤（如抗压实和侵蚀的土壤）上设置旅游景点/设施（如小径、露营地）

6b：开发各种设施（如岩石台阶、木栈道），以"保护"脆弱的土壤

6c：设计在天然抗蚀或硬化土壤上集中使用的设施

6d：维护和/或修复受影响地点（例如向堆肥区添加土壤胶合剂）

6e：关闭和修复受影响地区

6f：维护/修复被压实和侵蚀土壤的损害

问题：对植被的影响
策略：强化资源/游客体验

信息/教育

7：告知游客目前的状况（即被践踏的植被）

配给/分配

8：不适用

规则/条例

9：不适用

执法

10：不适用

分区

11：不适用

设施开发/场地设计/维护

12a：在耐用的植被（例如抗践踏的植被）上设置旅游景点/设施（如小径、露营地）

12b：开发各种设施（例如，观景平台、木栈道），以"保护"脆弱的植被

12c：设计在天然抗性植被上集中使用的设施

12d：维护和/或修复受影响地点（例如，稀疏树冠以促进被践踏的下层植被再生）

12e：关闭和修复受影响地区

12f：抗践踏植被恢复区

12g：维护/修复对敏感植被的破坏

问题：对水资源的影响
策略：强化资源/游客体验

信息/教育

13：告知游客目前的状况（即水污染）

配给/分配

14：不适用

规则/条例

15：不适用

执法

16：不适用

分区

17：不适用

设施开发/场地设计/维护

18a：远离水体在远离水体的地方设置游客景点/设施（如小径、露营地）

18b：开发各种设施（如码头、桥梁），以"保护"脆弱的海（湖）岸线

18c：设计在远离水体区域集中使用的设施

18d：维护和/或修复受冲击地点（例如，沿岸线种植植被以"缓冲"雨水径流）

18e：关闭和修复受冲击地区

18f：开发厕所以使人类排泄物远离水体

18g：清除处理不当的人类垃圾

问题：对野生动物的影响
策略：强化资源/游客体验

信息/教育

19：告知游客目前的状况（即习以为常的、灭绝的野生动物）

配给/分配

20：不适用

规则/条例

21：不适用

执法

22：不适用

分区

23：不适用

设施开发/场地设计/维护

24a：在远离敏感野生动物栖息地的地方设置游客景点/设施（如小径、露营地）

24b：开发各种设施（如野生动物百叶窗），以尽量减少对野生动物的干扰

24c：集中使用在远离重要的野生动物栖息地设计的设施

24d：维护和/或修复主要野生动物栖息地

24e：关闭和修复受影响地区

问题：对空气的影响
策略：强化资源/游客体验

信息/教育

25：告知游客目前的状况（即空气污染）

配给/分配

26：不适用

规则/条例

27：不适用

执法
28：不适用
分区
29：不适用
设施开发/场地设计/维护
30a：在远离易受空气污染的区域，设置旅游景点/设施（如小径、露营地）
30b：关闭受空气污染的区域
30c：清除营地火炉（壁炉架）
30d：清除营火的证据

问题：对自然宁静的影响
策略：强化资源/游客体验

信息/教育
31：告知游客目前的状况（即人为噪声的普遍程度）
配给/分配
32：不适用
规则/条例
33：不适用
执法
34：不适用
分区
35：不适用
设施开发/场地设计/维护
36a：在远离敏感的声景的地方，设置旅游景点/设施（例如，小径、露营地）
36b：开发各种设施（如植物屏障）以减缓人为的声音
36c：采用静音技术维护（如电动修剪机）

问题：对自然黑暗的影响
策略：强化资源/游客体验

信息/教育
37：告知游客目前的状况（如光污染流行率）

配给/分配
38：不适用
规则/条例
39：不适用
执法
40：不适用
分区
41：不适用
设施开发/场地设计/维护
42a：在远离敏感的夜空区域设置旅游景点/设施（例如，小径、露营地）
42b：开发/改造各种设施（例如向下照明），以尽量减少光污染
42c：设计在非夜空区域集中使用的设施

问题：对历史/文化资源的影响
策略：强化资源/游客体验

信息/教育
43：告知游客目前的状况（即丢失的文物）
配给/分配
44：不适用
规则/条例
45：不适用
执法
46：不适用
分区
47：不适用
设施开发/场地设计/维护
48a：将旅游景点/设施（如小径、营地）与敏感的历史/文化资源相隔
48b：开发各种设施（如观景台、步道）以"保护"敏感历史/文化资源
48c：设计在天然抗蚀或硬化历史/文化资源区域集中使用的设施
48d：稳定/重建敏感的历史/文化资源
48e：维护/修复对敏感的历史/文化资源的破坏

问题：拥挤
策略：强化资源/游客体验

信息/教育

49a：告知游客目前的状况（如在景点的拥挤）

49b：鼓励游客穿衣和使用与环境相适应的设备

49c：教育游客如何避免与其他团体发生冲突（例如禁止喧闹的行为）

配给/分配

50：对利用量设限

规则/条例

51：规范利用水平

执法

52a：建立一支穿制服的队伍以强制执行使用限制

52b：建立一支穿制服的队伍以减少游客之间的冲突

分区

53：在空间上或时间上分离相互冲突的使用

设施开发/场地设计/维护

54a：开发额外的设施/服务（例如，小径、景点）以分散使用

54b：保持令人愉悦的环境质量

问题：冲突
策略：强化资源/游客体验

信息/教育

55a：告知游客当前的情况（即游憩活动之间的冲突）

55b：教育游客如何避免与其他团体发生冲突（例如，禁止喧闹的行为）

配给/分配

56：不适用

规则/条例

57：规范活动/行为（如机动用途）可能导致冲突

执法

58：建立一支穿制服的队伍以减少游客之间的冲突

分区

59：在空间上或时间上分离相互冲突的使用

设施开发/场地设计/维护

60：在不同地区，为相互冲突的团体开发设施/服务（例如小径）

问题：不良行为（不友好行为）
策略：强化资源/游客体验

信息/教育

61a：告知游客当前的情况（即垃圾的存在）

61b：对游客进行不友好行为的教育

配给/分配

62：不适用

规则/条例

63：规范不友好行为（例如，禁止乱丢垃圾、移动文物）

执法

64：创建一支穿制服的护林员队伍以执行法规

分区

65：不适用

设施开发/场地设计/维护

66a：提供设施/服务（如垃圾桶）以防止乱丢垃圾

66b：定期对区域进行维护（例如清除垃圾）

问题：对景点的影响
策略：强化资源/游客体验

信息/教育

67：告知游客当前情况（即资源退化，景点拥挤）

配给/分配

68：不适用

规则/条例

69：不适用

执法

70：不适用

分区

71：不适用

设施开发/场地设计/维护

72a：在耐用的区域（如抗压实和侵蚀的土壤）设置旅游景点/设施

72b：开发各种设施（如观看平台），以"保护"脆弱资源

72c：设计在自然抗腐蚀或硬化区域集中使用的设施

72d：维护或修复受冲击的地点

72e：关闭并修复受冲击区域

72f：维护/修复受冲击地区的破坏

72g：定期清洁/保养区域

问题：对小径的影响
策略：强化资源/游客体验

信息/教育

73：告知游客当前的情况（即资源退化，景点拥挤）

配给/分配

74：不适用

规则/条例

75：不适用

执法

76：不适用

分区

77：不适用

设施开发/场地设计/维护

78a：在耐用的区域（如抗压实和侵蚀的土壤）设置小径

78b：开发各种设施（如木栈道），以"保护"脆弱资源

78c：设计在自然抗腐蚀或硬化区域集中使用的设施

78d：维护或修复受冲击的小径

78e：关闭并修复受冲击小径

78f：维护/修理受冲击的小径

78g：定期清洁/维护区域

问题：对露营地/野营地的影响
策略：强化资源/游客体验

信息/教育

79：告知游客当前的情况（即资源退化，露营地/野营地拥挤）

配给/分配

80：不适用

规则/条例

81：不适用

执法

82：不适用

分区

83：不适用

设施开发/场地设计/维护

84a：在耐用的地区（例如，抵抗压实和侵蚀的土壤）设置露营地/野营地

84b：开发各种设施（如帐篷平台），以"保护"脆弱的资源

84c：设计在自然抗腐蚀或硬化区域集中使用的露营地/野营地

84d：维护或修复受冲击的露营地/野营地

84e：关闭并修复受冲击的露营地/野营地

84f：维护/修复受冲击露营地/野营地的破坏

84g：定期清洁/维护露营地/野营地

问题：对道路/停车场的影响
策略：强化资源/游客体验

信息/教育

85：告知游客目前的状况（即资源退化、道路和停车场拥堵）

配给/分配

86：不适用

规则/条例

87：不适用

执法

88：不适用

分区

89：不适用

设施开发/场地设计/维护

90a：在耐用的地区（例如，抵抗压实和侵蚀的土壤）设置道路/停车场

90b：开发各种设施（如帐篷平台），以"保护"脆弱的资源

90c：设计在自然抗腐蚀或硬化区域集中使用的道路/停车场

90d：维护或修复受冲击的道路/停车场

90e：关闭并修复受冲击的道路/停车场

90f：维护/修理受冲击道路/停车场的损坏

90g：定期清洁/维护道路/停车场

问题：对解说设施/项目的影响
策略：强化资源/游客体验

信息/教育

91：告知游客目前的情况（即解说设施/项目的拥挤）

配给/分配

92：不适用

规则/条例

93：不适用

执法

94：不适用

分区

95：不适用

设施开发/场地设计/维护

96a：在耐用的地区（例如抗压实和侵蚀的土壤）设置解说设施/项目

96b：开发各种设施以"保护"脆弱的资源

96c：设计在自然抗腐蚀或硬化区域集中使用的解说设施/项目

96d：维护或修复受冲击的解说设施

96e：关闭并修复受冲击的解说设施

96f：维护/修复受冲击解说设施的破坏

96g：定期清洁/维护解说设施

附录B　教学和管理工具

本书第二部分中25个案例研究的PowerPoint演示文稿和第5章中交互式矩阵以及附录A1-A4中的管理策略和实践可在http://www.cabi.org/open resources/91018上找到。

附录B：国家公园系统内的单元类型

单元类型	编号	备注
国家公园	59	由国会设立的公园通常为国家公园系统内的历史或环境资源提供最高水平的保护。它们通常包括较大面积的重要风景、科学或自然采掘活动通常是禁止的
国家纪念碑	78	由总统根据1906年《古物法》通过行政命令设立。保护等级因纪念碑而异。许多后来被国会重新指定为国家公园
国家自然保留区	18	由国会建立以保护某些资源，但它可能允许在国家公园、纪念碑或其他单元类型中禁止使用
国家保护区	2	包括公有和私有土地，作为一个更大的管理区域的一部分，旨在保护某些资源价值
国家湖岸	4	保护自然价值的同时提供公共通道以及进行水上游憩的机会。所有现存的单元类型都设在五大湖海岸边
国家海滨	10	保护自然价值的同时提供公共通道以及在国家海滩和海岸线上进行水上游憩的机会
国家游憩区	18	主要为提供户外游憩机会而留出的区域
国家河流，国家野生和风景河流	5 10	按照"游憩""风景"或"野生"的分类，自由流动河流的延伸段受到不同程度的保护
国家公园道路	4	公路两侧的风景或历史带状土地，向游客提供有关该地区历史或自然美景的证据
国家风景道	3	穿越具有特殊风景、科学或历史价值的区域的长距离人行道。它们常常延伸到国家公园系统的土地以外
国家战场 国家战场公园 国家战场遗址	11 4 1	由国会建立，以保护与美国军事史相关的地区.场地一般比公园小，但国家公园管理局并没有在管理优先事项或办法上区分它们
国家军事公园 国家历史公园	9 46	为保护目的而保留的具有国家历史意义的地区。公园通常比历史遗迹更大和/或更复杂
国家历史遗址	78	为保护目的而保留的具有国家历史意义的地区
国家纪念馆	29	主要纪念自然的具有国家历史意义的地区.他们不必直接与他们研究对象的历史联系在一起，比如华盛顿的林肯纪念堂
其他单元类型	—	这些地方包括华盛顿特区的国家广场。国家公园管理局还管理着大量的荒野地区（第8章），作为该机构管理职责的一部分

注：按类型分列的国家公园系统单元的完整清单，见国家公园管理局，"公园系统区域名称"，http://www.nps.gov/History/Hisnps/NPSHistory/nomenclature.html。

参考文献

Absher, J., McCollum, D. and Bowker, J. (1999) The value of research in recreation fee project implementation. *Journal of Park and Recreation Administration* 17, 116-120.

Akabua, K., Adamowicz, W., Phillips, W. and Trelawny, P. (1999) Implications of realization uncertainty on random utility models: The case of lottery rationed hunting. *Canadian Journal of Agricultural Economics* 47, 165-179.

Alder, J. (1996) Effectiveness of education and enforcement: Cairns section of the Great Barrier Reef Marine Park. *Environmental Management* 20, 541-551.

Alpert, L. and Herrington (1998) An interactive information kiosk for the Adirondack Park visitor interpretive center, Newcomb, NY. Proceedings of the 1997 Northeastern Recreation Research Symposium, *USDA Forest Service General Technical Report NE-241*, Radnor, Pennsylvania, pp. 265-267.

Anderson, D. and Manfredo, M. (1986) Visitor preferences for management actions. *Proceedings-National Wilderness Research Conference: Current Research*, *USDA Forest Service General Technical Report INT-212*, Fort Collins, Colorado, pp. 314-319.

Anderson, D., Lime, D. and Wang, T. (1998) Maintaining the quality of park resources and visitor experiences. A handbook for managers. University of Minnesota Cooperative Park Studies Unit, St. Paul, Minnesota, pp. 1-134.

Bamford, T., Manning, R., Forcier, L. and Koenemann, E. (1988) Differential campsite pricing: An experiment. *Journal of Leisure Research* 20, 324-342.

Barker, N. and Roberts, C. (2004) Scuba diver behavior and the management of diving impacts on coral reefs. *Biological Conservation* 120, 481-489.

Barringer, F. (2013) As vandals deface U.S. parks, some point to online show-offs. *The New York Times*, June 5, p. A1.

Basman, C., Manfredo, M., Barro, S., Vaske, J. and Watson, A. (1996) Norm accessibility: An exploratory study of backcountry and frontcountry recreational norms. *Leisure Sciences* 18, 177-191.

Becker, R. (1981) User reaction to wild and scenic river designation. *Water Resources Bulletin* 17, 623-626.

Becker, R., Berrier, D. and Barker, G. (1985) Entrance fees and visitation levels *Journal of Park and Recreation Administration* 3, 28-32.

Behan, R. (1974) Police state wilderness: A comment on mandatory wilderness permits. *Journal of Forestry* 72, 98-99.

Behan, R. (1976) Rationing wilderness use: An example from Grand Canyon. *Western Wildlands* 3, 23-26.

Biscombe, J., Hall, J. and Palmer, J. (2001) Universal campsite design: An opportunity for adaptive management. *Proceedings of the 2000 Northeastern Recreation Research Symposium*, *USDA Forest Service General Technical Report NE-276*, Newtown Square, Pennsylvania, pp. 150-154.

Borrie, W. and Harding, J. (2002) Effective recreation visitor communication strategies: Rock climbers in the Bitterroot Valley, Montana. *USDA Forest Service Research Note RMRS-15*, Fort Collins, Colorado, pp. 1-11.

Bowker, J., Cordell, H. and Johnson, C. (1999) User fees for recreation services on public lands: A national assessment. *Journal of Park and Recreation Administration* 17, 1-14.

Bowman, E. (1971) The cop image. *Parks and Recreation* 6, 35-36.

Bradford, L. and McIntyre, N. (2007) Off the beaten track: Messages as a means of reducing social trail use at St. Lawrence Islands National Park. *Journal of Park and Recreation Administration* 25, 1-21.

Bright, A. (1994) Information campaigns that enlighten and influence the public. *Parks and Recreation* 29, 49-54.

Bright, A. and Manfredo, M. (1995) Moderating effects of personal importance on the accessibility of attitudes toward recreation and participation. *Leisure Sciences* 17, 281-294.

Bright, A., Manfredo, M., Fishbein, M. and Bath, A. (1993) Application of the theory of learned action to the National Park Service's controlled burn policy. *Journal of Leisure Research* 25, 263-280.

Brown, C., Halstead, J. and Luloff, A. (1992) Information as a management tool: An evaluation of the Pemigewasset Wilderness Management Plan. *Environmental Management* 16, 143-148.

Brown, P. and Hunt, J. (1969) The influence of information signs on visitor distribution and use. *Journal of Leisure Research* 1, 79-83.

Brown, P., Driver, B. and McConnell, C. (1978) The opportunity spectrum concept in outdoor recreation supply inventories: Background and application. *Proceedings of the Integrated Renewable Resource Inventories Workshop, USDA Forest Service General Technical Report RM-55*, Fort Collins, Colorado, pp. 73-84.

Brown, P., Driver, B., Burns, D. and McConnell, C. (1979) The outdoor recreation opportunity spectrum in wildland recreation planning: Development and application. *First Annual National Conference on Recreation Planning and Development: Proceedings of the Speciality Conference* 2, Snowbird, Utah, pp. 1-12.

Brown, P., McCool, S. and Manfredo, M. (1987) Evolving concepts and tools for recreation user management in wilderness. *Proceedings of the National Wilderness Research Conference: Issues, State-of-knowledge, Future Directions, USDA Forest Service General Technical Report INT-220*, Fort Collins, Colorado, pp. 320-346.

Budruk, M. and Manning, R. (2006) Indicators and standards of quality at an urban-proximate park: Litter and graffiti at Boston Harbor Islands National Recreation Area. *Journal of Park and Recreation Administration* 24, 1-23.

Burde, J., Peine, J., Renfro, J. and Curran, K. (1988) Communicating with park visitors: Some successes and failures at the Great Smoky Mountains National Park. *National Association of Interpretation 1988 Research Monograph*, Fort Collins, Colorado, pp. 7-12.

Burgess, R., Clark, R. and Hendee, J. (1971) An experimental analysis of anti-litter procedures. *Journal of Applied Behavior Analysis* 4, 71-75.

Cable, S. and Watson, A. (1998) Recreation use allocation: Alternative approaches for the Bob Marshall Wilderness Complex. *USDA Forest Service Research Note RMRS-1*, Missoula, Montana, pp. 1-7.

Cable, T., Knudson, D., Udd, E. and Stewart, D. (1987) Attitude changes as a result of exposure to interpretive messages. *Journal of Park and Recreation Administration* 5, 47-60.

Campbell, F., Hendee, J. and Clark, R. (1968) Law and order in public *parks. Parks and Recreation* 3, 51-55.

Cannon, C. (1991) Ranger or stranger? *Earth Works* 1, 5-9.

Carroll, M. (1988) A tale of two rivers: Comparing NPS-local interactions in two areas. *Society and Natural Resources* 1, 317-333.

Charles, M. (1982) The Yellowstone ranger: The social control and socialization of federal law enforcement officers. *Human Organization* 41, 216-226.

Chavez, D. (1996) Mountain biking direct, indirect, and bridge building management styles. *Journal of Park and Recreation Administration* 14, 21-35.

Chavez, D. (2000) Invite, include, and involve! Racial groups, ethnic groups, and leisure. In: Allison, M. and Schneider, I. (eds) *Diversity and the Recreation Profession.* Venture Publishing, State College, Pennsylvania.

Christensen, H. (1981) Bystander intervention and litter control: an experimental analysis of an appeal to help program. *USDA Forest Service General Research Paper PNW-287*, Portland, Oregon.

Christensen, H. (1986) Vandalism and depreciative behavior. *A Literature Review: The President's Commission on Americans Outdoors*. US Government Printing Office, M-73-M-87, Washington, DC.

Christensen, H. and Clark, R. (1983) Increasing public involvement to reduce depreciative behavior in recreation settings. *Leisure Sciences* 5, 359-378.

Christensen, H. and Dustin, D. (1989) Reaching recreationists at different levels of moral development. *Journal of Park and Recreation Administration* 7, 72-80.

Christensen, H., Johnson, D. and Brookes, M. (1992) Vandalism: Research, Prevention, and Social Policy. *USDA Forest Service General Technical Report PNW-293*, Portland, Oregon.

Christensen, N. and Cole, D. (2000) Leave no trace practices: Behaviors and preferences of wilderness visitors regarding use of cookstoves and camping away from lakes. *Wilderness Science in a Time of Change Conference—Volume 4: Wilderness Visitors, Experiences, and Visitor Management*. USDA Forest Service Proceedings RMRS-15,

Missoula, Montana, pp. 77-85.

Clark, R. and Stankey, G. (1979) The Recreation Opportunity Spectrum: A Framework for Planning, Management, and Research. *USDA Forest Service General Research Paper PNW-98,* Portland, Oregon.

Clark, R., Hendee, J. and Campbell, F. (1971) Depreciative Behavior in Forest Campgrounds: An Exploratory Study. *USDA Forest Service Research Paper PNW-161*, Portland, Oregon.

Clark, R., Burgess, R. and Hendee, J. (1972a) The development of anti-litter behavior in a forest campground. *Journal of Applied Behavior Analysis* 5, 71-75.

Clark, R., Hendee, J. and Burgess, R. (1972b) The experimental control of littering. *Journal of Environmental Education* 4, 22-28.

Cockrell, D. and McLaughlin, W. (1982) Social influences on wild river recreationists. *Forest and River Recreation: Research Update*. University of Minnesota Agricultural Experiment Station Miscellaneous Publication 18, St. Paul, Minnesota, pp. 140-145.

Cohen, J. (1995) How many people can the Earth support? *The Sciences* 35, 18-23.

Cole, D. (1993) Wilderness recreation management. *Journal of Forestry* 91, 22-24.

Cole, D. (2004) Impacts of hiking and camping on soils and vegetation: A review. In: Buckley, R. (ed.) *Environmental Impacts of Ecotourism*. CAB International, Wallingford, UK, pp. 41-60.

Cole, D. (2005) Computer simulation modeling of recreation use: Current status, case studies, and future directions. *USDA Forest Service General Technical Report RMRS-143*, Fort Collins, Colorado.

Cole, D. and Hall, T. (2006) Wilderness zoning: Should we purposely manage to different standards? *The 2005 George Wright Society Conference Proceedings*, Hancock, Michigan, pp. 33-38.

Cole, D. and Hall, T. (2008) Wilderness visitors, experiences, and management preferences: How they vary with use level and length of stay. *USDA Forest Service General Research Paper RMRS-71*, Fort Collins, Colorado.

Cole, D. and Rang, B. (1983) Temporary campsite closure in the Selway-Bitterroot Wilderness. *Journal of Forestry* 81, 729-732.

Cole, D., Watson, A. and Roggenbuck, J. (1995) Trends in Wilderness Visitors and Visits: Boundary Waters Canoe Area, Shining Rock, and Desolation Wilderness. *USDA Forest Service General Research Paper INT-483*, Ogden, Utah.

Cole, D., Watson, A., Hall, T. and Spildie, D. (1997a) High-Use Destinations in Wilderness: Social and Bio-Physical Impacts, Visitor Responses, and Management Options. *USDA Forest Service General Research Paper INT-496*, Ogden, Utah.

Cole, D., Hammond, T. and McCool, S. (1997b) Information quality and communication effectiveness: Low-impact messages on wilderness trailhead bulletin boards. *Leisure Sciences* 19, 59-72.

Confer, J., Mowen, A., Graefe, A. and Absher, J. (2000) Magazines as wilderness information sources: Assessing users' general wilderness knowledge and specific leave no trace knowledge. *Wilderness Science in a Time of Change Conference—Volume 4: Wilderness Visitors, Experiences, and Visitor Management. USDA Forest Service Proceedings RMRS-15*, Ogden, Utah, pp. 193–197.

Connors, E. (1976) Public safety in park and recreation settings. *Parks and Recreation* 11, 20–21, 55–56.

Crompton, J. (2002) The rest of the story. *Journal of Leisure Research* 34, 93–102.

Crompton, J. and Lue, C. (1992) Patterns of equity preferences among Californians for allocating park and recreation resources. *Leisure Sciences* 14, 227–246.

Crompton, J. and Wicks, B. (1988) Implementing a preferred equity model for the delivery of leisure services in the U.S. context. *Leisure Sciences* 7, 287–304.

Crompton, J. (2015) Complementing Scott: Justifying discounts for low-income groups through an economic lens. *Journal of Park and Recreation Administration* 33, 1–15.

Daniels, M. and Marion, J. (2006) Visitor evaluations of management actions at a highly impacted Appalachian Trail camping area. *Environmental Management* 38, 1006–1019.

Day, J. (2002) Zoning – lessons from the Great Barrier Reef Marine Park. *Ocean & Coastal Management* 45, 139–156.

Dimara, E. and Skuras, D. (1998) Rationing preferences and spending behavior of visitors to a scarce recreational resource with limited carrying capacity. *Land Economics* 74, 317–327.

D'Luhosch, P., Kuehn, D. and Schuster, R. (2009) Behavioral intentions within off-highway vehicle communities in the northeastern U.S.: An application of the theory of planned behavior. *Proceedings of the 2008 Northeastern Recreation Research Symposium, USDA Forest Service General Technical Report NRS-P-42*, Newtown Square, Pennsylvania, pp. 258–265.

Doucette, J. and Cole, D. (1993) Wilderness Visitor Education: Information About Alternative Techniques. *USDA Forest Service General Technical Report INT-295*, Ogden, Utah.

Doucette, J. and Kimball, K. (1990) Passive trail management in northeastern alpine zones: A case study. *USDA Forest Service General Technical Report NE-145*, Radnor, Pennsylvania, pp. 195–201.

Dowell, D. and McCool, S. (1986) Evaluation of a wilderness information dissemination program. *USDA Forest Service General Technical Report INT-212*, Fort Collins, Colorado, pp. 494–500.

Driver, B. (2002) Reality testing. *Journal of Leisure Research* 34, 79–88.

Driver, B. and Brown, P. (1978) The opportunity spectrum concept in outdoor recreation supply inventories: A rationale. *USDA Forest Service General Technical Report RM-55*, Fort Collins, Colorado, pp. 24–31.

Duncan, G. and Martin, S. (2002) Comparing the effectiveness of interpretive and sanction messages for influencing wilderness visitors' intended behavior. *International Journal of Wilderness* 8, 20-25.

Dustin, D. (2002) One dog or another: Tugging at the strands of social science. *Journal of Leisure Research* 34, 89-92.

Dustin, D. and Knopf, R. (1989) Equity issues in outdoor recreation. *USDA Forest Service General Technical Report SE-52*, Asheville, North Carolina, pp. 467-471.

Dustin, D. and McAvoy, L. (1980) Hardening national parks. *Environmental Ethics* 2, 29-44.

Dustin, D. and McAvoy, L. (1984) The limitation of the traffic light. *Journal of Park and Recreation Administration* 2, 8-32.

Dwyer, W., Huffman, M. and Jarratt, L. (1989) A comparison of strategies for gaining compliance with campground regulations. *Journal of Park and Recreation Administration* 7, 21-30.

Echelberger, H., Leonard, R. and Hamblin, M. (1978) The trail guide system as a backcountry management tool. *USDA Forest Service Research Note NE-266*, Upper Darby, Pennsylvania.

Echelberger, H., Leonard, R. and Adler, S. (1983) Designated-dispersed tentsites. *Journal of Forestry* 81, 90-91, 105.

Ehrlich, P. (1968) *The Population Bomb*. Ballantine Books, New York.

Fay, S., Rice, S. and Berg, S. (1977) Guidelines for design and location of overnight backcountry facilities. *USDA Forest Service*, Broomall, Pennsylvania.

Fazio, J. (1979a) Agency literature as an aid to wilderness management *Journal of Forestry* 77, 97-98.

Fazio, J. (1979b) *Communicating with the Wilderness User*. Wildlife and Range Science Bulletin Number 28, University of Idaho College of Forestry, Moscow, Idaho.

Fazio, J. and Gilbert, D. (1974) Mandatory wilderness permits: Some indications of success. *Journal of Forestry* 72, 753-756.

Fazio, J. and Ratcliffe, R. (1989) Direct-mail literature as a method to reduce problems of wild river management. *Journal of Park and Recreation Administration* 7, 1-9.

Feldman, R. (1978) Effectiveness of audio-visual media for interpretation to recreating motorists. *Journal of Interpretation* 3, 14-19.

Fesenmeier, D. and Schroeder, H. (1983) Financing public outdoor recreation: A study of user fees at Oklahoma state parks. *Review of Regional Economics and Business* 2, 29-35.

Fix, P. and Vaske, J. (2007) Visitor evaluations of recreation user fees at Flaming Gorge National Recreation Area. *Journal of Leisure Research* 39, 611-622.

Fleming, C. and Manning, M. (2015) Rationing access to protected natural areas: an Australian case study. *Tourism Economics* 21, 995-1014.

Forsyth, C. (1994) Bookers and peacemakers: Types of game wardens. *Sociological Spectrum* 14, 47-63.

Fractor, D. (1982) Evaluating alternative methods for rationing wilderness use. *Journal of Leisure Research* 14, 341-349.

Frauman, E. and Norman, W. (2003) Managing visitors via "mindful" information services: One approach in addressing sustainability. *Journal of Park and Recreation Administration* 21, 87-104.

Frost, J. and McCool, S. (1988) Can visitor regulation enhance recreational experiences? *Environmental Management* 12, 5-9.

Gilbert, G., Peterson, G. and Lime, D. (1972) Towards a model of travel behavior in the Boundary Waters Canoe Area. *Environment and Behavior* 4, 131-157.

Gilligan, C. (1982) *In a Different Voice*. Harvard University Press, Cambridge, Massachusetts.

Gimblett, R. and Skov-Petersen, H. (eds) (2008) *Monitoring, Simulation, and Management of Visitor Landscapes*. The University of Arizona Press, Tucson, Arizona.

Glass, R. and More, T. (1992) Satisfaction, Valuation, and Views Toward Allocation of Vermont Goose Hunting Opportunities. *USDA Forest Service Research Paper NE-668*, Radnor, Pennsylvania.

Godin, V. and Leonard, R. (1976) Guidelines for managing backcountry travel and usage. *Trends* 13, 33-37.

Godin, V. and Leonard, R. (1977) Permit compliance in eastern wilderness: Preliminary results. *USDA Forest Service Research Note NE-238*, Radnor, Pennsylvania.

Graefe, A. and Thapa, B. (2004) Conflict in natural resource recreation. *Society and Natural Resources: A Summary of Knowledge*. Modern Litho, Jefferson, Missouri, pp. 209-224.

Graefe, A., Vaske, J., and Kuss, F. (1984) Social carrying capacity; an integration and synthesis of twenty years of research. *Leisure Sciences* 6, 395-431.

Gramann, J. and Vander Stoep, G. (1987) Prosocial behavior theory and natural resource protection: A conceptual synthesis. *Journal of Environmental Management* 24, 247-257.

Greist, D. (1975) Risk zone management: A recreation area management system and method of measuring carrying capacity. *Journal of Forestry* 73, 711-714.

Griffin, C. (2005) Leave no trace and national park wilderness areas. *Proceedings of the 2004 Northeastern Recreation Research Symposium, USDA Forest Service General Technical Report NE-326*, Newton Square, Pennsylvania, pp. 152-157.

Haas, G., Driver, B., Brown, P. and Lucas, R. (1987) Wilderness management zoning. *Journal of Forestry* 85, 17-22.

Hadley, L. (1971) Perspectives on law enforcement in recreation areas. *Recreation Symposium Proceedings*. USDA Forest Service Northeastern Forest Experiment Station, Upper Darby, Pennsylvania, pp. 156-160.

Hadwen, S. and Palmer, L. (1922) Reindeer in Alaska. US Department Agricultural Bulletin 1089, p. 74.

Hammitt, W., Cole, D. and Monz, C. (2015) *Wildland Recreation: Ecology and Management*. 3rd edn, Wiley-Blackwell, Chichester, UK.

Hanley, N., Alvarez-Farizo, B. and Shaw, W. (2002) Rationing an open-access resource: mountaineering in Scotland. *Land Use Policy* 19, 167-176.

Hardin, G. (1968) The tragedy of the commons. *Science* 162, 1243-1248.

Harmon, D. (1992) Using an interactive computer program to communicate with the wilderness visitor. *Proceedings of the Symposium on Social Aspects and Recreation Research. USDA Forest Service General Technical Report PSW-132*, Albany, California, p. 60.

Harmon, L. (1979) How to make park law enforcement work for you. *Parks and Recreation* 14, 20-21.

Harwell, R. (1987) A "no-rescue" wilderness experience: What are the implications? *Parks and Recreation* 22, 34-37.

Heinrichs, J. (1982) Cops in the woods. *Journal of Forestry* 11, 722-725,748.

Hendee, J. and Lucas, R. (1973) Mandatory wilderness permits: A necessary management tool. *Journal of Forestry* 71, 206-209.

Hendee, J. and Lucas, R. (1974) Police state wilderness: A comment on a comment. *Journal of Forestry* 72, 100-101.

Hendee, J., Stankey, G. and Lucas, R. (1990) *Wilderness Management*. North American Press, Golden, Colorado.

Hendricks, B., Ruddell, E. and Bullis, C. (1993) Direct and indirect park and recreation resource management decision making: A conceptual approach. *Journal of Park and Recreation Administration* 11, 28-39.

Hendricks, W., Ramthun, R. and Chavez, D. (2001) The effects of persuasive message source and content on mountain bicyclists' adherence to trail etiquette guidelines. *Journal of Park and Recreation Administration* 19, 38-61.

Hepcan, S. (2000) A methodological approach for designating management zones in Mount Spil National Park, Turkey. *Environmental Management* 26, 329-338.

Heywood, J. (1985) Large recreation group and party size limits. *Journal of Park and Recreation Administration* 3, 36-44.

Hope, J. (1971) Hassles in the park. *Natural History* 80, 20-23, 82-91.

Horsley, A. (1988) The unintended effects of a posted sign on littering attitudes and stated intentions. *Journal of Environmental Education* 19, 10-14.

Huffman, M. and Williams, D. (1986) Computer versus brochure information dissemination as a backcountry management tool. *USDA Forest Service General Technical Report INT-212*, Ogden, Utah, pp. 501–508.

Huffman, M. and Williams, D. (1987) The use of microcomputers for park trail information dissemination. *Journal of Park and Recreation Administration* 5, 35–46.

Huhtala, A. and Pouta, E. (2008) User fees, equity and the benefits of public outdoor recreation services. *Journal of Forest Economics* 14, 117–132.

Hulbert, J. and Higgins, J. (1977) BWCA visitor distribution system. *Journal of Forestry* 75, 338–340.

Hultsman, W. (1988) Applications of a touch-sensitive computer in park settings: Activity alternatives and visitor information. *Journal of Park and Recreation Administration*, Bloomington, Indiana, p. 6.

Hultsman, W. and Hultsman, J. (1989) Attitudes and behaviors regarding visitor-control measures in fragile environments: Implications for recreation management. *Journal of Park and Recreation Administration* 7, 60–69.

Hunt, J. and Brown, P. (1971) Who can read our writing? *Journal of Environmental Education* 2, 27–29.

Hvenegaard, G. (2016) Visitors' perceived impacts of interpretation on knowledge, attitudes, and behavioral intentions at Miquelon Lake Provincial Park, Alberta, Canada. *Tourism and Hospitality Research* 0, 1–12.

Hwang, Y.-H., Kim, S.-I. and Jeng, J.-M. (2000) Examining the causal relationships among selected antecedents of responsible environmental behavior. *The Journal of Environmental Education* 31, 19–25.

Interagency Visitor Use Management Council (2016) Framework & Guidebooks. Available at: http://www.visitorusemanagement.nps.gov/vum/framework (accessed 29 August 2016).

Jacob, G. and Schreyer, R. (1980) Conflict in outdoor recreation: A theoretical perspective. *Journal of Leisure Research* 12, 368–380.

Jacobi, C. (2003) Leave the rocks for the next glacier – Low impact education in a high use national park. *International Journal of Wilderness* 9, 30–31.

Johnson, D. and Vande Kamp, M. (1996) Extent and control of resource damage due to noncompliant visitor behavior: A case study from the U.S. National Parks. *Natural Areas Journal* 16, 134–141.

Jones, P. and McAvoy, L. (1988) An evaluation of a wilderness user education program: A cognitive and behavioral analysis. *Natural Association of Interpretation 1988 Research Monograph*, St. Louis, Missouri, 13–20.

Kerkvliet, J. and Nowell, C. (2000) Tools for recreation management in parks: the case of the greater Yellowstone's blue-ribbon fishery. *Ecological Economics* 34, 89–100.

Kernan, A. and Drogin, E. (1995) The effect of a verbal interpretive message on day user impacts at Mount Rainier National Park. *Proceedings of the 1994 Northeast Recreation*

Research Symposium. USDA Forest Service General Technical Report NE-198, Saratoga Springs, New York, pp. 127-129.

Kidd, A., Monz, C., D'Antonio, A., Manning, R., Reigner, N., Goonan, K. and Jacobi, C. (2015) The effect of minimum impact education on visitor spatial behavior in parks and protected areas: An experimental investigation using GPS-based tracking. *Journal of Environmental Management* 162, 53-62.

Knopf, R. and Andereck, K. (2004) Managing depreciative behavior in natural settings. *Society and Natural Resources: A Summary of Knowledge*. Modern Litho, Jefferson, Missouri, pp. 305-314.

Kohlberg, L. (1976) Moral stages and moral development. *Moral Development and Behavior: Theory, Research and Social Issues*. Holt, Rinehart and Winston, New York.

Krannich, R., Eisenhauer, B., Field, D., Pratt, C. and Luloff, A. (1999) Implications of the National Park Service recreation fee demonstration program for park operations and management: Perceptions of NPS managers. *Journal of Park and Recreation Administration* 17, 35-52.

Krumpe, E. and Brown, P. (1982) Using information to disperse wilderness hikers. *Journal of Forestry* 80, 360-362.

Kuo, I.-L. (2002) The effectiveness of environmental interpretation at resource-sensitive tourism destinations. *International Journal of Tourism Research* 4, 87-101.

Lahart, D. and Barley, J. (1975) Reducing children's littering on a nature trail. *Journal of Environmental Education* 7, 37-45.

LaPage, W., Cormier, P., Hamilton, G. and Cormier, A. (1975) Differential Campsite Pricing and Campground Attendances. *USDA Forest Service Research Paper NE-330*, Upper Darby, Pennsylvania.

Lawhon, B., Newman, P., Taff, D., Vaske, J., Vagias, W., Lawson, S. and Monz, C. (2013) Factors influencing behavioral intentions for Leave No Trace behavior in national parks. *Journal of Interpretation Research* 18, 23-38.

Lawson, S. and Manning, R. (2003a) Research to inform management of wilderness camping at Isle Royale National Park: Part 1 descriptive research. *Journal of Park and Recreation Administration* 21, 22-42.

Lawson, S. and Manning, R. (2003b) Research to inform management of wilderness camping at Isle Royale National Park: Part 2 prescriptive research. *Journal of Park and Recreation Administration* 21, 43-55.

Lawson, S., Moldovanyi, A., Roggenbuck, J. and , Hall, T. (2006) Reconciling tradeoffs in wilderness management: A comparison of day and overnight visitors' attitudes and preferences concerning management of the Okefenokee swamp wilderness. *The 2005 George Wright Society Conference Proceedings,* Hancock, Michigan, pp. 39-47.

Lawson, S., Hallo, J. and Manning, R. (2008) Measuring, monitoring, and managing visitor use in parks and protected areas using computer-based simulation modeling. In: Gimblett, R. and Skov-Petersen, H. (eds) *Monitoring, Simulation, and Management of Visitor Landscapes*.

University of Arizona Press, Tucson, Arizona, pp. 175-188.

Leave No Trace (2012) Available at: http://www.lnt.org (accessed 1 September 2016).

Lee, K. (1993) *Compass and Gyroscope: Integrating Science and Politics for the Environment*. Island Press, Washington, DC.

Leopold, A. (1934) Conservation economics. *Journal of Forestry* 32, 537-544.

Leung, Y. and Marion, J. (2000) Recreation impacts and management in wilderness: A state-of-knowledge review. *USDA Forest Service Proceedings RMRS-P-15-Vol-5*, Ogden, Utah.

Leung, Y.-F. and Marion, J. (1999) Spatial strategies for managing visitor impacts in national parks. *Journal of Park and Recreation Administration* 17, 20-38.

Leuschner, W., Cook, P., Roggenbuck, J. and Oderwald, R. (1987) A comparative analysis for wilderness user fee policy. *Journal of Leisure Research* 19, 101-114.

Lime, D. (1977) Alternative strategies for visitor management of western whitewater river recreation. *Managing Colorado River Whitewater: The Carrying Capacity Strategy*. Utah State University, Logan, Utah, 146-155.

Lime, D. (1979) Carrying capacity. *Trends* 16, 37-40.

Lime, D. and Lorence, G. (1974) Improving estimates of wilderness use from mandatory travel permits. *USDA Forest Service Research Paper NC-101*, St. Paul, Minnesota.

Lime, D. and Lucas, R. (1977) Good information improves the wilderness experience. *Naturalist* 28, 18-20.

Lindberg, K. and Aylward, B. (1999) Price responsiveness in the developing country nature tourism context: Review and Costa Rican case study. *Journal of Leisure Research* 31, 281-299.

Little, J., Grimsrud, K., Champ, P. and Baerrens, R. (2006) Investigation of stated and revealed preferences for an elk hunting raffle. *Land Economics* 82, 623-640.

Lucas, R. (1964) The recreational capacity of the Quetico-Superior Area. *USDA Forest Service Research Paper LS-15*, St. Paul, Minnesota.

Lucas, R. (1970) User evaluation of campgrounds on two Michigan National Forests. *USDA Forest Service Research Paper NC-44*, St. Paul, Minnesota.

Lucas, R. (1980) Use patterns and visitor characteristics, attitudes, and preferences in nine wilderness and other recreation areas. *USDA Forest Service Research Paper INT-253*, Ogden, Utah.

Lucas, R. (1981) Redistributing wilderness use throughout information supplied to visitors. *USDA Forest Service Research Paper INT-277*, Ogden, Utah.

Lucas, R. (1982) Recreation regulations: When are they needed? *Journal of Forestry* 80, 148-151.

Lucas, R. (1983) The role of regulations in recreation management. *Western Wildlands* 9, 6-10.

Lucas, R. (1985) Recreation trends and management of the Bob Marshall Wilderness Complex. Proceedings of the 1985 National Outdoor Recreation Trends Symposium, U.S. National Park Service, Atlanta, Georgia, pp. 309-316.

Magill, A. (1976) Campsite reservation systems: The campers' viewpoint. *USDA Forest Service Research Paper PSW-121*, Berkeley, California.

Malthus, T. (1798) *An Essay on the Principle of Population*. W.W. Norton & Co., New York.

Manfredo, J. (1992) *Influencing Human Behavior: Theory and Applications in Recreation Tourism, and Natural Resources Management*. Sagamore Publishing, Inc., Champaign, Illinois.

Manfredo, M. (1989) An investigation of the basis for external information search in recreation and tourism. *Leisure Sciences* 11, 29-45.

Manfredo, M. and Bright, A. (1991) A model for assessing the effects of communication on recreationists. *Journal of Leisure Research* 23, 1-20.

Manfredo, M., Yuan, S. and McGuire, F. (1992) The influence of attitude accessibility on attitude-behavior relationships: Implications for recreation research. *Journal of Leisure Research* 24, 157-170.

Manning, R. (1979) Strategies for managing recreational use of national parks. *Parks* 4, 13-15.

Manning, R. (1987) *The Law of Nature: Park Rangers in Yosemite Valley*. Umbrella Films, Brookline, Massachusetts.

Manning, R. (1999) Crowding and carrying capacity in outdoor recreation: From normative standards to standards of quality. In: Jackson, E. and Burton, T. (eds) *Leisure Studies: Prospects for the Twenty-First Century*. Venture Press, State College, Pennsylvania, pp. 323-334.

Manning, R. (2001) Experience and resource protection: A framework for managing carrying capacity of National Parks. *Journal of Park and Recreation Administration* 19, 93-108.

Manning, R. (2003) Emerging principles for using information/education in wilderness management. *International Journal of Wilderness* 9, 20-12.

Manning, R. (2004) Recreation Planning Frameworks. *Society and Natural Resources: A Summary of Knowledge*. Modern Litho, Jefferson, Missouri, pp. 83-96.

Manning, R. (2007) *Parks and Carrying Capacity: Commons Without Tragedy*. Island Press, Washington, DC.

Manning, R. (2011) *Studies in Outdoor Recreation: Search and Research for Satisfaction*. 3rd edn, Oregon State University Press, Corvallis, Oregon.

Manning, R. and Baker, S. (1981) Discrimination through user fees: Fact or fiction? *Parks and Recreation* 16, 70-74.

Manning, R. and Ciali, C. (1979) The computer hikes the Appalachian trail. *Appalachia* 43, 75-85.

Manning, R. and Cormier, P. (1980) Trends in the temporal distribution of park use. *Proceedings of the 1980 Outdoor Recreation Trends Symposium, Volume II. USDA Forest Service General Technical Report NE-57*, Broomall, Pennsylvania, pp. 81-87.

Manning, R. and Lawson, S. (2002) Carrying capacity as "informed judgment": The values of science and the science of values. *Environmental Management* 30, 157-168.

Manning, R. and Potter, F. (1982) Wilderness encounters of the third kind. *Proceedings of the Third Annual Conference of the Wilderness Psychology Group*. West Virginia University, Morgantown, West Virginia, pp. 1-14.

Manning, R. and Potter, F. (1984) Computer simulation as a tool in teaching park and wilderness management. *Journal of Environmental Education* 15, 3-9.

Manning, R., Powers, L. and Mock, C. (1982) Temporal distribution of forest recreation: Problems and potential. *Forest and River Recreation: Research Update*. University of Minnesota Agricultural Experiment Station Miscellaneous Publication 18, St. Paul, Minnesota, pp. 26-32.

Manning, R., Callinan, E., Echelberger, H., Koenemann, E. and McEwen, D. (1984) Differential fees: Raising revenue, distributing demand. *Journal of Park and Recreation Administration* 2, 20-38.

Manning, R., LaPage, W., Griffall, K. and Simon, B. (1996a) Suggested principles for designing and implementing user fees and charges in the National Park System. Recreation Fees in the National Park System, University of Minnesota Cooperative Park Studies Unit, St. Paul, Minnesota, pp. 134-136.

Manning, R., Lime, D., Freimund, W. and Pitt, D. (1996b) Crowding norms at frontcountry sites: A visual approach to setting standards of quality. *Leisure Sciences* 18, 39-59.

Manning, R., Rovelstad, E., Moore, C., Hallo, J., and Smith, B. (2015) Indicators and standards of quality for viewing the night sky in the national parks. *Park Science* 32, 9-17.

Marion, J. and Farrell, T. (2002) Management practices that concentrate visitor activities: Camping impact management at Isle Royale National Park, USA. *Journal of Environmental Management* 66, 201-212.

Marion, J. and Reid, S. (2001) Development of the United States Leave No Trace programme: A historical perspective. In: Usher, M.B. (ed.) *Enjoyment and Understanding of the Natural Heritage*. The Stationery Office Ltd, Scottish Natural Heritage, Edinburgh, pp. 81-92.

Marion, J. and Reid, S. (2007) Minimising visitor impacts to protected areas: The efficacy of low impact education programmes. *Journal of Sustainable Tourism* 15, 5-27.

Marion, J., Dvorak, R. and Manning, R. (2008) Wildlife feeding in parks: Methods for monitoring the effectiveness of educational interventions and wildlife food attraction behaviors. *Human Dimensions of Wildlife* 13, 429-442.

Marler, L. (1971) A study of anti-letter messages. *Journal of Environmental Education* 3, 52-53.

Marsinko, A. (1999) The effect of fees on recreation site choice: Management/agency implications. *Proceedings of the 1999 Northeastern Recreation Research Symposium. USDA Forest Service General Technical Report NE-269*, Bolton Landing, New York, pp. 164-171.

Marsinko, A., Dwyer, J. and Schroeder, H. (2004) Attitudes toward fees and perceptions of costs of participating in day-use outdoor recreation. *Proceedings of the 2003 Northeastern Recreation Research Symposium. USDA Forest Service General Technical Report NE-317*, Radnor, Pennsylvania, pp. 278-284.

Martin, S. (1999) A policy implementation analysis of the recreation fee demonstration program: Convergence of public sentiment, agency programs, and policy principles? *Journal of Park and Recreation Administration* 17, 15-34.

McAvoy, L. (1990) *Rescue-free Wilderness Areas*. Venture Publishing, State College, Pennsylvania.

McAvoy, L. and Dustin, D. (1981) The right to risk in wilderness. *Journal of Forestry* 79,150-152.

McAvoy, L. and Dustin, D. (1983a) Indirect versus direct regulation of recreation behavior. *Journal of Park and Recreation Administration* 1, 12-17.

McAvoy, L. and Dustin, D. (1983b) In search of balance: A no-rescue wilderness proposal. *Western Wildlands* 9, 2-5.

McCool, S. (2001) Limiting recreational use in wilderness: Research issues and management challenges in appraising their effectiveness. *Visitor Use Density and Wilderness Experience. USDA Forest Service Proceedings RMRS-20*, Ogden, Utah, pp. 49-55.

McCool, S. and Christensen, N. (1996) Alleviating congestion in parks and recreation areas through direct management of visitor behavior. *Crowding and Congestion in the National Park System: Guidelines for Management and Research* 86, 67-83.

McCool, S. and Cole, D. (2000) Communicating minimum impact behavior with trailside bulletin boards: Visitor characteristics associated with effectiveness. *Wilderness Science in a Time of Change Conference Volume 4: Wilderness Visitors, Experiences, and Visitor Management. USDA Forest Service Proceedings RMRS-15*, Ogden, Utah, pp. 208-216.

McCool, S. and Lime, D. (1989) Attitudes of visitors toward outdoor recreation management policy. *Outdoor Recreation Benchmark 1988: Proceedings of the National Outdoor Recreation Forum. USDA Forest Service General Technical Report SE-52*, Athens, Georgia, pp. 401-411.

McCool, S. and Utter, J. (1981) Preferences for allocating river recreation use. *Water Resources Bulletin* 17, 431-437.

McCool, S. and Utter, J. (1982) Recreation use lotteries: Outcomes and preferences. *Journal of Forestry* 80, 10-11, 29.

McEwen, D. and Tocher, S. (1976) Zone management: Key to controlling recreational impact in developed campsites. *Journal of Forestry* 74, 90-91.

McLean, D. and Johnson, R. (1997) Techniques for rationing public recreation services. *Journal of Park and Recreation Administration* 15, 76-92.

Meadows, D., Randers, J. and Behrens, W. (1972) *The Limits to Growth*. Universe Books, New York.

Monz, C., Roggenbuck, J., Cole, D., Brame, R. and Yoder, A. (2000) Wilderness party size regulations: Implications for management and a decisionmaking framework. *Wilderness Science in a Time of Change Conference Volume 4: Wilderness Visitors, Experiences, and Visitor Management. USDA Forest Service Proceedings RMRS-15*, Missoula, Montana.

Monz, C., Cole, D., Leung, Y. and Marion, J. (2010) Sustaining visitor use in protected areas: Future opportunities in recreation ecology research based on the USA experience. *Environmental Management* 45, 551–562.

Monz, C., Pickering, C. and Hadwen, W. (2013) Recent advances in recreation ecology and the implications of different relationships between recreation use and ecological impacts. *Frontiers in Ecology and the Environment* 11(8), 441–446.

More, T. (1999) A functionalist approach to user fees. *Journal of Leisure Research* 31, 227–244.

More, T. (2002) The marginal user as the justification for public recreation: A rejoinder to Cropton, Driver and Dustin. *Journal of Leisure Research* 34, 103–118.

More, T. and Stevens, T. (2000) Do user fees exclude low-income people from resource-based recreation? *Journal of Leisure Research* 32, 341–357.

Morehead, J. (1979) The ranger image. *Trends* 16, 5–8.

Moscardo, G. (1999) Supporting ecologically sustainable tourism in the Great Barrier Reef. *Proceedings of the 1990 CAUTHE national research conference*. Bureau of Tourism Research, Canberra, pp. 236–253.

Muth, R. and Clark, R. (1978) Public participation in wilderness and backcountry litter control: A review of research and management experience. *USDA Forest Service General Technical Report PNW-75*, Portland, Oregon.

Nash, R. (2014) *Wilderness and the American Mind*. 5th Edn. Yale University Press, New Haven, Connecticut.

National Park Service (1997) VERP: The visitor experience and resource protection (VERP) framework – A handbook for planners and managers. Denver Service Center, Denver, Colorado.

National Trails (2011) National Trails System Annual Report for FY 2010. Available at: http://www.nps.gov/nts/2010%20Annual%20Report.pdf (accessed 4 November 2016).

Newman, P., Manning, R., Bacon, J., Graefe, A. and Kyle, G. (2002) An evaluation of Appalachian Trailhikers' knowledge of minimum impact skills and practices. *Proceedings of the 2001 Northeastern Recreation Research Symposium. USDA Forest Service General Technical Report NE-289*, Newtown Square, Pennsylvania, pp. 163–167.

Newman, P., Manning, R., Bacon, A., Graefe, A. and Kyle, G. (2003) An evaluation of Appalachian Trail hikers' knowledge of minimum impact skills and practices. *International Journal of Wilderness* 9, 34–38.

Newsome, D., Cole, D. and Marion, J. (2004) Environmental impacts associated with recreational horse-riding. In: Buckley, R. (ed.) *Environmental Impacts of Ecotourism*. CAB International, Wallingford, UK.

Nielson, C. and Buchanan, T. (1986) A comparison of the effectiveness of two interpretive programs regarding fire ecology and fire management. *Journal of Interpretation* 1, 1–10.

NPS Air Resources (2016) National Park Service Air Resources Division. Available at: http://www.nature.nps.gov/air (accessed 15 August 2016).

NPS Archaeology Program (2016) Available at: http://www.nps.gov/archeology/ (accessed 15 August 2016).

NPS Natural Sounds (2016) Available at: https://www.nps.gov/subjects/sound/index.htm (accessed 15 August 2016).

NPS Night Skies (2016) Available at: https://www.nps.gov/subjects/nightskies/index.htm (accessed 15 August 2016).

NPS Stats (2016) Available at: https://irma.nps.gov/Stats/ (accessed 15 August 2016).

Nyaupane, G., Graefe, A. and Burns, R. (2007) Understanding equity in the recreation user fee context. *Leisure Sciences* 29, 425–442.

Odum, E. (1953) *Fundamentals of Ecology*. W.B. Saunders, Philadelphia, Pennsylvania.

Oliver, S., Roggenbuck, J. and Watson, A. (1985) Education to reduce impacts in forest campgrounds. *Journal of Forestry* 83, 234–236.

Olson, E., Bowman, M. and Roth, R. (1984) Interpretation and nonformal education in natural resources management. *Journal of Environmental Education* 15, 6–10.

Ostergren, D., Solop, F. and Hagen, K. (2005) National Park Service fees: Value for the money or barrier to visitation? *Journal of Park and Recreation Administration* 23, 18–36.

Park, L., Manning, R., Marion, J., Lawson, S. and Jacobi, C. (2008) Managing visitor impacts in parks: A multi-method study of the effectiveness of alternative management practices. *Journal of Park and Recreation Administration* 26, 97–121.

Park Science (2009–2010) Special issue: Soundscapes research and management – Understanding, protecting, and enjoying the acoustic environment of our national parks. *Park Science* 26, 1–72.

Parsons, D., Stohlgren, T. and Fodor, P. (1981) Establishing backcountry use quotas: The example from Mineral King, California. *Environmental Management* 5, 335–340.

Parsons, D., Stohlgren, T. and Kraushaar, J. (1982) Wilderness permit accuracy: Differences between reported and actual use. *Environmental Management* 6, 329–335.

Pendleton, M. (1996) Crime, criminals and guns in "natural settings": Exploring the basis for disarming federal rangers. *American Journal of Police* 4, 3–25.

Pendleton, M. (1998) Policing the park: Understanding soft enforcement. *Journal of Leisure*

Research 30, 552–571.

Perry, M. (1983) Controlling crime in the parks. *Parks and Recreation* 18, 49–51, 67.

Peters, N. and Dawson, C. (2005) Estimating visitor use and distribution in two Adirondack wilderness areas. *Proceedings of the 2004 Northeastern Recreation Research Symposium, USDA Forest Service GTR-NE-326*, Newtown Square, Pennsylvania.

Peterson, D. (1987) Look ma, no hands! Here's what's wrong with no-rescue wilderness. *Parks and Recreation* 22, 39–43, 54.

Peterson, G. and Lime, D. (1979) People and their behavior: A challenge for recreation management. *Journal of Forestry* 77, 343–346.

Philley, M. and McCool, S. (1981) Law enforcement in the National Park system: Perceptions and practices. *Leisure Sciences* 4, 355–371.

Plager, A. and Womble, P. (1981) Compliance with backcountry permits in Mount McKinley National Park. *Journal of Forestry* 79, 155–156.

Potter, F. and Manning, R. (1984) Application of the wilderness travel simulation model to the Appalachian Trail in Vermont. *Environmental Management* 8, 543–550.

Powers, R., Osborne, J. and Anderson, E. (1973) Positive reinforcement of litter removal in the natural environment. *Journal of Applied Behavior Analysis* 6, 579–580.

Puttkammer, A. and Wright, V. (2001) Linking wilderness research and management–Volume 3. Recreation fees in wilderness and other public lands: an annotated reading list. *USDA Forest Service General Technical Report RMRS-79*, Fort Collins, Colorado.

Ramthun, R. (1996) Information sources and attitudes of mountain bikers. *Proceedings of the 1995 Northeastern Recreation Research Symposium. USDA Forest Service General Technical Report NE-218*, Radnor, Pennsylvania.

Ready, R., Delavan, W. and Epp, D. (2004) The impact of license fees on Pennsylvania trout anglers' participation. *Proceedings of the 2003 Northeastern Recreation Research Symposium, USDA Forest Service General Technical Report NE-317*, Radnor, Pennsylvania, pp. 410–416.

Rechisky, A. and Williamson, B. (1992) Impact of user fees on day use attendance in New Hampshire State Parks. *Proceedings of the 1991 Northeastern Recreation Research Symposium. USDA Forest Service General Technical Report NE-160*, Radnor, Pennsylvania, pp. 106–108.

Reid, S. and Marion, J. (2004) Effectiveness of a confinement strategy for reducing campsite impacts in Shenandoah National Park. *Environmental Conservation* 31, 274–282.

Reid, S. and Marion, J. (2005) A comparison of campfire impacts and policies in seven protected areas. *Environmental Management* 36, 48–58.

Reiling, S., Cheng, H. and Trott, C. (1992) Measuring the discriminatory impact associated with higher recreational fees. *Leisure Sciences* 14, 121–137.

Reiling, S., McCarville, R. and White, C. (1994) *Demand and Marketing Study at Army Corps of Engineers Day-Use Areas*. U.S. Army Corps of Engineers Waterways Experiment Station, Vicksburg, Mississippi.

Reiling, S., Cheng, H., Robinson, C., McCarville, R. and White, C. (1996) Potential equity effects of a new day-use fee. *Proceedings of the 1995 Northeastern Recreation Research Symposium, USDA Forest Service General Technical report NE-218*, Radnor, Pennsylvania, pp. 27-31.

Robertson, R. (1982) Visitor knowledge affects visitor behavior. *Forest and River Recreation: Research Update*. University of Minnesota Agricultural Experiment Station Miscellaneous Publication 18, St. Paul, Minnesota, pp. 49-51.

Rodgers, J. and Schwikert, S. (2002) Buffer-zone distances to protect foraging and loafing waterbirds from disturbance by personal watercraft and outboard-powered boats. *Conservation Biology* 16, 216-224.

Roggenbuck, J. (1992) Use of persuasion to reduce resource impacts and visitor conflicts. *Influencing Human Behavior: Theory and Applications in Recreation, Tourism, and Natural Resources*. Sagamore Publishing, Champaign, Illinois, pp. 149-208.

Roggenbuck, J. and Berrier, D. (1981) Communications to disperse wilderness campers. *Journal of Forestry* 75, 295-297.

Roggenbuck, J. and Berrier, D. (1982) A comparison of the effectiveness of two communication strategies in dispersing wilderness campers. *Journal of Leisure Research* 14, 77-89.

Roggenbuck, J. and Ham, S. (1986) Use of information and education in recreation management. *A literature review: the President's commission on Americans outdoors*. U.S. Government Printing Office, M-59, M-71, Washington, DC.

Roggenbuck, J. and Passineau, J. (1986) Use of the field experiment to assess the effectiveness of interpretation. *Proceedings of the Southeastern Recreation Research Conference*. University of Georgia Institute of Community and Area Development, Athens, Georgia, pp. 65-86.

Roggenbuck, J. and Schreyer, R. (1977) Relations between river trip motives and perception of crowding, management preference, and experience satisfaction. *Proceedings: River Recreation Management and Research Symposium. USDA Forest Service General Technical Report NC-28*, St. Paul, Minnesota, pp. 359-364.

Roggenbuck, J., Williams, D. and Bobinski, C. (1992) Public-private partnership to increase commercial tour guides' effectiveness as nature interpreters. *Journal of Park and Recreation Administration* 10, 41-50.

Roman, G., Dearden, P. and Rollins, R. (2007) Application of zoning and limits of acceptable change to manage snorkeling tourism. *Environmental Management* 39, 819-830.

Ross, T. and Moeller, G. (1974) Communicating rules in recreation areas. *USDA Forest Service Research Paper NE-297*, Darby, Pennsylvania.

Runte, A. (2010) *National Parks: The American Experience*. Taylor Trade Publishing, Boulder,

Colorado.

Schechter, M. and Lucas, R. (1978) *Simulation of Recreational Use for Park and Wilderness Management.* Johns Hopkins University Press, Baltimore, Maryland.

Schneider, I. and Budruk, M. (1999) Displacement as a response to the federal recreation fee program. *Journal of Park and Recreation Administration* 17, 76-84.

Schomaker, J. and Leatherberry, E. (1983) A test for inequity in river recreation reservation systems. *Journal of Soil and Water Conservation* 38, 52-56.

Schroeder, H. and Louviere, J. (1999) Stated choice models for predicting the impact of user fees at public recreation sites. *Journal of Leisure Research* 31, 300-324.

Schuett, M. (1993) Information sources and risk recreation: The case of whitewater kayakers. *Journal of Park and Recreation Administration* 11, 67-72.

Schwartz, E. (1973) Police services in the parks. *Parks and Recreation* 8, 72-74.

Schwartz, Z. and Lin, L.-C. (2006) The impact of fees on visitation of national parks. *Tourism Management* 27, 1386-1396.

Scott, D. (2013) Economic inequality, poverty, and park and recreation delivery. *Journal of Park and Recreation Administration* 31, 1-11.

Scrogin, D. (2005) Lottery-rationed public access under alternative tariff arrangements: Changes in quality, quantity, and expected utility. *Journal of Environmental Economics and Management* 50, 189-211.

Scrogin, D. and Berrens, R. (2003) Rationed access and welfare: The case of public resource lotteries. *Land Economics* 79, 137-148.

Scrogin, D., Berrens, R. and Bohara, A. (2000) Policy changes and the demand for lottery-rationed big game hunting licenses. *Journal of Agricultural and Resource Economics* 25, 501-519.

Shanks, B. (1976) Guns in the parks. *The Progressive* 40, 21-23.

Shelby, B. and Heberlein, T. (1984) A conceptual framework for carrying capacity determination. *Leisure Sciences* 6, 433-451.

Shelby, B. and Heberlein, T. (1986) *Carrying Capacity in Recreation Settings.* Oregon State University Press, Corvallis, Oregon.

Shelby, B., Danley, B., Gibbs, M. and Peterson, M. (1982) Preferences of backpackers and river runners for allocation techniques. *Journal of Forestry* 80, 416-360.

Shelby, B., Whittaker, D. and Danley, M. (1989a) Idealism versus pragmatism in user evaluations of allocation systems. *Leisure Sciences* 11, 61-70.

Shelby, B., Whittaker, D. and Danley, M. (1989b) Allocation currencies and perceived ability to obtain permits. *Leisure Sciences* 11, 137-144.

Shindler, B. and Shelby, B. (1993) Regulating wilderness use: An investigation of user group support. *Journal of Forestry* 91, 41-44.

Shore, D. (1994) Bad lands. *Outside* 19, 56-71.

Siderelis, C. and Moore, R. (2006) Examining the effects of hypothetical modifications in permitting procedures and river conditions on whitewater boating behavior. *Journal of Leisure Research* 38, 558-574.

Sieg, G., Roggenbuck, J. and Bobinski, C. (1988) The effectiveness of commercial river guides as interpreters. *Proceedings of the 1987 Southern Recreation Research Conference*. University of Georgia, Athens, Georgia, pp. 12-20.

Sorice, M., Oh, C.-O. and Ditton, R. (2007) Managing scuba divers to meet ecological goals for coral reef conservation. *Ambio* 36, 316-322.

Spildie, D., Cole, D. and Walker, S. (2000) Effectiveness of a confinement strategy in reducing pack stock impacts at campsites in the Selway-Bitterroot Wilderness, Idaho. *Wilderness Science in a Time of Change Conference Volume 4: Wilderness Visitors, Experiences, and Visitor Management. USDA Forest Service Proceedings RMRS-15*, Ogden, Utah, pp. 199-208.

Stankey, G. (1973) Visitor perception of wilderness recreation carrying capacity. *USDA Forest Service Research Paper INT-142*, Ogden, Utah.

Stankey, G. (1979) Use rationing in two southern California wilderness. *Journal of Forestry* 77, 347-349.

Stankey, G. and Baden, J. (1977) Rationing wilderness use: Methods, problems, and guidelines. *UDSA Forest Service Research Paper INT-192*, Ogden, Utah.

Stankey, G. and Manning, R. (1986) Carrying capacity of recreation settings. *A literature review: The President's commission on Americans outdoors*. U.S. Government Printing Office, M-47, M-57, Washington, DC.

Stankey, G. and Schreyer, R. (1987) Attitudes toward wilderness and factors affecting visitor behavior: A state-of-knowledge review. *Proceedings: National Wilderness Research Conference: Issues, State-of-Knowledge, Future Directions. USDA Forest Service General Technical Report INT-220*, Ogden, Utah, pp. 246-293.

Stankey, G., Cole, D., Lucas, R., Peterson, M., Frissell, S. and Washburne, R. (1985) The limits of acceptable change (LAC) system for wilderness planning. *USDA Forest Service General Technical Report INT-176*, Ogden, Utah.

Stankey, G., Clark, R. and Bormann, B. (2005) Adaptive management of natural resources: Theory, concepts and management institutions. *USDA Forest Service General Technical Report PNW-654*, Portland, Oregon.

Steidl, R. and Powell, B. (2006) Assessing the effects of human activities on wildlife. *The George Wright Forum* 23, 50-58.

Stewart, W. (1989) Fixed itinerary systems in backcountry management *Journal of Environmental Management* 29, 163-171.

Stewart, W. (1991) Compliance with fixed itinerary systems in water-based parks. *Environmental Management* 15, 235-240.

Stewart, W., Cole, D., Manning, R., Valliere, W., Taylor, J. and Lee, M. (2000) Preparing for a day hike at Grand Canyon: What information is useful? *Wilderness Science in a Time of Change Conference Volume 4: Wilderness Visitors, Experiences, and Visitor Management. USDA Forest Service Proceedings RMRS-15*, Ogden, Utah.

Steidl, R. and Powell, B. (2006) Assessing the effects of human activities on wildlife. *The George Wright Forum* 23(2), 50-58.

Swearington, T. and Johnson, D. (1995) Visitors' responses to uniformed park employees. *Journal of Park and Recreation Administration* 13, 73-85.

Taff, D., Newman, P., Vagias, W. and Lawhon, B. (2014a) Comparing day-users' and overnight visitors' attitudes concerning leave no trace. *Journal of Outdoor Recreation, Education, and Leadership* 6, 133-146.

Taff, D., Newman, P., Lawson, S., Bright, A., Marin, L., Gibson, A. and Archie, T. (2014b) The role of messaging on acceptability of military aircraft sounds in Sequoia National Park. *Applied Acoustics* 84, 122-128.

Taylor, D. and Winter, P. (1995) Environmental values, ethics, and depreciative behavior in wildland settings. *Proceedings of the Second Symposium on Social Aspects and Recreation Research. USDA Forest Service General Technical Report PSW-156*, Ontario, California, 59-66.

Taylor, J., Vaske, J., Shelby, L., Donnelly, M. and Browne-Nunez, C. (2002) Visitor response to demonstration fees at National Wildlife Refuges. *Wildlife Society Bulletin* 30, 1238-1244.

Thede, A., Haider, W. and Rutherford, M. (2014) Zoning in national parks: are Canadian zoning practices outdated. *Journal of Sustainable Tourism* 22, 626-645.

Trainor, S. and Norgaard, R. (1999) Recreation fees in the context of wilderness values. *Journal of Park and Recreation Administration* 17, 100-115.

Tucker, W. (2001) Minimum group sizes: Allowing public access and increasing safety. *Crossing Boundaries in Park Management: Proceedings of the 11th Conference on Research and Resource Management in Parks and Public Lands*. The George Wright Society, Hancock, Michigan, pp. 187-192.

Underhill, H., Xaba, A. and Borkan, R. (1986) The wilderness use simulation model applied to Colorado River Boating in Grand Canyon National Park, USA. *Environmental Management* 10, 367-374.

Utter, J., Gleason, W. and McCool, S. (1981) User perceptions of river recreation allocation techniques. *Some Recent Products of River Recreation Research. USDA Forest Service General Technical Report NC-63*, St. Paul, Minnesota, pp. 27-32.

Uysal, M., McDonald, C. and Reid, L. (1990) Sources of information used by international visitors to U.S. parks and natural areas. *Journal of Park and Recreation Administration* 8, 51-59.

Van Wagtendonk, J. (1981) The effect of use limits on backcountry visitation trends in Yosemite National Park. *Leisure Sciences* 4, 311-323.

Van Wagtendonk, J. and Benedict, J. (1980) Wilderness permit compliance and validity. *Journal of Forestry* 78, 399–401.

Van Wagtendonk, J. and Colio, P. (1986) Trailhead quotas: Rationing use to keep wilderness wild. *Journal of Forestry* 84, 22–24.

Vander Stoep, G. and Gramann, J. (1987) The effect of verbal appeals and incentives on depreciative behavior among youthful park visitors. *Journal of Leisure Research* 19, 69–83.

Vander Stoep, G. and Roggenbuck, J. (1996) Is your park being "loved to death?": Using communication and other indirect techniques to battle the park "love bug". *Crowding and Congestion in the National Park System: Guidelines for Research and Management*, University of Minnesota Agricultural Experiment Station, St. Paul, Minnesota.

Vogt, C. and Williams, D. (1999) Support for wilderness recreation fees: The influence of fee purpose and day versus overnight use. *Journal of Park and Recreation Administration* 17, 85–99.

Vork, M. (1998) Visitor response to management regulation – A study among recreationists in southern Norway. *Environmental Management* 22, 737–746.

Wade, J. (1979) Law enforcement in the wilderness. *Trends* 16, 12–15.

Wagar, J. (1964) The carrying capacity of wild lands for recreation. *Forest Science Monograph* 7, Society of American Foresters, Washington, DC.

Wagar, J. (1968) The place of carrying capacity in the management of recreation lands. *Third Annual Rocky Mountain-High Plains Park and Recreation Conference Proceedings*, Colorado State University, Fort Collins, Colorado.

Wagstaff, M. and Wilson, B. (1988) The evaluation of litter behavior modification in a river environment. In: *Proceedings of the 1987 Southeastern Recreation Research Conference*, University of Georgia, Asheville, North Carolina, pp. 21–28.

Walmsley, S. and White, A. (2003) Influence of social, management and enforcement factors on the long-term ecological effects of marine sanctuaries. *Environmental Conservation* 30, 388–407.

Wang, B. and Manning, R. (1999) Computer simulation modeling for recreation management: A study on carriage road use in Acadia National Park, Maine, USA. *Environmental Management* 23, 193–203.

Watson, A. (1993) Characteristics of visitors without permits compared to those with permits at the Desolation Wilderness, California. *USDA Forest Service General Research Note INT-414*, Ogden, Utah.

Watson, A. and Niccolucci, M. (1995) Conflicting goals of wilderness management: Natural conditions vs. natural experiences. *Proceedings of the Second Symposium on Social Aspects and Recreation Research. USDA Forest Service General Technical Report PSW-156*, Ogden, Utah, pp. 11–15.

Watson, A., Niccolucci, M. and Williams, D. (1993) Hikers and recreational packstock users: predicting and managing recreation conflicts in Three Wildernesses. *USDA Forest Service*

Research Paper INT-468, Ogden, Utah.

Westover, T., Flickenger, T. and Chubb, M. (1980) Crime and law enforcement. *Parks and Recreation*15, 28-33.

Whittaker, D. and Shelby, B. (2008) *Allocating river use: A review of approaches and existing systems for river professionals*. River Management Society, Missoula, Montana.

Whittaker, D., Shelby, B., Manning, R., Cole, D. and Haas, G. (2010) *Capacity reconsidered: Finding consensus and clarifying differences*. National Association of Recreation Resource Planners, Marienville, Pennsylvania.

Whittaker, D., Shelby, B., Manning, R., Cole, D. and Haas, G. (2011) Capacity reconsidered: Finding consensus and clarifying differences. *Journal of Park and Recreation Administration* 29, 1-20.

Wicker, A. and Kirmeyer, S. (1976) What the rangers think. *Parks and Recreation* 11, 28-42.

Wicks, B. (1987) The allocation of recreation and park resources: The courts' intervention. *Journal of Park and Recreation Administration* 5, 1-9.

Wicks, B. and Crompton, J. (1986) Citizen and administrator perspectives of equity in the delivery of park services. *Leisure Sciences* 8, 341-365.

Wicks, B. and Crompton, J. (1987) An analysis of the relationships between equity choice preferences, service type and decision making groups in a U.S. city. *Journal of Leisure Research* 19, 189-204.

Wicks, B. and Crompton, J. (1989) Allocation services for parks and recreation: A model for implementing equity concepts in Austin, Texas. *Journal of Urban Affairs* 11, 169-188.

Wicks, B. and Crompton, J. (1990) Predicting the equity preferences of park and recreation department employees and residents of Austin, Texas. *Journal of Leisure Research* 22, 18-35.

Wikle, T. (1991) Comparing rationing policies used of rivers. *Journal of Park and Recreation Administration* 9, 73-80.

Williams, D., Vogt, C. and Vitterso, J. (1999) Structural equation modeling of users' response to wilderness recreation fees. *Journal of Leisure Research* 31, 245-268.

Williams, P. and Black, J. (2002) Issues and concerns related to the USDA Forest Service's recreational fee demonstration program: A synthesis of published literature, critical reports, media reports, public comments, and likely knowledge gaps. Report submitted to Recreation, Heritage, and Wilderness Program, USDA Forest Service, Washington, DC.

Willis, C., Canavan, J. and Bond, R. (1975) Optimal short-run pricing policies for a public campground. *Journal of Leisure Research* 7, 108-113.

Winter, P., Palucki, L. and Burkhardt, R. (1999) Anticipated responses to a fee program: The key is trust. *Journal of Leisure Research* 31, 207-226.

World Tourism Organization (2006) Global Code of Ethics for Tourism. Resolution 406 (XIII), World Tourism Organization, Madrid.

著作权合同登记图字：01-2019-0103号

图书在版编目（CIP）数据

户外游憩管理：国家公园案例研究／（美）罗伯特·E.曼宁，（美）劳拉·E.安德森，（美）彼特·R.佩滕吉尔著；石金莲等译. -- 北京：中国建筑工业出版社，2024.9. --（国家公园游憩管理丛书）. -- ISBN 978-7-112-30062-4

Ⅰ. S759.997.12

中国国家版本馆CIP数据核字第2024V8Q903号

Managing Outdoor Recreation/Robert E. Manning, Laura E. Anderson and Peter R. Pettengill

责任编辑：姚丹宁
书籍设计：李永晶
责任校对：赵　力

国家公园游憩管理丛书
户外游憩管理
国家公园案例研究

罗伯特·E.曼宁
［美］劳拉·E.安德森　　著
彼特·R.佩滕吉尔

石金莲 顾丹丹 李　宏 尹昌君 孙　晶 译

*

中国建筑工业出版社出版、发行（北京海淀三里河路9号）
各地新华书店、建筑书店经销
北京锋尚制版有限公司制版
北京中科印刷有限公司印刷

*

开本：787毫米×1092毫米　1/16　印张：18　字数：348千字
2024年8月第一版　2024年8月第一次印刷
定价：**88.00元**
ISBN 978-7-112-30062-4
（42762）